Otto Kolb

Stromrichtertechnik
Band 2

Otto Kolb

Stromrichtertechnik

Band 2
Schaltungen

AT Verlag Aarau · Stuttgart

Titelbild:
Teilansicht der zu einem Kompressorantrieb mit Synchronmotor gehörenden Stromrichter in Zwölfpulsschaltung, Leistung 4775 kW. Je 12 wassergekühlte Scheibenthyristoren sind zu einer durch ein Federnpaket (rechts oben) verspannten Einheit zusammengefasst. Darüber sind die zugehörigen Impulsübertrager angeordnet.

© 1984
AT Verlag Aarau (Schweiz)

Umschlag: AT-Grafik, Aarau
Herstellung: Grafische Betriebe Aargauer Tagblatt AG, Aarau
Printed in Switzerland

ISBN 3-85502-102-3

Inhaltsverzeichnis

1.	**Kriterien für die Wahl der Schaltung**	**13**
1.1	Energiequelle	13
1.1.1	Phasenzahl des speisenden Netzes	13
1.1.2	Rückwirkungen auf das speisende Netz	13
1.2	Ventile	14
1.2.1	Grundsätzlicher Einfluss	14
1.2.2	Zahl der Ventile	15
1.2.3	Ausnützung der Ventile	15
1.3	Transformer	16
1.4	Verbraucher	17
2.	**Bezeichnungen und Kennzeichen von Stromrichterschaltungen**	**19**
2.1	Bezeichnung und Kennzeichen von Stromrichtergrundschaltungen	19
2.1.1	Einwegschaltungen	19
2.1.2	Zweiwegschaltungen	20
2.2	Ergänzende Kennzeichen	21
2.3	Kennzeichnung zusammengesetzter Stromrichter-Schaltungen	23
2.4	Zweistromrichterschaltungen	25
2.5	Erklärungen zu den Tabellen	25
3.	**Mittelpunktschaltungen am 3-Phasen-Netz**	**27**
3.1	Die M3-Schaltung (Sternschaltung)	27
3.1.1	Beschreibung der Funktion	27
3.1.2	Transformer-Schaltungen	28
3.1.3	Transformer-Berechnungen	40
3.1.4	Strom-Spannungs-Kennlinien	46
3.1.5	Zusammenfassung der wichtigsten Kennwerte	48
3.2	Die sechspulsige Mittelpunktschaltung (M6)	52
3.2.1	Gleichspannung und Sperrspannung	53
3.2.2	Ströme auf der Gleichstromseite	58
3.2.3	Strom-Spannungs-Kennlinien	59
3.2.4	Transformer und Netzstrom	63
3.2.5	Zusammenstellung der wichtigsten Kennwerte	66

4.	**Die Zweipuls-Mittelpunktschaltung (M2)**	69
	(Einphasen-Mittelpunktschaltung)	
4.1	Überblick über zweipulsige Stromrichterschaltungen	69
4.2	Verhalten der M2-Schaltung ohne Berücksichtigung der Kommutierung	70
4.2.1	Ungesteuerter Betrieb	70
4.2.2	Gesteuerter Betrieb	72
4.3	Einfluss der Kommutierung	74
4.4	Der Stromrichtertransformator	78
4.5	Der Lückbetrieb	79
4.6	Netzrückwirkungen	82
4.7	Zusammenfassung der wichtigsten Kennwerte	85
5.	**Brückenschaltungen am 3-Phasen-Netz**	89
	(Drehstrom-Brückenschaltungen)	89
5.1	Ungesteuerte Drehstrom-Brückenschaltung	91
5.1.1	Bildung der Gleichspannung	91
5.1.2	Die Sperrspannung der Ventile	95
5.1.3	Die Ströme auf der Gleich- und Wechselstromseite	96
5.1.4	Der Stromrichter-Transformator	99
5.1.5	Vergleich der Kennwerte einer Drehstrombrücke mit jenen einer M3-Schaltung	101
5.2	Vollgesteuerte Drehstrombrücke	103
5.2.1	Anpassung der Impulse	103
5.2.2	Notwendigkeit der Doppelimpulse	106
5.2.3	Erzeugung der Doppelimpulse	108
5.2.4	Bildung der Gleichspannung	109
5.2.5	Verlauf der Thyristorspannung	120
5.2.6	Messung des Gleichstromes	120
5.2.7	Zusammenstellung der wichtigsten Kennwerte	125
5.3	Halbgesteuerte Drehstrombrücke	129
5.3.1	Aufbau	129
5.3.2	Bildung der Gleichspannung	129
5.3.3	Welligkeit der Gleichspannung	135
5.3.4	Einfluss der Kommutierung auf die Gleichspannung	137
5.3.5	Die Steuerkennlinie	142
5.3.6	Die Netzseite	143
5.3.7	Zusammenfassung	148
6.	**Zweipuls-Brückenschaltungen (B2)**	149
6.1	Ungesteuerte B2-Schaltung	149
6.1.1	Entwicklung der B2-Schaltung	149
6.1.2	Grundsätzliches Verhalten	150
6.2	Vollgesteuerte B2-Schaltung	152
6.2.1	Anpassung der Impulse	152
6.2.2	Bildung der Gleichspannung	153
6.2.3	Der Stromrichtertransformator	158

6.2.4	Netzrückwirkungen	160
6.2.5	Zusammenfassung	163
6.3	Halbgesteuerte B2-Schaltungen (B2H)	167
6.3.1	Arten und Bezeichnungen	167
6.3.2	Symmetrisch halbgesteuerte B2-Schaltung	168
6.3.3	Asymmetrisch halbgesteuerte B2-Schaltung	175
6.3.4	Vergleich der B2-Schaltungen	181

7. Zwölf- und höherpulsige Schaltungen . . . 183

7.1	Zwölfpulsige Schaltungen	184
7.1.1	Reihenschaltung von zwei Drehstrombrücken	184
7.1.2	Parallelschaltung von zwei Drehstrombrücken	185
7.1.3	Weitere Möglichkeit der Phasenversetzung	186
7.1.4	Zusammenfassung	187
7.2	Höherpulsige Schaltungen	189

8. Schaltungen zur Verminderung der Steuerblindleistung . . . 191

8.1	Mittelpunktschaltungen mit Freilaufdioden	191
8.1.1	M2-Schaltung mit Freilaufdiode	191
8.2	Halbgesteuerte Brückenschaltungen	196
8.3	Folgesteuerungen (Folgeschaltungen)	196
8.3.1	Diothyr-Schaltung (Zu- und Gegenschaltung)	197
8.3.2	Folgeschaltung vollgesteuerter Stromrichter	198
8.3.3	Folgeschaltung halbgesteuerter Stromrichter	201
8.4	Sektorsteuerung (An- und Abschnittsteuerung)	205

9. Tabellen der Kennwerte und Dimensionierungsbeispiele . . . 209

9.1	Tabellen der Kennwerte	209
9.2	Dimensionierungsbeispiele	214
9.2.1	Beispiel 1: Auslegung einer Drehstrombrückenschaltung	214
9.2.2	Beispiel 2: Berechnung einer Glättungsdrossel	220

10. Zweistromrichter-Schaltungen . . . 223

10.1	Grundsätzliches	223
10.2	Prinzip einer Zweistromrichter-Schaltung	225
10.3	Der Kreisstrom	226
10.3.1	Kreisstrom unter idealen Bedingungen	226
10.3.2	Kreisstrom unter realen Bedingungen	226
10.3.3	Vor- und Nachteile des Kreisstromes	227
10.3.4	Führung des Kreisstromes	230

10.3.5	Dynamischer Kreisstrom	234
10.4	Kreisstrom bei Brückenschaltungen	235
10.4.1	Die Drehstrom-Brückenschaltung (B6)	235
10.4.2	Die Einphasenbrücke (B2)	237
10.5	Der Kreisstrom in Funktion des Aussteuerungsgrades	238
10.6	Einsatz von Zweistromrichter-Schaltungen mit Kreisstrom	239
10.7	Kreisstromfreie Zweistromrichter-Schaltungen	239
10.7.1	Prinzip	240
10.7.2	Probleme einer kreisstromfreien Schaltung	241
10.8	Ausführungsformen in der Praxis	242
10.8.1	Einfache Ausführung mit Impulsumschaltung	242
10.8.2	Verkürzung der Nachführzeit	243
10.8.3	Verkürzung der Wartezeit	244
10.8.4	Ausführung der Steuerstufe (Kreisstromlogik)	244
10.8.5	Adaption des Stromreglers	245
10.8.6	Beispiel einer hochwertigen Ausführungsform	246
10.9	Anordnung der Ventile bei Zweistromrichter-Schaltungen	247
10.10	Zusammenfassung	250
	Sachwortverzeichnis	251

Verwendete Formelzeichen

Im folgenden ist das verwendete Bezeichnungssystem (nach DIN 41 750, 40 110, VDE 0555) für Grössen in Stromrichter-Schaltungen zusammengefasst.

Wechselstromgrössen

Bei Wechselstromgrössen wird entweder der Effektivwert (Grossbuchstabe) oder der Momentanwert (Kleinbuchstabe) angegeben, z. B.

U_s Effektivwert der ventilseitigen Phasenspannung
u_s Momentanwert der ventilseitigen Phasenspannung
U_L Netzseitige Leiterspannung
I_L Netzseitiger Leiterstrom
I_W Netzseitiger Wicklungsstrom
I_S Ventilseitiger Wicklungsstrom
I_{S1} Grundschwingung des ventilseitigen Wicklungsstromes

Gleichstromgrössen

Bei Gleichstromgrössen wird der arithmetische Mittelwert angegeben, was durch einen Grossbuchstaben mit dem Index «d» (= direct) gekennzeichnet wird, z. B.

U_{di} Vom Stromrichter abgegebene Gleichspannung unter idealen Voraussetzungen (Index «i») = ideelle Gleichspannung
U_{dio} Ideelle Gleichspannung beim Steuerwinkel $\alpha = 0°$
$U_{di\alpha}$ Ideelle Gleichspannung beim Steuerwinkel α
U_{do} Gleichspannung bei Berücksichtigung der Überlappung und voller Aussteuerung ($\alpha = 0°$).
$U_{d\alpha}$ Gleichspannung bei Berücksichtigung der Überlappung und Steuerwinkel α
I_d Gleichstrom
I_{dN} Nenn-Gleichstrom des Stromrichters

Leistungsgrössen

P Wirkleistung
P_1 Grundschwingungswirkleistung
S Scheinleistung
S_N Kurzschlussleistung des speisenden Netzes
Q Blindleistung
Q_1 Grundschwingungsblindleistung
$P_{dio} = U_{dio} I_{dN}$ Ideelle Gleichstrom-Netzleistung

Weitere Formelzeichen

x $\omega \cdot t$ Variabler Winkel
α Zündverzögerungswinkel (Steuerwinkel)
β $180 - a$ Wechselrichter-Steuerwinkel
γ Löschwinkel
D_x Induktive Spannungsänderung des Stromrichters bei Nennstrom
$d_x = \dfrac{D_x}{U_{dio}}$ Relative induktive Spannungsänderung
D_r Ohmsche Spannungsänderung des Stromrichters bei Nennstrom
$d_r = \dfrac{D_r}{U_{dio}}$ Relative ohmsche Spannungsänderung
u Überlappungswinkel
u_0 Überlappungswinkel bei $\alpha = 0°$
u_a Überlappungswinkel beim Steuerwinkel α
U_{kt} Bezogene Kurzschluss-Spannung des Transformators
Θ Durchfluss
N Windungszahl
ν (oder n) Ordnungszahl der Oberschwingung
g Grundschwingungsgehalt
k Oberschwingungsgehalt (Klirrfaktor)
k_0 Gleichrichtungsfaktor
k_f Formfaktor
$\cos\varphi$ Verschiebungsfaktor
λ Leistungsfaktor

Hinweis:

Nachdem im Band 1 «Grundlagen und Messtechnik» das Wichtigste über das Arbeiten eines netzgeführten Stromrichters am Beispiel einer 3-Puls-Mittelpunktschaltung besprochen wurde, soll nun im Band 2 auf die verschiedenen Schaltungen eingegangen werden, die in der Stromrichtertechnik mit Thyristoren Verwendung finden. Es wurde wieder besonderer Wert darauf gelegt, das für den Praktiker Wichtige zu bringen und die Vorgänge durch entsprechende Zeichnungen oder Oszillogramme leicht verständlich darzustellen. Die wichtigsten Kennwerte der Schaltungen sind einerseits bei ihrer Beschreibung zusammengestellt, andererseits am Ende tabellarisch zusammengefasst, so dass damit dem Praktiker handliche Berechnungsunterlagen zur Verfügung stehen. Beispiele zeigen ihre Anwendung.

1. Kriterien für die Wahl der Schaltung

1.1 Energiequelle (Speisendes Netz)

Bei allen Stromrichterschaltungen, die mit natürlicher Kommutierung arbeiten, muss die Speisespannung eine Wechselspannung sein, da nur dann eine Kommutierung ohne zusätzliche Hilfsmittel (Kommutierungseinrichtungen), also durch das speisende Netz selbst möglich ist.

1.1.1 Phasenzahl des speisenden Netzes

Einen wesentlichen Einfluss auf die Wahl der Schaltung hat die Phasenzahl des speisenden Netzes. Steht nur ein 1-Phasen-Netz zur Verfügung, so können nur maximal 2-Puls-Schaltungen eingesetzt werden. Ihre Nachteile gegenüber höherpulsigen Schaltungen, die aber nur am 3-Phasen-Netz möglich sind (insbesondere geringe Frequenz und grosse Amplitude der Oberschwingungen auf der Gleich- und Wechselstromseite, starke Leistungspulsation), sind die Gründe dafür, dass in der Industrie, wo ein 3-Phasen-Netz zur Verfügung steht, 2-Puls-Schaltungen nur zur Umformung kleiner Leistungen (bis zu etwa 10 kW) eingesetzt werden. Ihr Vorteil liegt im geringen Aufwand an Ventilen und Steuereinrichtungen (Steuersatz).

Ganz anders sind die Verhältnisse bei den Bahnen, wo nur ein 1-Phasen-Netz zur Speisung der auf der Lokomotive befindlichen Stromrichter zur Verfügung steht. Hier müssen mit 2-Puls-Schaltungen grosse Leistungen (im MW-Bereich) umgeformt werden. Durch besondere Steuerverfahren und durch Serieschaltung mehrerer Stromrichter lassen sich die erwähnten Nachteile einer 2pulsigen Schaltung stark herabsetzen.

Es soll an dieser Stelle noch erwähnt werden, dass 1-Puls-Schaltungen in der Leistungselektronik nicht verwendet werden, sondern nur in Speisegeräten für kleinste Leistungen zu finden sind.

1.1.2 Rückwirkungen auf das speisende Netz

Wie in Band 1 Kapitel 8 ausführlich dargestellt wurde, belastet ein Stromrichter das speisende Netz vor allem in zweifacher Hinsicht: Einerseits entsteht eine um so grössere Phasenverschiebung zwischen der Netzspannung und dem Netzstrom, je grösser der Zündwinkel wird. Ein Stromrichter benötigt daher Steuerblindleistung. Andererseits bewirken die Ventile, die ja im Prinzip Schalter sind, dass im Netz nichtsinusförmige Ströme fliessen, so dass zahlreiche Stromoberschwingungen entstehen.

Da die Rückwirkungen eines Stromrichters um so stärker sind, je kleiner die Scheinleistung des Netzes im Einspeisepunkt im Verhältnis zur Stromrichterleistung ist, wird die Wahl der Schaltung durch dieses Verhältnis wesentlich beeinflusst. Ein schwaches Netz macht Schaltungen nötig, die diese Netzrückwirkungen verringern. Es gibt eine ganze Reihe von Schaltungsmöglichkeiten, den Blindleistungsbedarf herabzusetzen. Diese Schaltungen werden in eigenen Abschnitten beschrieben. Meistens ist damit auch eine Verringerung der Oberschwingungen des Netzstromes verbunden. Darüber hinaus aber besteht bei Speisung aus einem 3-Phasen-Netz die Möglichkeit, mit nur geringem Aufwand die Pulszahl des Stromrichters zu erhöhen und dadurch Oberschwingungen gewisser Frequenzen zu unterdrücken.

1.2 Ventile

Als Ventile werden heute nurmehr Siliziumhalbleiterelemente eingesetzt, als ungesteuerte Ventile Siliziumdioden, als gesteuerte Ventile Siliziumthyristoren. Die Halbleiterventile haben eine wesentliche Veränderung in der Schaltungstechnik der Stromrichter mit sich gebracht, da sie andere Eigenschaften haben als die früher verwendeten Quecksilberdampf-Stromrichter.

1.2.1 Grundsätzlicher Einfluss der Ventileigenschaften auf die Wahl der Stromrichterschaltung

Besonders wichtig im Hinblick auf die Schaltungstechnik sind folgende Eigenschaften der Halbleiterventile:
– Die Ventile können vollkommen freizügig eingesetzt werden, da Anode und Kathode frei zugänglich sind. Dies im Gegensatz zu den früher viel verwendeten Quecksilberdampf-Stromrichtern, bei denen die 6 Kathoden der Ventile bereits intern durch das Quecksilber miteinander verbunden waren, so dass nur Schaltungen verwendet werden konnten, die eine Verbindung aller Kathoden zuliessen, also Mittelpunktschaltungen.
– Die Halbleiterventile stehen in verschiedenen Leistungseinheiten zur Verfügung. Das Spektrum der Ströme reicht von einigen 100 mA bis hinauf zu 1000 A, die Sperrspannungen erreichen heute Werte von mehreren kV. Es lassen sich dadurch und durch die Wahl verschiedener Kühlkörper und Kühlarten (natürliche Kühlung, Luftkühlung mit Ventilatoren, Wasser- oder Ölkühlung) Stromrichter aufbauen, die einen weiten Leistungsbereich praktisch lückenlos überdecken, so dass die Leistung des Stromrichters genau an die Leistung des Verbrauchers angepasst werden kann. Für höhere Leistungen lassen sich entweder Ventile oder ganze Stromrichter in Serie oder parallel schalten, je nachdem, ob höhere Spannungen oder höhere Ströme verlangt werden.

– Der zehnmal kleinere Spannungsabfall eines leitenden Halbleiterventiles (1...2 V) gegenüber den Quecksilberdampf-Stromrichtern brachte die Voraussetzungen für eine Serieschaltung von Ventilen oder Stromrichtern ohne wesentliche Einbusse an Wirkungsgrad. Andererseits musste man Serieschaltungen verwenden, da Silizium-Ventile eine wesentlich kleinere Sperrspannung als Quecksilberdampf-Ventile

hatten. Die meisten heute verwendeten Stromrichterschaltungen werden durch Serieschalten von zwei oder mehreren 2-Puls- oder 3-Puls-Mittelpunktschaltungen aufgebaut. Eine Ausnahme bildet die sehr selten eingesetzte Saugdrosselschaltung, die eine spezielle Parallelschaltung zweier Stromrichter darstellt.
- Ein Teil der Durchlassverluste eines Siliziumventiles steigt, wie in Band I, Kap. 10 gezeigt wurde, mit dem Quadrat des Formfaktors des Durchlassstromes an. Der Formfaktor k_f wird aber um so grösser, je kürzer die Leitdauer eines Ventiles ist (z.B.: $k_f = \sqrt{2}$ für eine Stromführungsdauer von 180°, $\sqrt{3}$ bei 120° und $\sqrt{6}$ bei 60° Stromführung). Daher kommen hauptsächlich Schaltungen in Frage, die eine Erhöhung der Pulszahl der vom Stromrichter abgegebenen Spannung ohne Reduktion der Leitdauer der Ventile ermöglichen. Ein Beispiel dafür ist die Drehstrombrückenschaltung. Von bedeutend grösserem Einfluss auf die Wahl der Schaltung ist jedoch die Grösse des benötigten Transformers

1.2.2 Zahl der Ventile

Aus Preisgründen wird man jene Schaltung wählen, die unter den gegebenen Forderungen (Leistung, Welligkeit, Rückwirkungen) die geringste Zahl von Ventilen benötigt. Da der Ventilpreis sehr stark in den Gesamtpreis des Stromrichters eingeht, ist die Industrie bestrebt, möglichst grosse Leistungen noch ohne Serie- oder Parallelschaltung von Ventilen umformen zu können, da ein grosses Ventil meistens billiger ist als zwei kleine, insbesondere dann, wenn man den Mehraufwand berücksichtigt, der für die Steuerung (steile und starke Zündimpulse) sowie für die Strom- oder Spannungsaufteilung erforderlich ist. Die Halbleiterhersteller sind daher bemüht, die Einheitsleistungen der Ventile zu vergrössern.

Da Dioden wesentlich billiger sind als Thyristoren, lässt sich eine Verbilligung des Stromrichters durch den Einsatz von halbgesteuerten Schaltungen erreichen, bei denen nur die Hälfte der Ventile Thyristoren sein müssen, die andere Hälfte aber Dioden sein können. Da sich die Eigenschaften halbgesteuerter Schaltungen wesentlich von jenen vollgesteuerter Schaltungen (alle Ventile Thyristoren) unterscheiden, ist ihr Einsatz nur unter bestimmten Bedingungen möglich.

1.2.3 Ausnützung der Ventile

Eine Stromrichterschaltung ist um so günstiger, je besser sie die Ventile in bezug auf Sperrspannung und Durchlassstrom ausnützt.

1.2.3.1 Ventilspannung

Ein Mass für die Ausnützung der Sperrspannung ist das Verhältnis der im Betrieb maximal auftretenden Sperrspannung zum Mittelwert der abgegebenen Gleichspannung. In den Schaltungsblättern wird daher dieser Wert angegeben. Es gilt:

$\dfrac{U_{Rmax}}{U_{dio}} =$ 3,14 für die 2-Puls-Mittelpunktschaltung (M2)
2,09 für die 3-Puls-Mittelpunktschaltung (M3)

U_{Rmax} = maximal auftretende Sperrspannung
U_{dio} = Mittelwert der bei Steuerwinkel $\alpha = 0°$ abgegebenen Gleichspannung

Wie daraus zu ersehen ist, wird die relative Spannungsbeanspruchung eines Ventiles bei gleicher Ausgangsspannung des Stromrichters herabgesetzt, wenn man anstatt einer 2p-Mittelpunktschaltung eine 3p-Mittelpunktschaltung einsetzt.

Im weitern ist eine Schaltung um so günstiger, je grösser der Mittelwert der abgegebenen Gleichspannung im Verhältnis zur Phasenspannung des Stromrichtertransformers ist. Dieses Verhältnis wird Gleichrichtungsfaktor k_0 genannt. Wie schon in Band 1, Kap. 4 gezeigt, steigt k_0 einer Mittelpunktschaltung mit zunehmender Pulszahl bis auf maximal $k_0 = \sqrt{2}$ für $p \to \infty$ an. Die zur Verfügung stehende Wechselspannung wird also um so besser ausgenützt, je höher die Pulszahl des Stromrichters ist. Für einen verlangten Mittelwert der Ausgangsspannung kann die Phasenspannung und damit natürlich auch die Sperrspannung des eingesetzten Ventiles um so kleiner gewählt werden, je grösser der Gleichrichtungsfaktor ist.

1.2.3.2 Ventilstrom

In bezug auf den zulässigen Ventilstrom ist jene Schaltung am günstigsten, bei der in den Ventilen die geringsten Verluste entstehen. Da ein Anteil dieser, wie bereits erwähnt, proportional dem Quadrat des Formfaktors ist, kommen keine Mittelpunktschaltungen mit einer Pulszahl grösser 3 zur Anwendung.

1.3 Transformer

Mit Halbleiterventilen lassen sich besonders wirtschaftlich Brückenschaltungen betreiben, da sie zu ihrer Funktion keinen Transformer benötigen. Man wird daher den Transformer einsparen, wenn dies möglich ist. Die Voraussetzung dafür ist einmal, dass die vom Verbraucher verlangte Gleichspannung mit der vom Stromrichter bei Netzanschluss abgegebenen Spannung übereinstimmt. Im weiteren wird zu entscheiden sein, ob man auf die durch den Transformer gegebene galvanische Trennung vom Netz verzichten kann. Auf jeden Fall sind zur Herabsetzung der durch die Stromoberschwingungen verursachten Einbrüche der Netzspannung anstatt des Transformers Längsdrosseln in die Zuleitungen vom Netz zum Stromrichter zu schalten, die allerdings eine wesentlich geringere Typenleistung als der Transformer haben können.

Für grosse Leistungen wird man immer einen Transformer benötigen. Dann ist für die Wahl der Schaltung das Verhältnis seiner Typenleistung zur Gleichstromleistung massgebend. Man findet daher in den Schaltungsblättern dieses Verhältnis angegeben.

Im weitern ist noch zu berücksichtigen, ob der Transformer einen einfachen Aufbau haben kann, ähnlich dem der Verteiltransformatoren, oder ob spezielle Wicklungen nötig sind, wie zum Beispiel die Zickzackwicklung für 3-Puls-Mittelpunktschaltungen grosser Leistung oder Schwenkzipfel zur Erhöhung der Pulszahl.

1.4 Verbraucher

Auch die Art des Verbrauchers spielt eine wesentliche Rolle bei der Wahl der Schaltung. Arbeitet der Stromrichter auf eine grosse Induktivität, so erreicht man auch mit einer Schaltung geringer Pulszahl einen oberschwingungsarmen Gleichstrom. Hat der Verbraucher aber eine geringe Induktivität, so muss entweder der Strom durch eine zusätzliche Drossel geglättet oder durch Erhöhung der Pulszahl des Stromrichters eine ähnliche Wirkung erreicht werden. Man geht in der Praxis dabei kaum über eine Pulszahl $p = 12$ hinaus.

Im weitern ist die Auswahl der Schaltung ganz wesentlich auch dadurch bestimmt, ob Wechselrichterbetrieb nötig ist, denn nur vollgesteuerte Schaltungen können im Gleich- und Wechselrichterbetrieb arbeiten.

2. Bezeichnung und Kennzeichen von Stromrichterschaltungen (nach DIN 41761 bzw. VDE 0555)

Die Bezeichnung einer Stromrichterschaltung gibt deren grundsätzlichen Schaltungsaufbau an, wobei Einzelheiten, zum Beispiel Ausführung des Stromrichters oder Stromrichtertransformers, verschieden sein können.

Das Kennzeichen der Stromrichtergrundschaltung gibt die Bezeichnung in verschlüsselter Form wieder. Ergänzende Kennzeichen beschreiben zusätzliche Merkmale der Stromrichterschaltung. Das Kennzeichen von Stromrichterschaltungen, die aus Grundschaltungen zusammengesetzt sind, wird aus dem Kennzeichen der Grundschaltung abgeleitet. Dem Kennzeichen lassen sich wesentliche Eigenschaften einer Stromrichterschaltung entnehmen.

2.1 Bezeichnung und Kennzeichen von Stromrichtergrundschaltungen

Man unterscheidet zwei Stromrichtergrundschaltungen:
- Einwegschaltungen
- Zweiwegschaltungen

Das Kennzeichen der Grundschaltungen setzt sich aus einem Kennbuchstaben für die Schaltungsfamilie und einer nachgestellten Kennzahl zusammen (Tabelle 2.1-1).

2.1.1 Einwegschaltungen

Die wechselstromseitigen Anschlüsse des Stromrichters und damit die ventilseitigen Wicklungen des Transformers beziehungsweise die Anschlüsse des Wechselstromsystems, wenn kein Transformer vorhanden ist, werden nur in einer Richtung vom Strom durchflossen. Sie sind jeweils nur mit einem Zweig der Schaltung verbunden. Dies trifft für alle Mittelpunktschaltungen zu.

Mittelpunktschaltungen (Kennbuchstabe M)

Bei Mittelpunktschaltungen sind die gleichstromseitigen gleichpoligen Anschlüsse der Schaltungszweige miteinander verbunden und bilden einen Gleichstromanschluss (Bild 2.1-1). Der zweite Gleichstromanschluss wird durch den Mittelpunkt des Wechselstromsystems gebildet. Bei einfachen Einwegschaltungen sind Kommutierungszahl q und Pulszahl p gleich der Anzahl der Stromrichterzweige.

Die Kommutierungszahl q ist die Anzahl der Kommutierungen, die während einer Periode in einer Kommutierungsgruppe stattfinden.

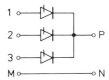

Bild 2.1-1
Mittelpunktschaltung

1,2,3 Anschlüsse an das Wechselstromsystem (Stromrichtertransformer)
P Positiver Pol der Gleichspannung
N Negativer Pol der Gleichspannung
M Mittelpunkt des Wechselstromsystems

Als Kommutierungsgruppe bezeichnet man eine Gruppe von Stromrichterzweigen, die untereinander im Zyklus kommutieren. Mittelpunktschaltungen haben nur eine Kommutierungsgruppe, Brückenschaltungen jedoch zwei in Reihe geschaltete.

Die Pulszahl p ist die Gesamtzahl der nicht gleichzeitigen Kommutierungen einer Stromrichterschaltung während einer Periode des Wechselstromsystems. Sie ist damit das Verhältnis der Grundfrequenz der der Gleichspannung überlagerten Wechselspannung zur Netzfrequenz (Pulsfrequenz $= p \cdot f$).

2.1.2 Zweiwegschaltungen

Die wechselstromseitigen Anschlüsse werden hier von Wechselstrom durchflossen. Grundelement einer Zweiwegschaltung ist das Zweigpaar (Bild 2.1-2). Es besteht aus zwei mit gegensinniger Durchlassrichtung an einem Mittelanschluss liegenden Stromrichterzweigen. Der Mittelanschluss bildet den Wechselstromanschluss. Die wichtigste Untergruppe der Zweiwegschaltungen sind die Brückenschaltungen.

**Bild 2.1-2
Zweiwegschaltung**

1,2,3 Anschlüsse an das Wechselstromsystem (Mittelanschlüsse)

– *Brückenschaltungen (Kennbuchstabe B)*

Brückenschaltungen bestehen nur aus Zweigpaaren. Jeder wechselstromseitige Anschluss ist mit dem Mittelanschluss eines Zweigpaares verbunden. Gleichpolige Anschlüsse der Zweigpaare sind zusammengefasst und bilden jeweils einen Gleichstromanschluss (Bild 2.1-3). Die Kommutierungszahl q ist gleich der Anzahl der Wechselstromanschlüsse und damit gleich der Zahl der Zweigpaare. Bei Brückenschaltungen mit gerader Kommutierungszahl ist die Pulszahl p gleich der Kommutierungszahl q (2-Puls-Brückenschaltungen). Bei Brückenschaltungen mit ungerader Kommutierungszahl ist die Pulszahl doppelt so gross wie die Kommutierungszahl (Drehstrombrücken: $q = 3$, $p = 2 \cdot 3 = 6$).

Ändert sich die Pulszahl durch die Betriebsweise, zum Beispiel durch unsymmetrische Steuerung, so gilt die Pulszahl bei Vollaussteuerung. (Beispiel: halbgesteuerte Drehstrombrücke: Die Pulszahl ändert sich ab $\alpha > 60°$ von $p = 6$ auf $p = 3$). Diese Schaltung wird aber als 6-Puls-Schaltung bezeichnet.

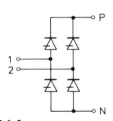

**Bild 2.1-3
Brückenschaltung**

1,2 Anschlüsse an das Wechselstromsystem
P Positiver Pol der Gleichspannung
N Negativer Pol der Gleichspannung

Weitere Untergruppen der Zweiwegschaltungen sind:
– Verdoppler- und Vervielfacherschaltungen (Kennbuchstabe D)
– Wechselwegschaltungen (Kennbuchstabe W)
– Polygonschaltungen (Kennbuchstabe P)

Sie seien der Vollständigkeit halber hier angeführt, werden aber im weiteren nicht besprochen. Bild 2.1-4 zeigt die entsprechenden Anord-

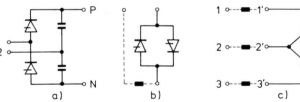

**Bild 2.1-4
Weitere Zweiwegschaltungen**
a) Verdopplerschaltung
b) Wechselwegschaltung
   (z.B. Wechselstromsteller)
c) Polygonschaltung

Bezeichnung und Kennzeichen von Stromrichterschaltungen

nungen. Zum besseren Verständnis sind die Leitungen zum Verbraucher (hier als Induktivitäten angenommen) gestrichelt eingezeichnet.

Schaltungsart	Schaltungsfamilie		Schaltung	
	Bezeichnung	Kennbuchstabe	Kennzahl	Bezeichnung
Einwegschaltungen	Mittelpunktschaltung	M	Pulszahl p	p-Puls-Mittelpunktschaltung
	Brückenschaltung	B	Pulszahl p	p-Puls-Brückenschaltung
	Verdopplerschaltung	D	Pulszahl p	Verdopplerschaltung
Zweiwegschaltungen	Vervielfacherschaltung	V	Pulszahl p	p-Puls-Vervielfacherschaltung
	Wechselwegschaltung	W	Phasenzahl des Wechselstromsystems	m-Phasen-Wechselwegschaltung
	Polygonschaltung	P		m-Phasen-Polygonschaltung

Tabelle 2.1-1
Bezeichnung und Kennzeichen der Stromrichtergrundschaltungen

Das Hauptkennzeichen für alle Schaltungen besteht, wie bereits erwähnt, aus einem Kennbuchstaben und einer Kennzahl. Als Kennzahl wird die Pulszahl oder dort, wo man nicht von Pulszahl sprechen kann, die Phasenzahl des Wechselstromsystems benutzt (siehe Tabelle 2.1–1).

2.2 Ergänzende Kennzeichen

Durch weitere Kennzeichen, die dem Hauptkennzeichen nachfolgen, können folgende Merkmale zusätzlich angegeben werden:
– Anzahl der Zweige (Hauptzweige). Nur in ganz seltenen Fällen ist diese Angabe nötig.
Stromrichterzweig (auch kurz Zweig genannt) ist jeder Teil einer Stromrichterschaltung, der die Funktion eines Stromrichterventiles ausübt. Hauptzweige führen den wesentlichen Teil der durch den Stromrichter fliessenden Energie (3 Hauptzweige in Bild 2.1–1).
Hilfszweige dienen im wesentlichen nicht dem Energietransport, sondern erfüllen besondere Aufgaben, z. B. als Freilaufzweig, Rücklaufzweig (siehe weiter unten).
– Steuerbarkeit: Eine Schaltung kann ungesteuert, halbgesteuert oder vollgesteuert sein. Sie wird als ungesteuert bezeichnet, wenn die

(Haupt-)Zweige nur Dioden enthalten. Kennbuchstabe ist U, wird aber meistens nicht besonders angegeben.
Sind alle Stromrichterhauptzweige steuerbar, so nennt man die Schaltung vollgesteuert, der Kennbuchstabe ist C.
Ist nur die Hälfte der Stromrichterhauptzweige steuerbar, so wird die Schaltung als halbgesteuert bezeichnet, der Kennbuchstabe ist H (z.B. B6H, halbgesteuerte 6-Puls-Brückenschaltung).
Eine halbgesteuerte Brücke wird auch als einpolig gesteuert bezeichnet, wenn nur die den einen Gleichstromanschluss bildenden Hauptzweige steuerbar sind. Bilden die miteinander verbundenen Anoden den Gleichstromanschluss, so kann dies durch ein zusätzliches A gekennzeichnet werden (HA). Sind die Kathoden miteinander verbunden, so kann dies durch ein zusätzliches K angegeben werden (HK).
– Zusätzliche Hilfszweige:
Für Hilfszweige sind folgende Kennbuchstaben vorgesehen: Löschzweig: Q; Rücklaufzweig: R; Freilaufzweig: F; ist der Freilaufzweig gesteuert, so ist der Kennbuchstabe FC. Im Zusammenhang mit netzgeführten Stromrichtern sind Freilaufzweige von Bedeutung (Abschnitt 9.1: Schaltungen mit Freilaufdiode).
– Schaltungswinkel δ: (Bild 2.2–1) Der Schaltungswinkel entspricht der geringsten Nacheilung eines Scheitelwertes der der Gleichspannung überlagerten Wechselspannung gegenüber dem Scheitelwert einer Netzspannung bei voller Aussteuerung ohne Berücksichtigung der durch die Kommutierung entstehenden Überlappung. Die Nacheilung wird positiv gerechnet. Gleiche Pulszahl und gleiche Schaltungswinkel gehören zu den Voraussetzungen einer Parallelschaltung mehrerer Stromrichter, wenn auf der Gleichstromseite keine besonderen Massnahmen getroffen werden, wie zum Beispiel die Anordnung einer Drossel in der Verbindungsleitung der beiden Stromrichter in der Saugdrosselschaltung.
Die Phasenlage der Oberschwingungen ist durch den Schaltungswinkel gekennzeichnet. Parallel arbeitende Stromrichter verschiedener Schaltungswinkel ergeben allgemein eine Verringerung der Oberschwingungen.

Bild 2.2-1
Stromrichter in M3/30-Schaltung
Der Schaltungswinkel δ beträgt 30°

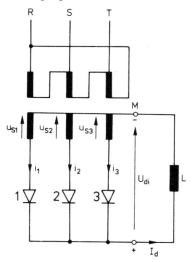
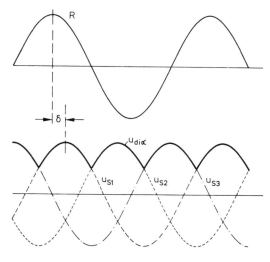

2.3 Kennzeichnung zusammengesetzter Stromrichterschaltungen

Zusammengesetzte Stromrichterschaltungen erhalten eine Kennzeichnung, die sich aus den Kennzeichen der für die Teilstromrichter verwendeten Grundschaltungen zusammensetzt.

– Parallelschaltung von gleichen Stromrichtergrundschaltungen

Bei gleichem Schaltungswinkel der parallel geschalteten Teilstromrichter wird die Zahl der Parallelschaltungen dem Kennzeichen der Grundschaltungen vorangesetzt. Sind die Schaltungswinkel verschieden, so wird die Zahl der Parallelschaltungen hinter der Pulszahl, getrennt durch einen Punkt, angegeben, so dass das Produkt dieser Zahlen die resultierende Pulszahl des Stromrichters ergibt (z.B.: M3.2 für die Saugdrosselschaltung).

– Reihenschaltung von gleichen Stromrichtergrundschaltungen

Sind gleiche Teilschaltungen (z.B. M3- oder M6-) gleichstromseitig in Reihe geschaltet, so wird dem Kennzeichen der Grundschaltung der Buchstabe S angefügt. Zusätzlich wird die Zahl der in Reihe geschalteten Grundschaltungen angegeben, und zwar: vor dem Kennzeichen der Grundschaltung bei gleichem Schaltungswinkel der Teilstromrichter, z.B. 2 M3 S, hinter der Pulszahl, getrennt durch einen Punkt, wenn die Teilstromrichter unterschiedliche Schaltungswinkel haben, z.B. B6.2S.

Die Angabe des resultierenden Schaltungswinkels erfolgt gegebenenfalls hinter dem Kennbuchstaben S. Die Kennzeichnung B6.2S/30 bedeutet zum Beispiel, dass zwei Drehstrombrücken in Serie geschaltet sind und sich durch unterschiedliche Schaltungswinkel (0° und 60°) ein resultierender Schaltungswinkel von 30° ergibt.

Tabelle 2.1-2
Stromrichterschaltungen
2p- und 3p-Mittelpunkt-Schaltungen

0	1	2	3	4	5	6	7	8	9	10
	\multicolumn{4}{c}{Stromrichter – Schaltung}						
	IEC	Schaltgruppe	p	Bezeichnung	Zeigerbild		Schaltungsbild		Bezeichnung	
					Netzseite	Ventilseite	Netzseite	Ventilseite	Netzseite	Ventilseite
1	1	M2/0	2	2 - Puls - Mittelpunkt - Schaltung (1-phasige - Mittelpunkt - Schaltung)					Einphasen	Zweiphasen I i 0
2	2a	M3/0	3	3 - Puls -					Dreieck D z 0	Zickzack
3	2b	M3/30	3	Mittelpunkt -					Stern Y z 5	Zickzack
4	2c	M3/60	3	Schaltungen					Dreieck D z 6	Zickzack
5	2d	M3/90	3	(Sternschaltungen)					Stern Y z 11	Zickzack

Bezeichnung und Kennzeichen von Stromrichterschaltungen

– *Reihenschaltung von ungleichen Stromrichtergrundschaltungen*

Die Kennzeichen gleichstromseitig in Reihe geschalteter ungleicher Teilschaltungen werden in Klammern gesetzt und durch den Buchstaben S verbunden, z.B. (M3) S (B6).

0	1	2	3	4	5	6	7	8	9	10
				Stromrichter-Schaltung			Transformer-Schaltung			
	IEC	Schaltgruppe	p	Bezeichnung	Zeigerbild		Schaltungsbild		Bezeichnung	
					Netzseite	Ventilseite	Netzseite	Ventilseite	Netzseite	Ventilseite
1	9	B2/0	2	2-Puls-Brückenschaltung (1-phasige-Brückenschaltung)					Ein-phasen	Ein-phasen I i 0
2	10a	B6/30	6	6-Puls- Brücken- Schaltungen					Dreieck	Dreieck D d 0
3	10b	B6/30	6						Stern	Stern Y y 0
4	10c	B6/0	3						Stern	Dreieck Y d 5
5	10d	B6/0	3						Dreieck	Stern D y 5

Tabelle 2.1-3 Stromrichterschaltungen 2p- und 6p-Brückenschaltungen

0	1	2	3	4	5	6	7	8	9	10
				Stromrichter-Schaltung			Transformer-Schaltung			
	IEC	Schaltgruppe	p	Bezeichnung	Zeigerbild		Schaltungsbild		Bezeichnung	
					Netzseite	Ventilseite	Netzseite	Ventilseite	Netzseite	Ventilseite
1	3	M6/30	6	6 Puls- Mittelpunkt- Schaltungen (Doppelstern- Schaltungen)					Dreieck	Doppel-stern
2	4a	M6/30	6						Stern	Gabel
3	4b	M6/0	6						Dreieck	Gabel
4	5a	M3.2/0	6	Doppelstern-Schaltung mit Saugdrossel					Stern	Doppel-stern mit Saug-Drossel
5	5b	M3.2/30	6	(6 Puls-Saugdrossel-Schaltung)					Dreieck	Doppel-stern mit Saug-Drossel

Tabelle 2.1-4 Stromrichterschaltungen 6p-Mittelpunkt-Schaltungen

2.4 Zweistromrichterschaltungen (Doppelstromrichter)

Zur Kennzeichnung dieser Schaltungen werden die in Klammern gesetzten Kennzeichen der Teilschaltungen durch folgende Buchstaben verbunden:

- Kreuzschaltung: X, z.B. (M3) X (M3)
- Antiparallelschaltung: A, z.B. (B6) A (B6)
- H-Schaltung: H, z.B. (B6) H (B6)

2.5 Erklärungen zu den Tabellen 2.1-2 bis 2.1-4

Die Tabellen 2.1-2 bis 4 geben eine Übersicht über Stromrichterschaltungen. In der heutigen Stromrichtertechnik haben nur die in den Tabellen 2.1-2 und 3 angegebenen Schaltungen Bedeutung. Sie werden in den nachfolgenden Abschnitten eingehend behandelt. Für gewisse Anwendungsfälle kommt auch noch die in den Zeilen 4 und 5 der Tabelle 2.1-4 angeführte 6-Puls-Saugdrosselschaltung zum Einsatz. Sie hat jedoch geringere Bedeutung und wird daher in Kapitel 7 nur kurz beschrieben. Die 6-Puls-Mittelpunktschaltungen (Tabelle 2.1-4 Zeilen 1,2.3) werden nicht mehr verwendet, da sie beim Einsatz von Halbleiterventilen ungeeignet sind. Sie stellten jedoch früher, als die 6-Anoden-Quecksilberdampf-Stromrichter im Einsatz waren, Standardschaltungen dar, etwa so, wie heute die Drehstrombrückenschaltung. Sie werden im Kapitel 3 kurz besprochen. Andere Schaltungen, die früher schon selten, heute praktisch nicht mehr verwendet werden, sind in den Tabellen nicht enthalten.

Erklärungen zu den einzelnen Spalten

- Spalte 0: Laufende Nummer (Zeilennummer)

Die Spalten 1 bis 4 betreffen die Stromrichterschaltung

- Spalte 1: Schaltungsnummer nach IEC-Publikation 84.
- Spalte 2: Schaltgruppe. Es werden das Kennzeichen der Stromrichtergrundschaltung, die Pulszahl und der Schaltungswinkel angegeben.
- Spalte 3: Pulszahl p.
- Spalte 4: Bezeichnung der Schaltung.

Die Spalten 5 bis 10 betreffen die Transformerschaltung

- Spalte 5: Zeigerbild netzseitig.
- Spalte 6: Zeigerbild ventilseitig. Als Klemme 1 ist jene bezeichnet, deren Spannungszeiger den geringsten nacheilenden Phasenwinkel gegen die Sternspannung der netzseitigen Klemme U hat. Dieser Spannungszeiger ist in den Zeigerbildern durch einen dicken Strich gekennzeichnet. Seine Spannung ist die Phasenspannung U_{s1}. Der Winkel entspricht dem Schaltungswinkel δ.
- Spalte 7: Schaltungsbild, netzseitig.
- Spalte 8: Schaltungsbild, ventilseitig.
- Spalte 9: Bezeichnung netzseitig.
- Spalte 10: Bezeichnung ventilseitig. Unter den ausgeschriebenen Bezeichnungen ist das Kurzzeichen der entsprechenden Transformerschaltgruppe nach IEC angegeben.

Die «Schaltgruppe» kennzeichnet die Schaltung zweier Wicklungen und die Phasenlage der ihnen zugeordneten Spannungszeiger (Vektoren). Sie besteht aus einem grossen und einem kleinen Buchstaben und einer Kennzahl, z.B. Dz6. Grosse Buchstaben geben die Schaltung der Oberspannungswicklung an (Netzseite), kleine Buchstaben die Schaltung der Unterspannungswicklung (Stromrichterseite). Es bedeuten:

. D (d) Dreieckschaltung
. I (i) Offene Schaltung (z. B. 1-Phasen-Transformer, siehe Tabelle Zeile 1)
. Y (y) Sternschaltung
. Z (z) Zickzackschaltung

Die «Kennzahl», mit 30° multipliziert, gibt an, um welchen Winkel der Zeiger der Unterspannungswicklung dem der Oberspannungswicklung nacheilt. Dieser Winkel kann zwischen 0° und 360° liegen.
Die Kennzahl wird ermittelt, indem das Spannungszeigerbild (Vektor) der Oberspannungswicklung mit einem Uhrzifferblatt so in Deckung gebracht wird, dass der Zeiger der Oberspannungsklemme «V» auf die Ziffer 12 fällt. An dem mit «v» oder «y» bezeichneten Punkt der Schaltungsdarstellung für die Unterspannungsseite ist dann die Kennzahl für die Schaltgruppe abzulesen.

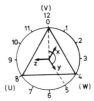

Bild 2.5-1
Zeigerdiagramm zur Ermittlung der Kennzahl

Beispiel: (Bild 2.5-1). Dy5 heisst: Oberspannungsseite Dreieck-, Unterspannungsseite Sternschaltung. Die Kennzahl 5 gibt die Lage von «y» an. Diese Zahl mit 30° multipliziert, ergibt die Phasenverschiebung zwischen Oberspannungszeiger «V» und Unterspannungszeiger «y», also $5 \cdot 30° = 150°$.

Für die Bezeichnung der Klemmen gilt: Klemmen, die zu gleichsinnig aus der Wicklung herausgeführten Enden gehören, werden mit U, V, W und u, v, w bezeichnet. Klemmen hiezu gegensinniger Wicklungsenden tragen die Bezeichnung X, Y, Z beziehungsweise x, y, z.

Nach IEC (International Electrical Commission)-Norm werden die Buchstaben X Y Z und x y z nicht mehr benützt. Die Kennzeichnung der Anschlüsse erfolgt nur mehr durch die Grossbuchstaben U V W. Jede Wicklung erhält eine Nummer, so dass zum Beispiel die Anschlüsse der Primärseite mit 1U 1V 1W, die der Sekundärseite mit 2U 2V 2W bezeichnet werden. Der Anfang der Wicklung wird durch den Zusatz 1, das Ende der Wicklung durch den Zusatz 2 markiert. So hat zum Beispiel die Primärwicklung der Phase R die Bezeichnung 1U1 (Anfang) und 1U2 (Ende). Der Kennbuchstabe für einen Sternpunkt ist N.

3. Mittelpunktschaltungen am 3-Phasen-Netz

Mittelpunktschaltungen sind dadurch gekennzeichnet, dass entweder die Anoden oder die Kathoden der Ventile miteinander verbunden sind und einen Pol der Ausgangsspannung bilden, während der zweite Pol der Mittelpunkt des Wechselstromsystems ist. In einem 3-Phasen-System mit belastbarem Nulleiter kann die M3-Schaltung ohne Transformer ausgeführt werden, wenn die Höhe der abgegebenen Gleichspannung für den Verbraucher gerade richtig ist. In den weitaus meisten Fällen wird man aber beim Einsatz einer Mittelpunktschaltung auch am 3-Phasen-Netz einen Transformator vorsehen. Für eine Mittelpunktschaltung am 1-Phasen-Netz ist er zwingend.

Am 3-Phasen-Netz lassen sich auch durch entsprechende Ausführung des Transformers Mittelpunktschaltungen höherer Pulszahlen (6, 12, 24) aufbauen. Sie sind jedoch seit der Einführung der Halbleiterventile in der Praxis kaum mehr zu finden. An ihre Stelle sind die Drehstrom-Brückenschaltung (B6, DB) und Kombinationen von DB-Schaltungen getreten. Sie werden in einem späteren Kapitel eingehend besprochen. Hier wird neben der M3-Schaltung noch auf die M6-Schaltung eingegangen, um an ihr Vor- und Nachteile aufzuzeigen, die sich beim Übergang auf eine höherpulsige Mittelpunktschaltung ergeben. Am Schluss jeder Schaltungsbeschreibung werden die wichtigen Kennwerte in Tabellen zusammengefasst.

Mittelpunktschaltungen haben den Kennbuchstaben M. Die Kommutierungszahl q und die Pulszahl p sind gleich der Zahl der Ventilzweige. Sie sind daher Grundschaltungen.

3.1 Die M3-Schaltung (Sternschaltung)

3.1.1 Beschreibung der Funktion

Zur Beschreibung der grundsätzlichen Vorgänge in einem netzgeführten Stromrichter in Band 1 «Grundlagen und Messtechnik» wurde die M3-Schaltung verwendet, da sie zur Erklärung am besten geeignet ist. Dies deshalb, weil sie die Grundschaltung aller am 3-Phasen-Netz betriebenen Stromrichter darstellt und ihr Verhalten bei induktiver Last unter Annahme einer unendlich grossen Induktivität dem realen Verhalten in der Praxis bei Speisung eines Motor- oder Generatorfeldes sehr nahe kommt. Gerade letzteres trifft für die Grundschaltung am 1-Phasen-Netz, die M2-Schaltung, nicht zu.

Die Beschreibung der Funktion einer M3-Schaltung muss daher hier nicht wiederholt werden. Sie ist in Band 1, in den Kapiteln 4, 6, 7 zu finden. Es sollen nur noch zusätzliche Informationen gegeben werden, die für die Anwendung dieser Schaltung wichtig sind. Besonders zu beachten ist der Stromrichter-Transformer.

3.1.2 Transformer-Schaltungen

Da die Wicklungen der Sekundärseite des Transformers nur in einer Richtung vom Strom durchflossen werden, ist nicht jede Transformerschaltung zulässig, wenn eine Vormagnetisierung vermieden werden soll. Letzteres ist um so wichtiger, je grösser die Leistung ist. Mit einer Gleichstrom-Vormagnetisierung behaftet, und daher oft auch als «verbotene» M3-Schaltungen bezeichnet, sind die Dreieck-Stern- und die Stern-Stern-Schaltung. Sie sind daher auch nicht in der Tabelle 2.1-2 enthalten.

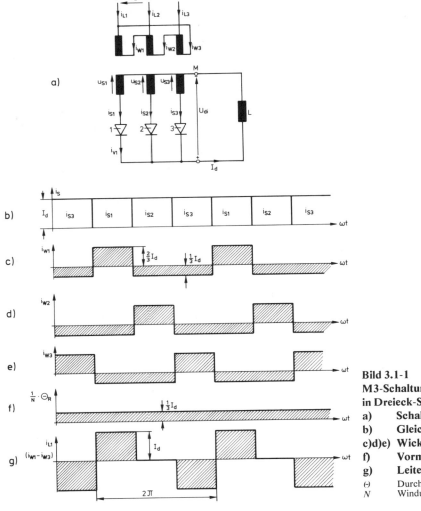

Bild 3.1-1
M3-Schaltungen mit Transformer in Dreieck-Stern-Schaltung
a) Schaltbild
b) Gleichstrom
c)d)e) Wicklungsströme
f) Vormagnetisierungsstrom
g) Leiterstrom
(-) Durchflutung
N Windungszahl

Bild 3.1-2
Spannung und Ströme in einer M3-Schaltung
Transformer in Dreieck-Stern-Schaltung, $\alpha = 0°$
a) **Ohmsche Last**
b) **Induktive Last**

In den Bildern 3.1-2 bis 5 sind von oben nach unten folgende Grössen dargestellt:

$u_{d\alpha}$ Gleichspannung
i_d Gleichstrom
i_{v1} Strom durch Ventil 1
i_{L1} Netzstrom in der Phase R
i_{L2} Netzstrom in der Phase S
i_{L3} Netzstrom in der Phase T

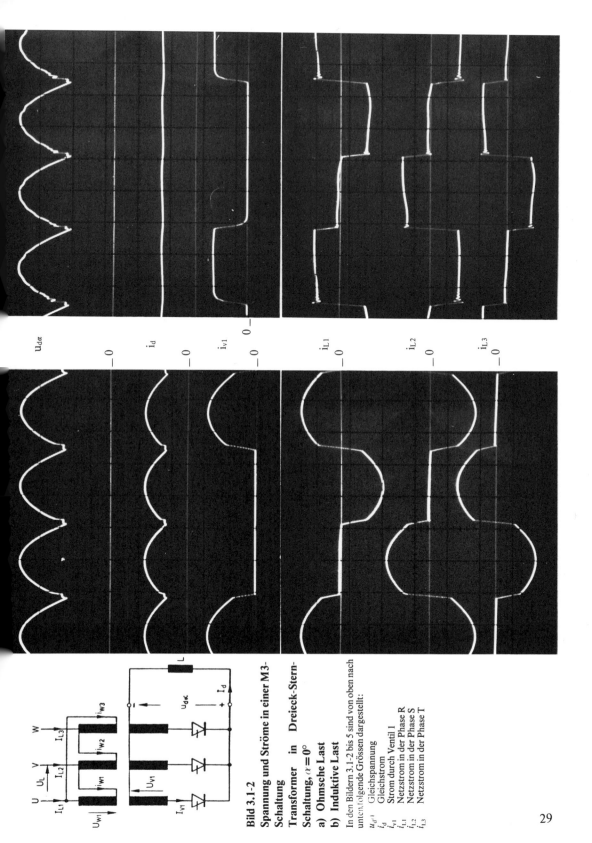

3.1.2.1 «Verbotene» M3-Schaltungen

In Bild 3.1-1 sind der Verlauf der Ströme sowie die daraus resultierende Vormagnetisierung des Transformers, wenn er in Dreieck-Stern geschaltet ist, dargestellt. Daraus ersieht man, dass jeder Schenkel dauernd mit einem Drittel der durch den Gleichstrom I_d hervorgerufenen Amperewindungen vormagnetisiert wird. Dadurch steigt der Magnetisierungsstrom an. Bei einem 3-Schenkel-Transformator kann sich der Gleichfluss nur über die Luft oder benachbarte Eisenteile schliessen. Er stört bei Stromrichtern kleiner Leistung nicht. Man findet diese Schaltung trotz des erwähnten Nachteils für Leistungen bis etwa 100 kW. Auf keinen Fall darf man drei 1-Phasen-Transformatoren verwenden, denn dort entsteht ein starker Gleichfluss, der zur magnetischen Sättigung des Eisens führen kann und dadurch eine untragbare Erhöhung des Magnetisierungsstromes hervorruft.

Die Bilder 3.1-2 und 3.1-3 zeigen Oszillogramme, aus denen der Verlauf der Gleichspannung, des Gleichstromes, eines Ventilstromes sowie der Leiterströme bei Dreieck-Stern-Schaltung ersichtlich ist. In den Strömen i_L bei induktiver Last ist bereits der erhöhte Magnetisierungsstrom zu erkennen, insbesondere wenn man Bild 3.1-2b mit Bild 3.1-10b vergleicht, das die Ströme i_L bei gleichem Wert I_d aber bei Zickzackschaltung der Sekundärwicklung des Transformators zeigt. Der Strom I_d wurde für diese beiden Bilder etwa 7mal grösser eingestellt als für die andern, um diesen Einfluss zu zeigen.

Wird ein Transformator in Stern-Stern-Schaltung benutzt, so kann bei welligem Gleichstrom der durch die Vormagnetisierung entstehende Gleichfluss schwanken und dadurch zusätzliche Eisenverluste und Erwärmung des Transformators hervorrufen. Bei netzseitiger Dreieckschaltung können aber diese Schwankungen des Gleichflusses nicht auftreten. Die Stern-Stern-Schaltung ist daher für M3-Schaltungen nicht geeignet. Man kann sie höchstens für kleine Leistungen, zum Beispiel im Laborbetrieb verwenden.

Die Bilder 3.1-4 und 3.1-5 zeigen dieselben Grössen wie die Bilder 3.1-2 und 3.1-3, jedoch bei Stern-Stern-Schaltung des Transformators.

In Bild 3.1-6a sind die Zeigerbilder der möglichen Schaltgruppen für die Dreieck-Stern- und Stern-Stern-Schaltung und in Bild 3.1-6b die zugehörigen Phasenlagen der Gleichspannungsoberschwingungen dargestellt. Wie daraus zu ersehen ist, lässt sich durch Serienschaltung von zwei oder mehreren derartigen Stromrichtern eine Reduktion der Welligkeit erreichen. Dies kommt in der Praxis mit M3-Schaltungen, von denen jede einen eigenen Transformator hat, kaum vor. Die Serieschaltung der Systeme Yy0 und Yy6 bei Speisung aus einer gemeinsamen Sekundärwicklung ergibt aber eine Drehstrom-Brückenschaltung. Dasselbe gilt auch für die Serieschaltung der Systeme Dy5 und Dy11.

Werden höhere Leistungen in M3-Schaltungen umgeformt, was heute eine grosse Seltenheit ist, so muss der Transformator in Zickzackschaltung arbeiten.

3.1.2.2 M3-Schaltungen mit Zickzackwicklung des Transformators

Durch eine Serieschaltung der Wicklungsstränge nach Bild 3.1-7 wird erreicht, dass keine Gleichstrommagnetisierung mehr auftritt, da jeder

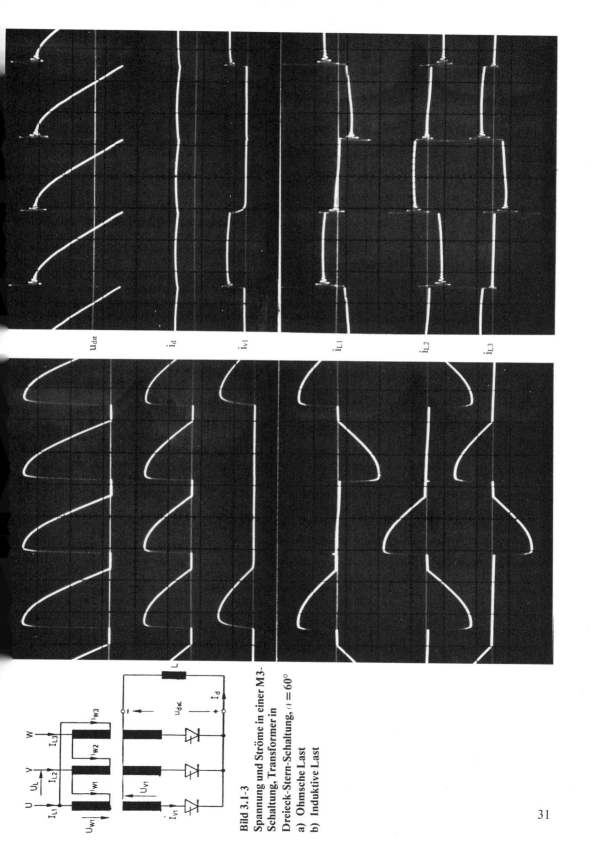

Bild 3.1-3
Spannung und Ströme in einer M3-Schaltung, Transformer in Dreieck-Stern-Schaltung, $\alpha = 60°$
a) Ohmsche Last
b) Induktive Last

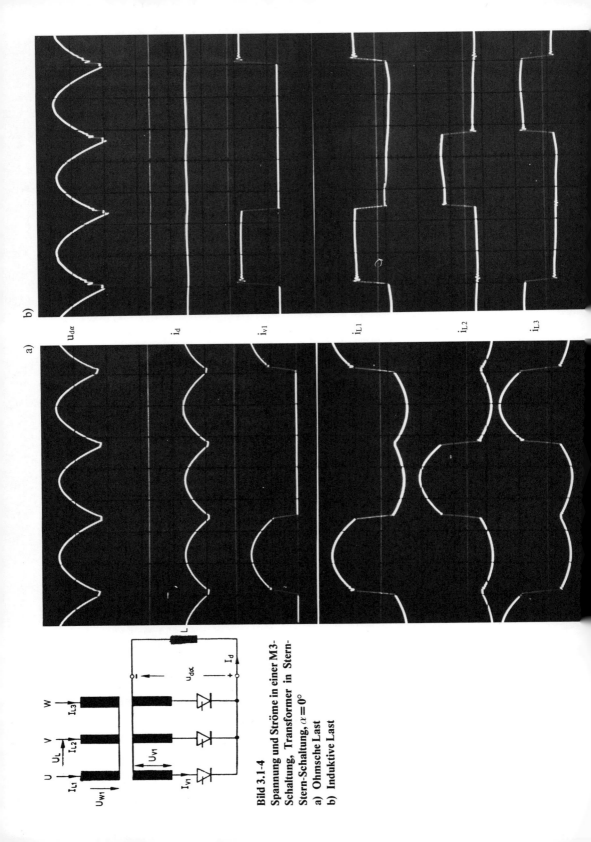

Bild 3.1-4
Spannung und Ströme in einer M3-Schaltung, Transformer in Stern-Stern-Schaltung, $\alpha = 0°$
a) **Ohmsche Last**
b) **Induktive Last**

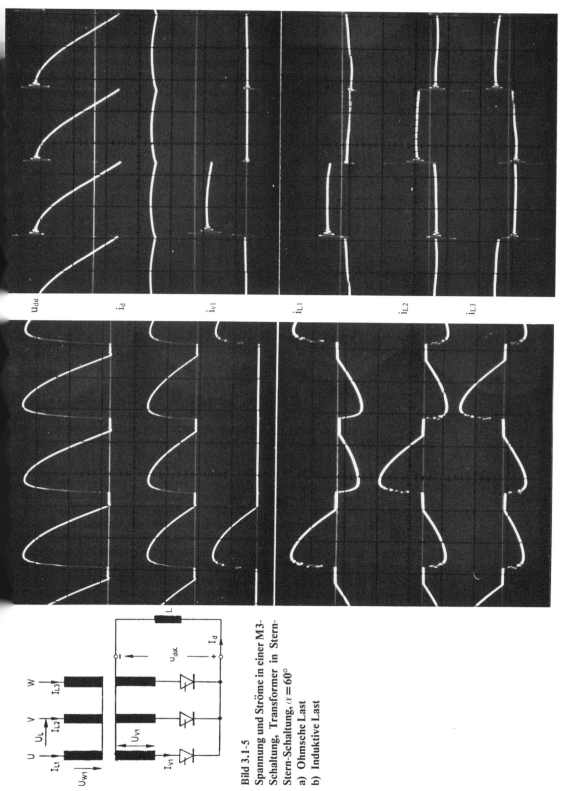

Bild 3.1-5
Spannung und Ströme in einer M3-Schaltung, Transformer in Stern-Stern-Schaltung, $\alpha = 60°$
a) Ohmsche Last
b) Induktive Last

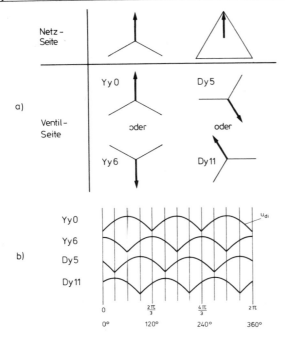

Bild 3.1-6
a) Zeigerbilder der möglichen Transformerschaltgruppen bei Stern-Stern- und Dreieck-Stern-Schaltungen
b) zugehörige Phasenlagen der Gleichspannungs-Oberschwingungen

Ventilstrom durch die Wicklungsstränge von 2 Schenkeln fliesst und diese daher wechselseitig magnetisiert. Durch Punkte neben den Wicklungen ist der Wicklungsanfang gekennzeichnet. Daraus ersieht man, dass zum Beispiel der Strom durch Ventil 1 eine Wicklung auf dem Schenkel V in Richtung Ende–Anfang, eine des Schenkels U aber in Richtung Anfang–Ende durchfliesst. Dadurch entsteht eine gleich grosse, aber entgegengesetzte Magnetisierung, so dass sich trotz des Gleichstromes keine Vormagnetisierung ergibt.
In Bild 3.1-8 ist oben noch einmal die Schaltung gezeichnet. Die Darstellung des Transformers ist hier so gewählt, dass einerseits wieder die Wicklungsanfänge gekennzeichnet sind, andererseits aber auch die Lage der Spannungsvektoren daraus hervorgeht. Alle in der gleichen Lage wie der Primärwicklungsstrang gezeichneten Sekundärwicklungsstränge sind auf demselben Schenkel. Durch Verbinden des Mittelpunktes mit den Wicklungsenden, an denen die Anoden der Ventile angeschlossen sind, erhält man die Spannungsvektoren U_{s1}, U_{s2}, U_{s3} (strichliert eingezeichnet), die für die Gleichspannungsbildung zur Verfügung stehen. Da jeweils zwei Teilspannungen U_o, die gleich gross sind, vektoriell addiert, eine Spannung U_s ergeben, gilt:

$$U_s = 2 \cdot U_o \cdot \cos 30° = U_o \cdot \sqrt{3}$$

$U_o =$ Spannung einer Teilwicklung

Wie man durch Vergleich mit den Spannungszeigern in Bild 3.1-9 feststellen kann, ist die Schaltgruppe des Transformers Yz5.
Aus dem Verlauf der Ventilströme i_{s1}, i_{s2} und i_{s3} lassen sich die entsprechenden Leiterströme zusammensetzen. Der Strom i_{L3} wird zum Beispiel durch die Differenz der Ströme $i_{s2}-i_{s3}$ gebildet, denn i_{s2} durch-

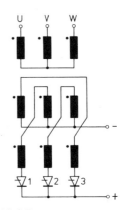

Bild 3.1-7
M3-Schaltung mit Zickzackschaltung der Transformerwicklung auf der Sekundärseite. Durch einen Punkt ist der Wicklungsanfang gekennzeichnet.

Mittelpunktschaltungen am 3-Phasen-Netz

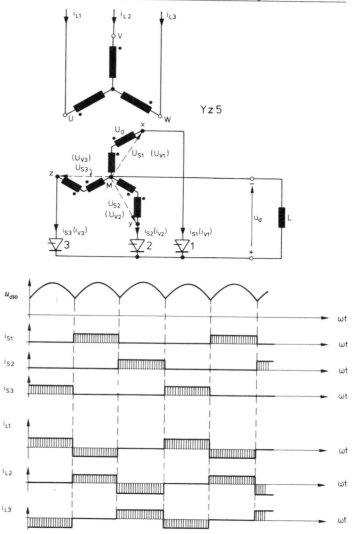

Bild 3.1-8
M3-Schaltung mit Transformer in Schaltgruppe Yz5. Oben Schaltung, darunter Verlauf von Spannung und Strömen.

u_{di0} Momentanwert der Gleichspannung ($\alpha = 0°$)
i_s Ventilströme
i_L Leiter-(Netz-)Ströme

fliesst die eine Wicklung auf dem Schenkel W in positiver Richtung, während die andere in negativer Richtung von i_{s3} durchflossen wird. Dadurch wird jede Vormagnetisierung vermieden. Nachteilig ist der komplizierte Aufbau gegenüber einem Transformator in Stern-Stern- oder Dreieck-Stern-Schaltung und die durch die Phasenschwenkung bedingte Vergrösserung der Typenleistung des Transformators. Diese Vergrösserung lässt sich leicht durch folgende Überlegung berechnen: Könnten die zwei Teilwicklungen der Sekundärseite, die auf demselben Schenkel sind, in Serie geschaltet werden, was eine Sternschaltung ergeben würde, so wäre die zur Verfügung stehende Spannung $U_s = 2 \cdot U_0$. Bei der Zickzackschaltung ist sie aber nur $\sqrt{3} \cdot U_0$. Die sekundäre Wicklungsleistung muss also im Verhältnis $2/\sqrt{3}$ grösser werden gegenüber einer «verbotenen» Schaltung; die primäre Wicklungsleistung bleibt aber gleich. Man erhält daher für die Typen-(Bau-)leistung des Transformers:

$$2 P_t = 1{,}21 P_{dio} + 1{,}48 \cdot 2/\sqrt{3} \cdot P_{dio}$$
$$= (1{,}21 + 1{,}71) \cdot P_{dio}$$
$$= 2{,}92 P_{dio}$$
$$P_t = 1{,}46 \text{ (anstatt } 1{,}35) \cdot P_{dio} \, (P_{dio} = U_{dio} \cdot I_{dN})$$

Die Ventil- und Netzbelastung sind bei allen M3-Schaltungen gleich.

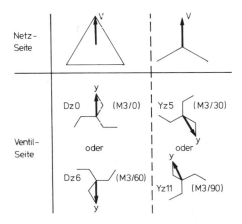

Bild 3.1-9
Zeigerbilder der möglichen Transformerschaltgruppen bei Zickzackschaltung der Sekundärwicklung.

In Bild 3.1-9 sind die Zeigerbilder der möglichen Schaltgruppen bei Zickzackschaltung des Transformers dargestellt. Die entsprechenden Bezeichnungen der Stromrichterschaltungen sind in Klammern gesetzt. In die Tabelle 2.1-2 (Kapitel 2) sind nur diese M3-Schaltungen aufgenommen (IEC-Bezeichnungen 2a, 2b, 2c, 2d), da für grosse Leistungen nur Zickzackschaltung auf der Sekundärseite erlaubt ist.
Die Bilder 3.1-10 und 3.1-11 zeigen die entsprechenden Grössen bei Stern-Zickzack-Schaltung (Yz5) des Transformers. Besonders zu beachten ist die gegenüber den früheren Bildern verlängerte Kommutierungsdauer, da durch die Serieschaltung zweier Wicklungen die Kommutierungsinduktivität gegenüber einer Stern-Stern- oder Dreieck-Stern-Schaltung ansteigt.
In Bild 3.1-12 ist der Verlauf der Phasenspannung u_{v1}, des Ventilstromes i_{v1} sowie des Leiterstromes i_{L1} bei $\alpha = 0°$ und induktiver Last für die verschiedenen Schaltungen übereinander dargestellt. Im Strom i_{L1} des Bildes a) ist der erhöhte Magnetisierungsstrom, insbesondere im negativen Teil zu erkennen. In Bild b) ist u_{v1} gegenüber Bild a) um 30° vorverschoben, was durch den Übergang von der Stern-Stern- auf die Dreieck-Stern-Schaltung des Transformers bewirkt wird. Auch hier ist wieder der Einfluss eines erhöhten Magnetisierungsstromes in der Verformung der Rechtecke des Stromes i_{L1} zu erkennen.
In Bild c) eilt die Spannung u_{v1} jener des Bildes a) um 150° nach, wie es durch den Übergang auf die Yz5-Schaltung sein muss. Im Strom i_{L1} ist kein Einfluss des Magnetisierungsstromes zu erkennen, die Rechtecke sind nicht verformt, da ja bei dieser Schaltung keine Vormagnetisie-

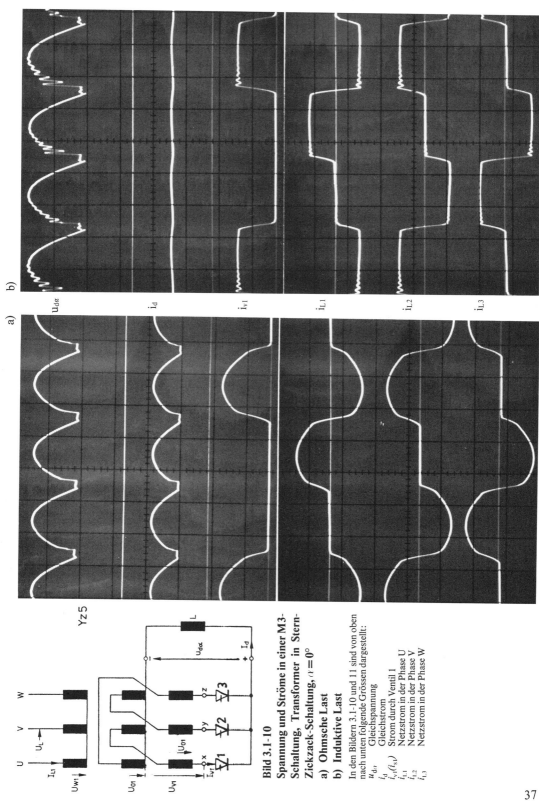

**Bild 3.1-10
Spannung und Ströme in einer M3-Schaltung, Transformer in Stern-Zickzack-Schaltung, $\alpha = 0°$**
a) **Ohmsche Last**
b) **Induktive Last**

In den Bildern 3.1-10 und 11 sind von oben nach unten folgende Grössen dargestellt:

$u_{d\alpha}$ Gleichspannung
i_d Gleichstrom
$i_{v1}(t_{s1})$ Strom durch Ventil 1
i_{L1} Netzstrom in der Phase U
i_{L2} Netzstrom in der Phase V
i_{L3} Netzstrom in der Phase W

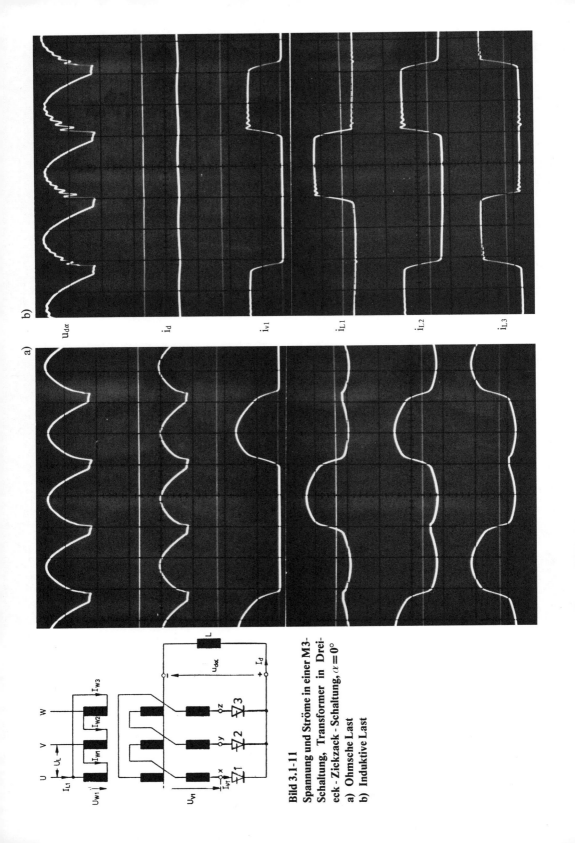

Bild 3.1-11
Spannung und Ströme in einer M3-Schaltung, Transformer in Dreieck-Zickzack-Schaltung, $\alpha = 0°$
a) Ohmsche Last
b) Induktive Last

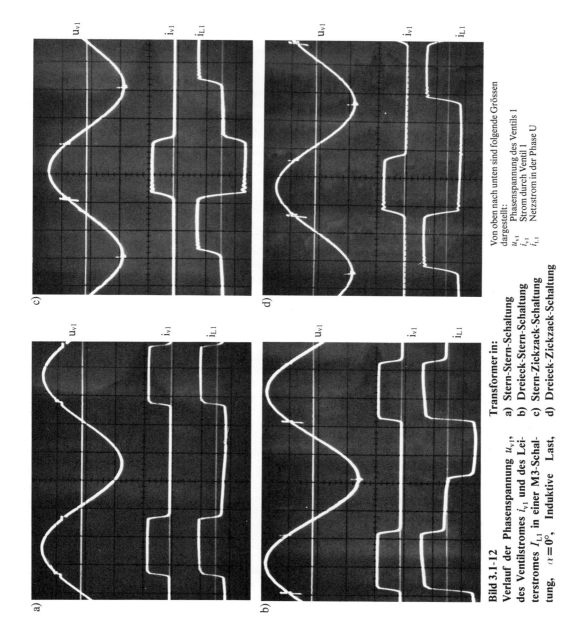

Bild 3.1-12
Verlauf der Phasenspannung u_{v1}, des Ventilstromes i_{v1} und des Leiterstromes I_{L1} in einer M3-Schaltung, $\alpha = 0°$, Induktive Last,

Transformer in:
a) **Stern-Stern-Schaltung**
b) **Dreieck-Stern-Schaltung**
c) **Stern-Zickzack-Schaltung**
d) **Dreieck-Zickzack-Schaltung**

Von oben nach unten sind folgende Grössen dargestellt:
u_{v1} Phasenspannung des Ventils 1
i_{v1} Strom durch Ventil 1
i_{L1} Netzstrom in der Phase U

rung des Transformers erfolgt. Bild d) schliesslich entspricht Bild c), jedoch ist der Transformer primärseitig in Dreieck geschaltet. u_{v1} hat daher 30° Phasenverschiebung gegenüber Bild c).

Die Möglichkeit mit Halbleiterventilen die Drehstrom-Brückenschaltung einsetzen zu können, bei der neben verschiedenen anderen Vorteilen auch keine Vormagnetisierung des Transformers bei Verwendung der einfachen Stern-Stern- oder Dreieck-Stern-Schaltungen auftritt, macht M3-Schaltungen mit Zickzackschaltung auf der Sekundärseite des Transformers praktisch bedeutungslos.

3.1.3 Transformer-Berechnungen

Insbesondere im Hinblick auf die Zickzackschaltung sollen hier die Berechnungen des Stromrichter-Transformers in den verschiedenen Schaltungen Stern-Stern, Dreieck-Stern, Stern-Zickzack und Dreieck-Zickzack ausführlich gemacht werden. Allgemein gültige Überlegungen, die bei der Berechnung von Stromrichter-Transformatoren zu machen sind, findet man in Band 1, Kapitel 8.

Transformer in Stern-Stern-Schaltung (Yy)

Bild 3.1–13a zeigt einen Stromrichter in M3-Schaltung unter Verwendung eines Transformers in Stern-Stern-Schaltung, während in Bild 3.1–13b der Verlauf des Leiter-(Netz-)Stromes i_{L1}, sowie der netzseitigen Phasenspannung u_{w1} wiedergegeben ist ($\alpha = 0°$). Die Eintragung i_{v1} besagt, dass während dieser Zeit i_{v1} fliesst. Zur Berechnung der Wicklungsleistungen wird die Annahme getroffen, dass das Übersetzungsverhältnis $U_{w1} : U_{v1} = 1$.

Die Wicklungsscheinleistungen pro Schenkel sind:

Primär-(Netz-)Seite: $I_L \cdot U_w$
Sekundär-(Ventil-)Seite: $U_v \cdot I_v$

Aus dem Verlauf von i_L nach den Bildern 3.1–13b bzw. 3.1–4b errechnet sich der Effektivwert I_L zu:

$$I_L^2 = \frac{1}{2\pi}\left[\left(\frac{2}{3}I_d\right)^2 \cdot \frac{2\pi}{3} + \left(\frac{1}{3}I_d\right)^2 \cdot \frac{4\pi}{3}\right]$$

$$= \frac{1}{2\pi} \cdot \frac{2\pi}{3}\left(\frac{4}{9}I_d^2 + \frac{2}{9}I_d^2\right) = \frac{2}{9}I_d^2$$

$$I_L = I_d \cdot \sqrt{\frac{2}{9}} = 0{,}47\,I_d = \frac{I_d}{3}\cdot\sqrt{2}$$

Als Effektivwert des sekundären Phasenstromes I_s, der gleich dem Ventilstrom I_v ist, erhält man:

$$I_v^2 = \frac{1}{2\pi} \cdot I_d^2 \cdot \frac{2\pi}{3} = \frac{1}{3}I_d^2$$

$$I_v = \frac{I_d}{\sqrt{3}} \qquad \text{(für jede M3-Schaltung!)}$$

Mittelpunktschaltungen am 3-Phasen-Netz

Damit wird die ventilseitige Wicklungsscheinleistung pro Strang:

$$P_s = U_v \cdot I_v = \frac{U_{dio}}{1{,}17} \cdot \frac{I_d}{\sqrt{3}} = \frac{P_{dio}}{1{,}17 \cdot \sqrt{3}}$$

Die totale ventilseitige Wicklungsscheinleistung entspricht dem dreifachen Wert:

$$P_{tv} = 3 \cdot P_s = 3 \cdot \frac{P_{dio}}{1{,}17 \cdot \sqrt{3}} = \frac{\sqrt{3} \cdot P_{dio}}{1{,}17} = 1{,}48 \, P_{dio}$$

für die netzseitige Wicklungsscheinleistung

$$P_{tL} = 3 \cdot I_L \cdot U_W = 3 \cdot I_L \cdot U_v = 3 \cdot \frac{I_d}{3} \cdot \sqrt{2} \cdot \frac{U_{dio}}{1{,}17}$$

$$= \frac{\sqrt{2}}{1{,}17} \cdot P_{dio} = 1{,}21 \, P_{dio}$$

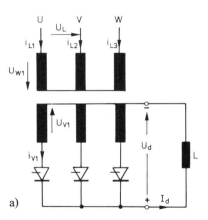

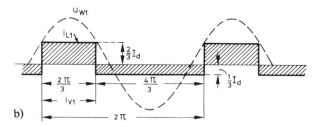

Bild 3.1-13
Stromrichter in M3-Schaltung mit Transformer in Stern-Stern-(Xy)-Schaltung
a) Schaltbild
b) Verlauf des Leiterstromes i_{L1} und der netzseitigen Phasenspannung u_{w1}

Die Bauleistung des Transformators ist daher:

$$P_t = \frac{1}{2}(1{,}21 + 1{,}48) \cdot P_{dio} = 1{,}35 \, P_{dio}$$

Die aus dem Netz bezogene Scheinleistung (Netzentnahmeleistung) ist:

$$P_L = 3 \cdot U_W \cdot I_L = 3 \cdot \frac{U_{dio}}{1{,}17} \cdot \frac{I_d}{3} \cdot \sqrt{2} = 1{,}21 \, P_{dio}$$

Transformer in Dreieck-Stern-Schaltung

Bild 3.1–14a zeigt einen Stromrichter in M3-Schaltung, dessen Transformer in Dreieck-Stern (Dy) geschaltet ist, während in Bild 3.1–14b der Verlauf des Leiter-(Netz-)Stromes i_{L1} sowie der netzseitigen Spannung U_{w1} dargestellt ist. Die Eintragung i_{v1} besagt, dass während dieser Zeit i_{v1} fliesst.

Unter der Annahme $U_{w1} : U_{v1} = 1$ gilt folgendes:

Wicklungsscheinleistung pro Schenkel:

Primär-(Netz-)Seite: $\quad I_w \cdot U_w$
Sekundär-(Ventil-)Seite: $\quad I_v \cdot U_v$

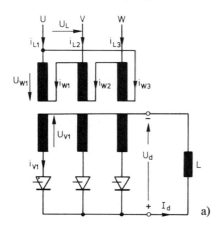

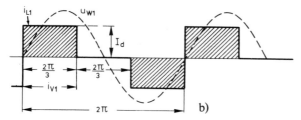

Bild 3.1-14
Stromrichter in M3-Schaltung mit Transformer im Dreieck-Stern-(Dy)Schaltung
a) Schaltbild
b) Verlauf des Leiterstromes i_{L1} und der netzseitigen Phasenspannung u_{w1}

Aus dem Verlauf von i_w in Bild 3.1–1 findet man für den Effektivwert I_w:

$$I_w^2 = \frac{1}{2\pi} \cdot \left(\frac{4}{9} \cdot I_d^2 \cdot \frac{2\pi}{3} + \frac{1}{9} \cdot I_d^2 \cdot \frac{4\pi}{3} \right) = I_d^2 \cdot \frac{2}{9}$$

$$I_w = \frac{I_d}{3} \cdot \sqrt{2}$$

I_w entspricht also I_L in der Stern-Stern-Schaltung.

Damit ergibt sich für die netzseitige Wicklungsscheinleistung:

$$P_{tL} = 3 \cdot U_w \cdot I_w = 3 \cdot \frac{U_{dio}}{1{,}17} \cdot \frac{I_d}{3} \cdot \sqrt{2}$$

$$= 1{,}21 \, P_{dio}$$

Für die ventilseitige Wicklungsscheinleistung erhält man, wie bereits für die Stern-Stern-Schaltung berechnet:

$P_{tv} = 1{,}48\, P_{dio}$

Und damit für die Bauleistung des Transformers:

$P_t = 1{,}35\, P_{dio}$

Die Bauleistung des Transformers wird also in beiden Fällen, Stern-Stern oder Dreieck-Stern-Schaltung, gleich.

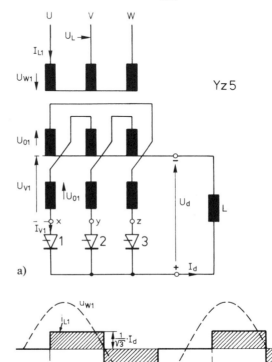

Bild 3.1-15
Stromrichter in M3-Schaltung mit Transformer in Stern-Zickzack-(Yz)Schaltung
a Schaltbild
b) Verlauf des Leiterstromes i_{L1} und der netzseitigen Phasenspannung u_{w1}

Transformer in Stern-Zickzack-Schaltung

Bild 3.1–15a zeigt einen Stromrichter in M3-Schaltung, dessen Transformer in Stern-Zickzack geschaltet ist, während Bild 3.1–15b den Verlauf des Leiterstroms i_{L1} sowie der netzseitigen Sternspannung U_{w1} zeigt.

Wenn man wieder die Annahme trifft, dass das Verhältnis $U_w : U_v = 1$ ist, erhält man für die Teilspannung U_o wie aus Bild 3.1–8 abzulesen ist:

$U_o = \dfrac{U_v}{\sqrt{3}}$

Da die Leistung pro Transformerschenkel auf der Primär- und Sekundärseite gleich sein muss, gilt zum Beispiel für den Schenkel U:

$$U_{o1} \cdot I_{v3} - U_{o1} \cdot I_{v1} = U_{w1} \cdot I_{L1} = \frac{U_v}{\sqrt{3}} (I_{v3} - I_{v1})$$

für $U_v = U_w$ wird:

$$I_{L1} = \frac{1}{\sqrt{3}} (I_{v3} - I_{v1})$$

Fliesst also der Strom I_d auf der Ventilseite, so hat er auf der Netzseite einen Strom $I_d/\sqrt{3}$ zur Folge, wie dies Bild 3.1–15b zeigt. Damit wird der Effektivwert des Leiterstromes i_L:

$$I_L^2 = \frac{1}{2\pi} \cdot \frac{1}{3} \cdot I_d^2 \cdot \frac{4\pi}{3} = I_d^2 \cdot \frac{2}{9}$$

$$I_L = \frac{I_d}{3} \cdot \sqrt{2} = 0{,}471\, I_d$$

Er ist also gleich gross wie bei den anderen Transformerschaltungen. Die netzseitige Wicklungsscheinleistung wird daher wieder:

$$P_{tL} = 1{,}21\, P_{dio}$$

Für die ventilseitige Wicklungsscheinleistung ergibt sich aber: Leistung pro Schenkel (zum Beispiel für den Schenkel U):

$$P_s = U_{o1} \cdot I_{v3} + U_{o1} \cdot I_{v1};\ \text{da}\ I_{v1} = I_{v3} = \frac{I_d}{\sqrt{3}}:$$

$$P_s = 2 \cdot U_o \cdot \frac{I_d}{\sqrt{3}} = 2 \cdot \frac{U_v}{\sqrt{3}} \cdot \frac{I_d}{\sqrt{3}}$$

$$= 2 \cdot \frac{U_v \cdot I_d}{3}$$

Die gesamte ventilseitige Wicklungsscheinleistung wird damit:

$$P_{tv} = 3 \cdot 2 \cdot \frac{U_v \cdot I_d}{3} = 2 \cdot \frac{U_{dio}}{1{,}17} \cdot I_d = 1{,}71\, P_{dio}$$

Für die Bauleistung des Transformers gilt somit:

$$P_t = \frac{1}{2} P_{dio} (1{,}21 + 1{,}71) = 1{,}46\, P_{dio}$$

Wie die Rechnung zeigt und bereits in Abschnitt 3.1.2.2 begründet, wird die ventilseitige Wicklungsscheinleistung um den Faktor

$$\frac{1{,}71}{1{,}48} = 1{,}15,\ \text{also um 15\% und die Bauleistung um den Faktor}$$

$$\frac{1{,}46}{1{,}35} = 1{,}08,\ \text{also um 8\% grösser als bei Stern-Stern- oder Dreieck-}$$

Stern-Schaltung des Transformers.

Transformer in Dreieck-Zickzack-Schaltung

Bild 3.1–16a zeigt einen Stromrichter in M3-Schaltung, dessen Transformer in Dreieck-Zickzack geschaltet ist, während Bild 3.1–16b den

Mittelpunktschaltungen am 3-Phasen-Netz

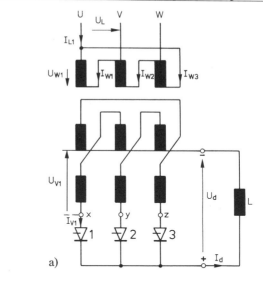

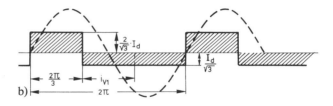

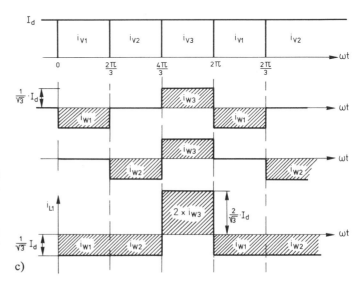

Bild 3.1-16
Stromrichter in M3-Schaltung mit Transformer in Dreieck-Zickzack-Schaltung
a) Schaltbild
b) Verlauf des Leiterstromes i_{L1} und der netzseitigen Phasenspannung u_{w1}
c) Verlauf der Ströme i_v, i_w und i_L

Verlauf des Leiterstromes i_{L1} sowie der netzseitigen Spannung U_{w1} zeigt.

Unter der Annahme $U_w : U_v = 1$ gilt:

$$I_{w1} = \frac{1}{\sqrt{3}}(I_{v3} - I_{v1}); \quad I_{w2} = \frac{1}{\sqrt{3}}(I_{v2} - I_{v3})$$

so dass man für den Leiterstrom i_{L1} erhält:

$$I_{L1} = I_{w1} - I_{w3} = \frac{1}{\sqrt{3}} \cdot 2 \cdot I_{v3} - (I_{v1} + I_{v2})$$

Der Verlauf dieser Grössen ist in Bild 3.1–16c zu sehen.

Die netzseitige Wicklungsscheinleistung bleibt gleich, da ja I_w gleich gross ist wie bei Stern-Zickzack-Schaltung, ebenso natürlich auch die ventilseitige Wicklungsscheinleistung und damit auch die Bauleistung des Transformers.

3.1.4 Strom-Spannungs-Kennlinien

Wie in Band 1, Abschnitt 6.2.2 beschrieben, entsteht im Gleichrichterbetrieb durch die Kommutierung ein induktiver Spannungsabfall D_x, der dem Gleichstrom proportional ist. Zusätzlich ergeben sich noch an den ohmschen Widerständen Spannungsabfälle, die aber, insbesondere bei grossen Leistungen, wesentlich kleiner als die induktiven Spannungsabfälle sind. Bei nichtlückendem Strom haben daher die Strom-Spannungs-Kennlinien einen Verlauf, wie in Bild 3.1–17 gezeigt.

Wenn ein Stromrichter zur Speisung des Ankers einer fremderregten Gleichstrommaschine benutzt wird, wie dies in der Praxis sehr oft der Fall ist, dann tritt in einem weiten Bereich der Aussteuerung Lückbetrieb auf, insbesondere, wenn keine Glättungsdrossel im Ankerkreis vorgesehen ist. Darauf wurde bereits im Band 1, Abschnitt 4.2.7 hingewiesen. Bild 3.1–18 zeigt ein entsprechendes Oszillogramm. Da während des Lückbetriebes die negativen Spannungszeitflächen wesentlich kleiner werden als bei nichtlückendem Strom, wird der arithmeti-

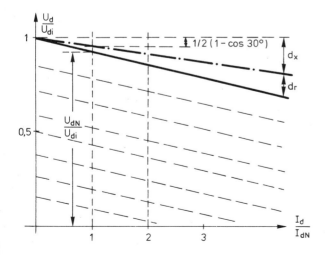

Bild 3.1-17
Strom-Spannungs-Kennlinie (äussere Charakteristik) einer 3pulsigen Schaltung bei nichtlückendem glattem Strom (Anfangsüberlappung $u_o = 30°$)

d_x Induktiver Spannungsabfall
d_r Ohmscher Spannungsabfall
bezogen auf U_{dio}

Mittelpunktschaltungen am 3-Phasen-Netz

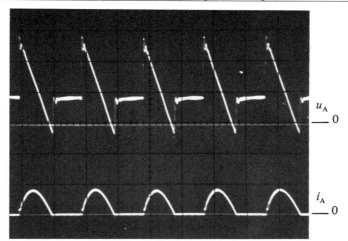

Bild 3.1-18
Verlauf der Ankerspannung (oben) und des Ankerstromes (unten), $\alpha = 60°$ (Lückbetrieb) bei Speisung des Ankers eines fremderregten Gleichstrommotors.

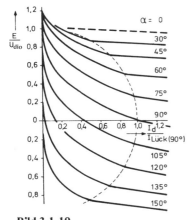

Bild 3.1-19
Strom-Spannungs-Kennlinien eines 3pulsigen Stromrichters im Lückbetrieb bei Belastung auf Gegenspannung und (kleine) Induktivität (Speisung des Ankers eines fremderregten Gleichstrommotors).

E = Induzierte Spannung (Gegen-EMK)

sche Mittelwert bei gleichem Steuerwinkel α grösser als bei nichtlückendem Betrieb. Im Bereich kleiner Ströme bis zur Lückgrenze ist daher der Verlauf der Strom-Spannungs-Kennlinien anders als in Bild 3.1-17. Sie haben wesentlich grössere und nicht konstante Neigungen (Bild 3.1-19).

Bild 3.1-19 stellt einen Ausschnitt aus Bild 3.1-17 dar, und zwar für Ströme, die wesentlich kleiner als der Nennstrom sind.

Die Gleichstrommaschine verhält sich als Last wie ein Kondensator. Daher kann die induzierte Spannung E (EMK) der Maschine maximal gleich dem Scheitelwert der Phasenspannung werden. So ergibt sich bei einer M3-Schaltung für das auf der Ordinate aufgetragene Verhältnis E/U_{dio}:

$$\frac{E}{U_{dio}} = \frac{\hat{u}_s}{U_{dio}} = \frac{1{,}41 \cdot U_s}{1{,}17 \cdot U_s} = 1{,}2$$

Die strichlierte Kurve in Bild 3.1-19 kennzeichnet die Grenze zwischen lückendem und nichtlückendem Bereich. Auf der Abszisse ist das Verhältnis des Stromes I_d zu jenem Wert aufgetragen, bei dem für $\alpha = 90°$ der Lückbetrieb beginnt. $\alpha = 90°$ entspricht ja dem schlimmsten Fall, das heisst, der Strom I_d muss am grössten sein, um das Lücken zu vermeiden. Bei $\alpha = 30°$ darf, wie man Bild 3.1-19 entnimmt, der Strom auf die Hälfte absinken, bis er zu lücken beginnt. Da der Lückbereich um so grösser wird, je kleiner die Pulszahl des Stromrichters ist, hat diese Erscheinung insbesondere bei Stromrichtern mit Pulszahlen $p = 2$ oder 3 grosse praktische Bedeutung. Die Änderung der Steilheit der Strom-Spannungs-Kennlinien bedeutet nämlich für eine Regelung, die einen Stromrichter enthält, eine Veränderung der Signalverstärkung und damit ein anderes Verhalten im Lückbetrieb gegenüber jenem im nichtlückenden Bereich. Ein Regler, der auf den nichtlückenden Betrieb angepasst ist, wie das in der Regel der Fall ist, wird im Lückbetrieb ein sehr schlechtes dynamisches Verhalten der Regelung ergeben, ja sogar zur Instabilität führen können. Um dies zu vermeiden, muss ein adaptiver Regler eingesetzt werden, der seine Kennwerte den sich ändernden Kennwerten des Stromrichters selbsttätig anpasst, oder es muss durch eine genügend grosse Drossel im Ankerkreis dafür gesorgt werden, dass im gesamten Arbeitsbereich des Antriebes der Strom nicht lückt. Man geht heute meistens den ersten Weg, da moderne Gleichstrommaschinen bei Speisung des Ankers über eine Drehstrombrücke keine zusätzliche Glättung des Gleichstromes durch eine Drossel erfordern.

3.1.5 Zusammenfassung der wichtigsten Kennwerte

Im folgenden sind die wichtigsten Kennwerte der M3-Schaltung in Tabellen zusammengefasst. Tabelle 3.1–1 enthält allgemeine Angaben, Tabelle 3.1–2 die Kennwerte der Spannungen, Tabelle 3.1–3 jene des Gleichstromes und der Ventilströme. In Tabelle 3.1–4 sind die wichtigsten Grössen der Wechselstromseite bei verschiedenen Transformerschaltungen angegeben.

(Tabelle 3.1-1 siehe Seite 49)

1	Gleichrichtungsfaktor	$\dfrac{U_{dio}}{U_{vo}} = k_o$	1,17
2	Maximaler Wert der Sperrspannung	$\dfrac{\hat{U}_r}{U_{dio}}$	$\dfrac{2\pi}{3}$ (2,09)
3	Gleichspannungs-Oberschwingungen 3.1 Frequenz der 1. Oberschwingung 3.2 Welligkeit bei $\alpha = 0°$	f_{1d} $\dfrac{U_{Wd}}{U_{dio}} = \sigma_u$	$3f$ 18,3%
4	Induktiver bezogener Gleichspannungsabfall bei Nennstrom, verursacht durch den Transformator	$\dfrac{d_{xtl}}{e_{xtl}}$	0,86
5	Steuerbereich für $\dfrac{U_{di\alpha}}{U_{dio}} = 1\ldots 0$ bei ohmscher Last bei induktiver Last	α	0°…150° 0°… 90°
6	Steuerkennlinien a) bei ohmscher Last b) bei induktiver Last Gleich- und Wechselrichterbetrieb möglich		

Tabelle 3.1-2
Gleichspannung, Sperrspannung, Steuerkennlinien (die Grössen 1 bis 4 sind unabhängig von der Belastungsart)

Mittelpunktschaltungen am 3-Phasen-Netz

1	Schaltbild (Prinzip)	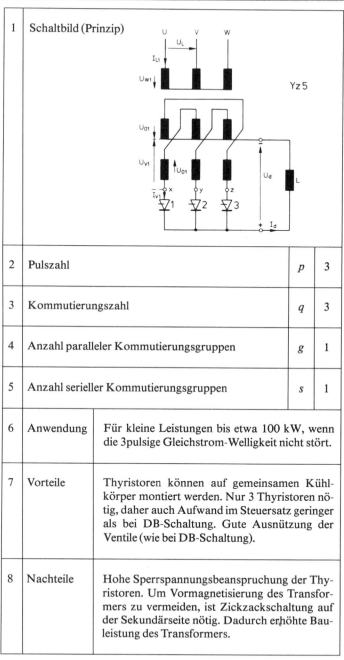	
2	Pulszahl	p	3
3	Kommutierungszahl	q	3
4	Anzahl paralleler Kommutierungsgruppen	g	1
5	Anzahl serieller Kommutierungsgruppen	s	1
6	Anwendung	Für kleine Leistungen bis etwa 100 kW, wenn die 3pulsige Gleichstrom-Welligkeit nicht stört.	
7	Vorteile	Thyristoren können auf gemeinsamen Kühlkörper montiert werden. Nur 3 Thyristoren nötig, daher auch Aufwand im Steuersatz geringer als bei DB-Schaltung. Gute Ausnützung der Ventile (wie bei DB-Schaltung).	
8	Nachteile	Hohe Sperrspannungsbeanspruchung der Thyristoren. Um Vormagnetisierung des Transformers zu vermeiden, ist Zickzackschaltung auf der Sekundärseite nötig. Dadurch erhöhte Bauleistung des Transformers.	

**Tabelle 3.1-1
Allgemeines**

U_{dio}	Arithmetischer Mittelwert der Gleichspannung bei $\alpha = 0°$ unter idealisierten Bedingungen (ideale Leerlaufgleichspannung)	
U_{vo}	Effektivwert der sekundärseitigen Phasenspannung des Transformers im Leerlauf	
k_o	Gleichrichtungsfaktor	
$\hat{U}_r$	Scheitelwert der Sperr- und Blockierspannung	
f_{1d}	Frequenz der ersten Oberschwingung der Gleichspannung	
f	Frequenz der Speise-(Netz-)Spannung	
U_{wd}	Gesamteffektivwert der Gleichspannungs-Oberschwingungen $U_{wd} = \sqrt{\sum U_{nd}^2}$; $n = k \cdot p$; $k = 1, 2 \ldots$	
σ_u	Spannungswelligkeit $\sigma_u = \dfrac{U_{wd}}{U_{dio}} \cdot 100\%$	
d_{xt1}	Induktiver Gleichspannungsabfall bei Nennstrom, verursacht durch den Transformer, in % von U_{dio}.	
e_{xt1}	Induktiver Anteil der Kurzschlussspannung des Transformers bei Nennstrom, in % von U_{dio}.	

Erklärung der in der Tabelle 3.1-2 verwendeten Kurzzeichen

1	Effektivwert des Ventilstromes I_v	$\dfrac{I_v}{I_d}$	$\dfrac{1}{\sqrt{3}} = 0{,}577$	
2	Mittelwert des Ventilstromes I_a	$\dfrac{I_a}{I_d}$	$\dfrac{1}{3} = 0{,}333$	
3	Formfaktor k_f (Verhältnis des Effektivwertes zum Mittelwert)	$\dfrac{I_v}{I_a}$	$\sqrt{3} = 1{,}732$	
4	Scheitelwert des Ventilstromes $\hat{I}_a$ (I_d = Mittelwert des Gleichstromes)	$\dfrac{\hat{I}_a}{I_d}$	1	
5	Stromflussdauer	t_T	$120° = \dfrac{2\pi}{3}$	
6	Kritischer Steuerwinkel (ohmsche Last)	α_{Krit}	$30°$	

Tabelle 3.1-3 Gleichstrom, Ventilströme (Zeilen 1…5: Induktive Last, Strom nicht lückend, vollkommen geglättet)

Tabelle 3.1-4 Wechselstromseite

0	Transformerschaltung		Yy	Dy	Yz	Dz
1	Schaltung nach Bild		3.1-13a	3.1-14a	3.1-15a	3.1-16a
2	*Ströme* (bei Transformerübersetzung $U_{wo} : U_{vo} = 1$)					
	2.1 Kurvenform des Netzstromes i_L	Bild	3.1-13b	3.1-14b	3.1-15b	3.1-16b
	2.2 Netz-(Leiter-)Strom	I_L/I_d	0,471	0,871	0,471	0,871
	2.3 Netzseitiger Wicklungsstrom	I_w/I_d	0,471	0,471	0,471	0,471
3	*Leistungen* (Scheinleistungen)					
	3.1 Netzseitige Wicklungsleistung des Transformers	P_{tL}/P_{dio}		1,21		1,21
	3.2 Ventilseitige Wicklungsleistung des Transformers	P_{tV}/P_{dio}		1,48		1,71
	3.3 Mittlere Nennleistung (Bauleistung) des Transformers	P_t/P_{dio}		1,35		1,46
	3.4 Netzentnahmeleistung	P_L/P_{dio}		1,21		1,21
4	*Leistungsfaktor* $\lambda = \dfrac{P}{S} = \dfrac{P_{dio}}{P_L}$ (bei $\alpha = 0°$) P = Wirkleistung = $P_{dio} = U_{dio} \cdot I_{dN}$ S = Scheinleistung = P_L	λ	$\dfrac{1}{1,21} = 0{,}83$ für alle M3-Schaltungen			

3.2 Die sechspulsige Mittelpunktschaltung (M6)
(Doppelsternschaltung)

Auch die M6-Schaltung ist eine Grundschaltung, genauso wie die M3-Schaltung. Daher ist auch ihre prinzipielle Wirkungsweise gleich, und es gelten alle bei der M3-Schaltung gemachten Überlegungen sinngemäss. Sie wird in der heutigen Stromrichtertechnik mit Halbleiterventilen nicht mehr eingesetzt, da die Drehstrom-Brückenschaltung dieselben Vorteile bietet, ohne aber ihre Nachteile zu haben. Wie aus Bild 3.2–1 zu sehen ist, ist der Aufbau der M6-Schaltung genau gleich jenem der M3-Schaltung. Anstatt eines 3-Phasen-Sternes (3 Spannungen mit einer Phasenverschiebung von 120°) bildet die Sekundärwick-

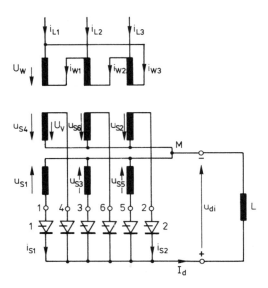

Bild 3.2-1a
Stromrichter in sechspulsiger Mittelpunktschaltung (M6/30)

lung des Transformers hier einen 6-Phasen-Stern (6 Spannungen mit einer Phasenverschiebung von 60°). Der Sternpunkt ist wieder im Gleichrichterbetrieb der negative Pol der Gleichspannung, während die anderen Enden der Sekundärwicklung mit den Anoden von 6 Ventilen verbunden sind, deren Kathoden zusammengefasst den Pluspol ergeben.

Wie Bild 3.2–2 zeigt, sind auf der Sekundärseite des Transformers zwei 3-Phasen-Sterne u_{s1}, u_{s3}, u_{s5} und u_{s2}, u_{s4}, u_{s6}, vorhanden, deren Mittelpunkte M1 und M2 zusammengefasst werden. Man nennt die M6-Schaltung daher auch Doppelsternschaltung. Diese beiden Sterne haben gegeneinander eine Phasenverschiebung von 180° (z.B. u_{s1}, u_{s4}), wodurch sich zwischen den einzelnen Strangspannungen eine Phasenverschiebung von 60° ergibt. Man kann, wie in Bild 3.2–2 dargestellt, die beiden M3-Systeme unabhängig voneinander auf separate Belastungswiderstände arbeiten lassen. In Bild 3.2–3a sind die sich dabei ergebenden Gleichspannungen u_{d1} und u_{d2} sowie der Netzstrom i_{L1} dargestellt, während in Bild 3.2–3b der Verlauf der 6 Phasenspannungen u_{s1} bis u_{s6} entsprechend Bild 3.2–1b aufgezeichnet ist. Will man die Vorteile der höheren Pulszahl in bezug auf Oberwelligkeit nutzen, so

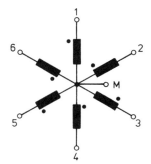

Bild 3.2-1b
Darstellung der Sekundärwicklung des Transformers, aus der die Phasenlage der einzelnen Spannungen des Sternes ersichtlich ist. Der Anfang eines Wicklungsstranges ist mit einem Punkt gekennzeichnet.

Mittelpunktschaltungen am 3-Phasen-Netz

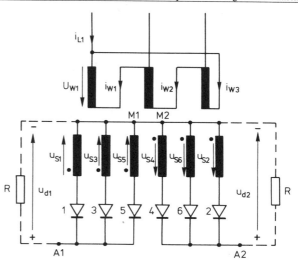

Bild 3.2-2
Stromrichter nach Bild 3.2-1a, Sechsphasenstern aufgetrennt in 2 Dreiphasensterne.

sind sowohl an den Aufbau des Transformers als auch bei gesteuertem Betrieb an die Symmetrie der Impulserzeugung hohe Forderungen zu stellen. Sie müssen um so strenger sein, je höher die Pulszahl des Stromrichters ist.

Obwohl die M6-Schaltung, wie bereits erwähnt, heute kaum mehr eingesetzt wird, soll sie hier kurz besprochen werden. Dies aus mehreren Gründen: erstens einmal, um die wichtigsten Änderungen aufzuzeigen, die sich beim Übergang von der M3- auf die M6-Schaltung ergeben, was unmittelbar ihre Nachteile gegenüber der Drehstrom-Brückenschaltung erkennen lässt. Im weiteren, weil sie in der Zeit der Quecksilberdampf-Gleichrichter eine Art Standardschaltung war, da die für grosse Leistungen eingesetzten 6-Anoden-Gefässe nur Schaltungen mit gemeinsamer Kathode zuliessen, und drittens schliesslich, um noch den Verlauf der Strom-Spannungs-Kennlinie in das Gebiet höherer Ströme zu erweitern und dabei die Mehrfachkommutierung zu erklären, die ja um so eher auftritt, je höher die Pulszahl der Stromrichtergrundschaltung ist, weil sich die Leitdauer der Ventile proportional der Pulszahl verkürzt.

3.2.1 Gleichspannung und Sperrspannung

Anhand von Bild 3.2-4 soll zuerst die Bildung der Gleichspannung ohne Berücksichtigung der Kommutierung besprochen werden.
Im Gegensatz zur M3-Schaltung liegt der natürliche Zündzeitpunkt hier 60° nach dem Nulldurchgang der entsprechenden Phasenspannung (in Bild 3.2-4 eingezeichnet für u_{s4}). Ohne Überlappung dauert die Stromführung jedes Ventiles nur 60° gegenüber 120° bei der M3-Schaltung. Der Mittelwert der Gleichspannung wird dadurch höher, wie folgende Rechnung zeigt. Dieser Vorteil bringt aber den Nachteil höherer Verluste in den Thyristoren wegen der geringeren Leitdauer mit sich.

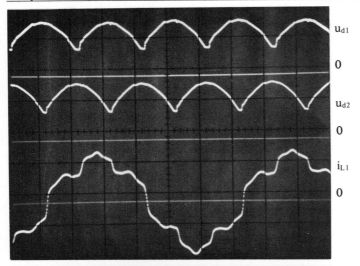

Bild 3.2-3a
Verlauf der Grössen u_{d1}, u_{d2} und i_{L5} bei Betrieb des Stromrichters nach Bild 3.2-2.

Bild 3.2-3b
Verlauf der 6 Phasenspannungen u_{s1} bis u_{s6} nach Bild 3.2-1b.

Die maximale Ausgangsspannung U_{dio} errechnet sich, wenn man $u_s = U_s \cdot \sqrt{2} \cdot \cos x$ setzt, zu:

$$U_{dio} = \frac{6}{2\pi} \cdot U_s \cdot \sqrt{2} \cdot \int_{-\frac{\pi}{6}}^{+\frac{\pi}{6}} \cos x \, dx = \frac{3}{\pi} \cdot U_s \cdot \sqrt{2} \cdot \sin x \Big|_{-\frac{\pi}{6}}^{+\frac{\pi}{6}} \quad (x = \omega t)$$

$$= \frac{3}{\pi} \cdot U_s \cdot \sqrt{2} \left(\frac{1}{2} + \frac{1}{2} \right) = 1{,}35 \cdot U_s$$

Der Gleichrichtungsfaktor k_0 ist also 1,35 gegenüber 1,17 bei der M3-Schaltung, somit 1,15mal grösser.

Die Welligkeit der Gleichspannung ist wesentlich geringer, da eine Oberschwingung mit der dreifachen Netzfrequenz nicht auftritt, sondern erst jene mit sechsfacher Netzfrequenz, wie aus Bild 3.2–4b zu ersehen ist.

Mittelpunktschaltungen am 3-Phasen-Netz

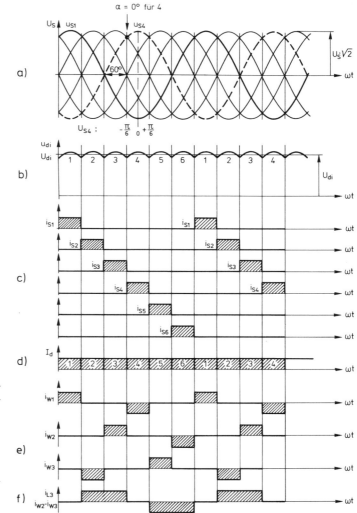

Bild 3.2-4
Verlauf der Spannungen und Ströme eines Stromrichters in M6-Schaltung (induktive Last, $L \to \infty$)
a) Phasenspannungen u_s
b) Gleichspannung u_{di}, U_{di}
c) Ventilströme i_s
d) Gleichstrom I_d
e) Ströme in den Primärwicklungen des Transformers i_w
f) Leiterstrom i_{L3}

Die Welligkeit der Gleichspannung ist definiert als:

$$\sigma_u = \frac{\sqrt{\Sigma U_{nd}^2}}{U_{dio}} \cdot 100 \text{ in \% für } \alpha = 0°$$

Sie wird praktisch durch die überlagerte Wechselspannung mit der niedersten Frequenz bestimmt. Diese Frequenz ist bei der M6-Schaltung doppelt so gross wie bei der M3-Schaltung. Da für den Effektivwert der überlagerten Wechselspannung gilt:

$$\frac{U_{nd}}{U_{dio}} = \frac{\sqrt{2}}{n^2 - 1} \text{ für } \alpha = 0°$$

ergibt sich für die niederste Frequenz bei

55

M3-Schaltung: $\dfrac{U_{3d}}{U_{dio}} = \dfrac{\sqrt{2}}{8}$ M6-Schaltung: $\dfrac{U_{6d}}{U_{dio}} = \dfrac{\sqrt{2}}{35}$

Das Verhältnis ist also ungefähr gleich 4. Vergleicht man die in den Tabellen 3.1-2 und 3.2-2 angegebenen Werte, so findet man für:

M3-Schaltung: σ_u = 18,3%

M6-Schaltung: σ_u = 4,2%

Es bestimmt also praktisch die Wechselspannung mit der niedersten Frequenz die Welligkeit, denn auch diese beiden Werte, die die Wechselspannungen höherer Frequenzen mitberücksichtigen, verhalten sich ungefähr wie 4:1.

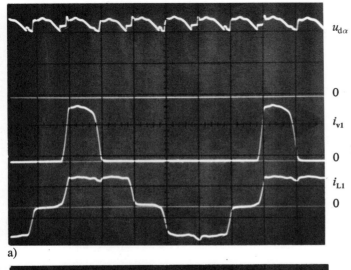

a)

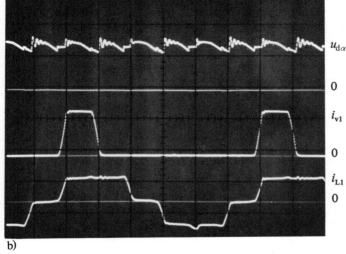

b)

Bild 3.2-5
Gleichspannung $u_{d\alpha}$ Ventilstrom i_{v1} und Leiterstrom i_{L1} bei einer M6-Schaltung, $\alpha = 0°$
a) ohmsche Last
b) induktive Last

Mittelpunktschaltungen am 3-Phasen-Netz

In bezug auf die abgegebene Gleichspannung sind also zwei Vorteile gegenüber der M3-Schaltung zu vermerken:

– Erhöhung des Mittelwertes um den Faktor

$$\frac{1{,}35}{1{,}17} = 1{,}15$$

– Verringerung der Welligkeit durch Entfallen der Oberschwingung mit dreifacher Netzfrequenz.

Bild 3.2–5a zeigt oben den Verlauf der Gleichspannung u_d bei $\alpha = 0°$, wenn der Stromrichter in M6-Schaltung arbeitet. Die Punkte A1 und A2 (Bild 3.2–2) sind miteinander verbunden, so dass die Schaltung nach Bild 3.2–1a entsteht. Man sieht bereits sehr gut die Auswirkun-

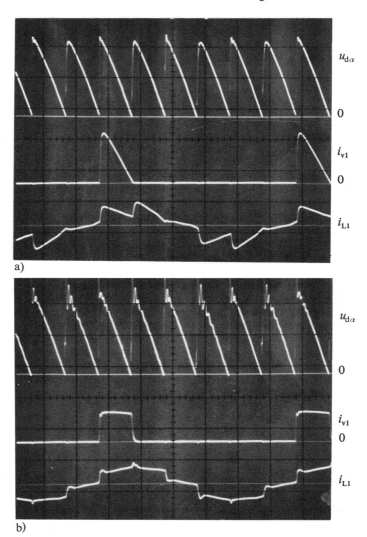

Bild 3.2-6
Gleichspannung $u_{d\alpha}$, Ventilstrom i_{v1} und Leiterstrom i_{L1} bei einer M6-Schaltung, $\alpha = 60°$
a) ohmsche Last
b) induktive Last

gen des nicht ganz symmetrischen Aufbaus des Transformers, die in verschiedenen Rückwirkungen sowie ungleichen Kommutierungsinduktivitäten der beiden Systeme bestehen. So haben zum Beispiel die Kuppen des einen 3-Phasen-Systems weniger Oberschwingungen als die des andern. Noch deutlicher ist dieser Unterschied in Bild 3.2–5b zu sehen, das die gleichen Grössen wie a) zeigt, aber bei induktiver Last. Darunter sind jeweils der Ventilstrom i_{v1} und der Leiterstrom i_{L1} aufgezeichnet. Bild 3.2–6 zeigt dieselben Grössen wie Bild 3.2–5, aber bei einem Steuerwinkel von 60°, ebenfalls für rein ohmsche und stark induktive Last.

Wie man Bild 3.2–1a entnehmen kann, ist die maximale Sperrspannung, die an einem Ventil auftritt:

$$\hat{U}_r = 2 \cdot U_s \cdot \sqrt{2}$$

also gleich dem doppelten Scheitelwert einer Phasenspannung.

Leitet zum Beispiel Ventil 1, so erhält Ventil 4 maximale Sperrspannung. Die Sperrspannung erhöht sich somit gegenüber der M3-Schaltung um den Faktor:

$$\frac{\hat{U}_r(M6)}{\hat{U}_r(M3)} = \frac{2 \cdot \sqrt{2} \cdot U_s}{\sqrt{3} \cdot \sqrt{2} \cdot U_s} = \frac{2}{\sqrt{3}} = 1{,}15$$

Das Verhältnis

$$\frac{\hat{U}_r}{U_{dio}}$$

bleibt indessen gleich, da sich auch U_{dio} um den Faktor 1,15 vergrössert:

$$\frac{\hat{U}_r}{U_{dio}} = \frac{2 \cdot \sqrt{2} \cdot U_s}{1{,}35 \cdot U_s} = 2{,}09 \text{ (wie bei M3)}$$

In Bild 3.2–7 sind die Anoden-Kathoden-Spannung des Ventiles 1 (u_{AK1}), sowie der Ventilstrom i_{v1} und der Gleichstrom i_d zu sehen.

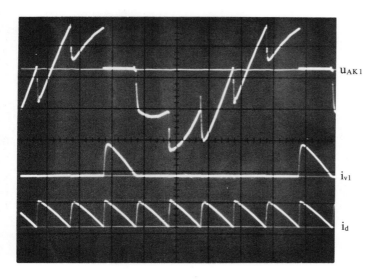

Bild 3.2-7
Anoden-Kathoden-Spannung u_{AK1}, **Ventilstrom i_{v1} und Gleichstrom i_d einer M6-Schaltung bei ohmscher Last, $\alpha = 60°$.**

3.2.2 Ströme auf der Gleichstromseite

Der Gleichstrom I_d setzt sich, wie aus Bild 3.2–4c und d zu ersehen ist, aus den Strömen der einzelnen Ventile zusammen, die nur noch 60° leiten gegenüber 120° in der M3-Schaltung. Der arithmetische Mittelwert eines Ventilstromes ist daher: $I_a = I_d/6$. Sein Effektivwert I_s ergibt sich zu:

$$I_s^2 = \frac{1}{2\pi} \cdot I_d^2 \cdot \frac{2\pi}{6} = \frac{I_d^2}{6}$$

$$I_s = \frac{I_d}{\sqrt{6}} = I_v$$

Für den Formfaktor als Verhältnis des Effektivwertes zum Mittelwert ergibt sich:

$$k_f = \frac{I_d}{\sqrt{6}} \cdot \frac{6}{I_d} = \sqrt{6}$$

Da die Durchlassverluste in einem Thyristor durch die Beziehung

$$P_T = I_v^2 \cdot r_T + U_{T0} \cdot I_a$$
$$= k_f^2 \cdot I_a^2 \cdot r_T + U_{T0} \cdot I_a$$

gegeben sind, erhöhen sich die durch den Bahnwiderstand r_T bedingten Verluste wegen der Verkürzung der Leitdauer von 120° auf 60° um den Faktor

$$\frac{k_f^2(60°)}{k_f^2(120°)} = \frac{6}{3} = 2$$

Darin liegt ein weiterer Nachteil der M6-Schaltung gegenüber der Drehstrom-Brückenschaltung, die auch eine Gleichspannung mit sechspulsiger Welligkeit liefert, aber die Leitdauer der Ventile wie bei einer M3-Schaltung 120° belässt.

Die Erhöhung der Pulszahl von $p = 3$ (M3) auf $p = 6$ (M6) bringt eine Vergrösserung des kritischen Steuerwinkels α_{Krit} von 30° (M3) auf 60° (M6). Es gilt ja allgemein: (Band 1, Gleichung 12)

$$\alpha_{Krit} = \frac{\pi}{2} - \frac{\pi}{p}$$

Der Gleichstrom beginnt bei ohmscher Last erst ab $\alpha = 60°$ zu lücken, was als Vorteil zu werten ist, wie im folgenden gezeigt wird.

3.2.3 Strom-Spannungs-Kennlinien

3.2.3.1 Verlauf bei Lückbetrieb

Wie in Abschnitt 3.1.3 beschrieben, ändert sich die Neigung der Strom-Spannungs-Kennlinien beim Übergang vom nicht lückenden zum lückenden Betrieb (Bild 3.1-19). Durch die Verdopplung der Pulszahl gegenüber der M3-Schaltung tritt Lückbetrieb erst bei wesentlich kleineren Strömen auf, und die Änderung der Kennlinienneigung ist geringer. Auf der Abszisse des Bildes 3.2–8 ist wieder das Verhältnis des Stromes I_d zu jenem Stromwert I_d aufgetragen, bei dem für $\alpha = 90°$ der Lückbetrieb beginnt ($I_{\text{Lück}}\,90°$). Der Steuerwinkel $\alpha = 90°$ entspricht ja dem schlimmsten Fall, das heisst, der Strom I_d muss am grössten sein, um Lückbetrieb zu vermeiden. Der maximale Wert des Verhältnisses E/U_{dio} wird hier:

$$\frac{E}{U_{\text{dio}}} = \frac{\hat{U}_s}{U_{\text{dio}}} = \frac{1{,}41\,U_s}{1{,}35\,U_s} = 1{,}04$$

Er ist also wesentlich kleiner als bei der M3-Schaltung.

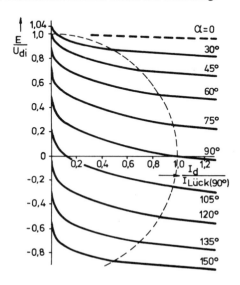

Bild 3.2-8
Strom-Spannungs-Kennlinie eines 6pulsigen Stromrichters bei Last mit Gegenspannung E und Induktivität. Gestrichelter Halbkreis: Grenze zwischen lückendem und nicht lückendem Strom.

3.2.3.2 Verlauf im nicht lückenden Bereich

Im nicht lückenden Bereich haben die Kennlinien bei Einfachkommutierung konstante Neigung, entsprechend der induktiven und ohmschen Spannungsänderung, die ja proportional dem Strom I_d ist. Den wesentlich grösseren Anteil bildet, insbesondere bei grossen Leistungen, die induktive Spannungsänderung. Sie ist bei einem Stromrichter in M6-Schaltung grösser als bei einem in M3-Schaltung, da nun während einer Netzperiode sechs Kommutierungen auftreten. Bild 3.2–9 zeigt den Verlauf der Gleichspannung unter Berücksichtigung der Kommutierung bei einem Steuerwinkel $\alpha = 30°$. Zur besseren Übersicht sind in Bild 2.3–9b die Phasenspannungen u_{s6}, u_{s1} und u_{s2} noch einmal herausgezeichnet und die Kommutierungsfläche (Spannungswinkelfläche) A_K sowie der Verlauf von $u_{d\alpha}$ bei einer Kommutierung des Stromes von Ventil 6 auf Ventil 1 dargestellt. Während der Kommutierung folgt die Spannung $u_{d\alpha}$ weder dem Momentanwert u_{s6} noch jenem von u_{s1}, sondern nimmt den Wert $\frac{1}{2} \cdot (u_{s1}+u_{s6})$ an (Erklärung siehe Band 1/6.2.2). Daraus ergibt sich ein induktiver Spannungsabfall:

$$D_x = \frac{A_K}{\frac{2\pi}{6}} = \frac{3 \cdot A_K}{\pi}$$

Für die M3-Schaltung fand man:

$$D_x = \frac{A_K}{\frac{2\pi}{3}} = \frac{3 A_K}{2\pi}$$

Der induktive Spannungsabfall ist also doppelt so gross wie in der M3-Schaltung unter gleichen Voraussetzungen, das heisst gleiche Werte der Phasenspannungen, der Kommutierungsinduktivität und des Gleichstromes.

Für die M3-Schaltung gilt auch Gleichung (6.16) in Band 1, Kapitel 6:

$$d_x = \frac{D_x}{U_{\text{dio}}} = \frac{1}{2} \cdot \sqrt{3}\, u_{kt} \quad (6.16)$$

$$d_x/u_{kt} = \frac{1}{2} \cdot \sqrt{3} = 0{,}866$$

u_{kt} (oft auch mit e_{xt} bezeichnet) ist die Kurzschlussspannung des Transformators bei Nennstrom. Um noch besonders auszudrücken, dass sich der angegebene Wert auf Nennstrom bezieht, wird der Index 1 oder N benutzt ($u_{kt1} = u_{ktN}$).

Da $d_x = \dfrac{D_x}{U_{\text{dio}}}$ ist, kann man schreiben:

Für M3-Schaltung: $d_x = \dfrac{D_x}{1{,}17 \cdot U_s}$

Für M6-Schaltung: $d_x = \dfrac{2 \cdot D_x(\text{M3})}{1{,}35 \cdot U_s}$

Daraus ergibt sich: $\dfrac{d_x(\text{M6})}{d_x(\text{M3})} = \dfrac{2 \cdot D_x}{1{,}35 \cdot U_s} \cdot \dfrac{1{,}17\, U_s}{D_x} =$

$$\frac{2{,}34}{1{,}35} = 1{,}73 = \sqrt{3}$$

Damit erhält man für die M6-Schaltung: $\dfrac{d_x}{u_{kt1}} = \dfrac{d_x}{e_{xt1}} = 1{,}73 \cdot 0{,}866 = 1{,}5$

Diesen Wert findet man auch am Schluss dieses Kapitels in der Tabelle angegeben. Die Vergrösserung des induktiven Spannungsabfalles um den Faktor $\sqrt{3}$ gegenüber der M3-Schaltung ist ebenfalls ein Nachteil der M6-Schaltung gegenüber der M3- oder der Drehstrom-Brückenschaltung, da bei verlangtem Gleichspannungs-Mittelwert und Gleichstrom die sekundäre Phasenspannung des Transformers um so höher sein muss, je grösser d_x ist.

3.2.3.3 Verlauf der Kennlinie bei Mehrfachkommutierung

Da die Kommutierungsdauer proportional dem Strom I_d ist, kann bei seiner Erhöhung einmal der Fall eintreten, dass die Kommutierung des Stromes von einem Ventil auf das nächste noch nicht beendet ist, während bereits das nachfolgende sich auch an der Stromführung beteiligt, so dass vorübergehend mehr als zwei Ventile leitend sind. Man spricht dann von «Mehrfachkommutierung». Sie tritt bei einem um so gerin-

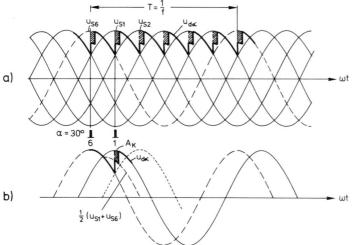

Bild 3.2-9
Verlauf der Gleichspannung $u_{d\alpha}$ in einer M6-Schaltung unter Berücksichtigung der Kommutierung, $\alpha = 30°$
a) Darstellung für 1 Netzperiode
b) Verlauf von $u_{d\alpha}$ während der Kommutierung des Stromes von Ventil 6 auf Ventil 1; A_K = Kommutierungs-Spannungswinkel-Fläche.

geren Strom auf, je höher die Pulszahl der Stromrichtergrundschaltung, das heisst je kürzer die Leitdauer der Ventile ist. Die Mehrfachkommutierung spielt aber für die M6-Schaltung in der Praxis keine Rolle, da hiezu Ströme weit über dem Nennstrom nötig sind.

Das Wesentliche sei am Beispiel einer ungesteuerten M6-Schaltung besprochen. In Bild 3.2–10 sind die Phasenspannungen u_{s6}, u_{s1}, u_{s2}, sowie die Spannung $½ \cdot (u_{s1} + u_{s6})$ dargestellt.

Bei einer ungesteuerten Schaltung beginnen im Normalbetrieb die Dioden im Phasenschnittpunkt zu leiten. Die Kommutierungsdauer richtet sich bei gegebenem Transformer nach der Höhe des Gleichstromes. Vergrössert man diesen immer mehr, so wird einmal ($I_d \gg I_{dN}$) der Fall eintreten, dass die Kommutierung des Stromes von Diode 6 auf Diode 1 gerade von ωt_0 bis ωt_1 dauert. Dies ist die Grenze der Einfachkommutierung, denn solange die Kommutierungsdauer kleiner als $\omega t_1 - \omega t_0$ bleibt, sind während einer Kommutierung nur zwei Ventile leitend. Sobald aber die Kommutierung über ωt_1 hinaus andauert, erhält Ventil 2 schon im Zeitpunkt ωt_1 positive Anodenspannung (u_{s2} positiv gegenüber $½ \cdot (u_{s6} + u_{s1})$ und wird daher zusätzlich leitend. Es sind dann die Ventile 6, 1 und 2 gleichzeitig leitend. Man nennt dies Mehrfachkommutierung. Die Diode 2 übernimmt schon Strom vor dem natürlichen Zündzeitpunkt, daher spricht man von «Vorläufer».

Während der Stromführung aller 3 Ventile ist der Momentanwert der Gleichspannung nicht mehr durch $½ \cdot (u_{s1} + u_{s6})$, sondern durch

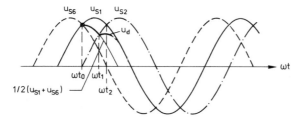

Bild 3.2-10
Verlauf des Momentanwertes der Gleichspannung bei Mehrfachkommutierung

Mittelpunktschaltungen am 3-Phasen-Netz

$\frac{1}{3} \cdot (u_{S6} + u_{S1} + u_{S3})$ gegeben. Der Gleichspannungsmittelwert wird also um so kleiner, je mehr Ventile gleichzeitig Strom führen. Daher zeigt die Stromspannungskennlinie immer dann einen Knick, wenn sich wieder ein Ventil mehr an der Kommutierung beteiligt (Bild 3.2-11). Die hier für 3 Ventile gemachten Überlegungen lassen sich fortsetzen, bis alle 6 Ventile gleichzeitig leiten. Das Ergebnis ist in folgender Tabelle zusammengefasst.

Tabelle 3.2-1
Werte der Grössen $\hat{u}_d / \hat{u}_s$ und «natürlicher» Zündwinkel α bei Mehrfachkommutierung in einer ungesteuerten M6-Schaltung

m = Zahl der gleichzeitig stromführenden Ventile
$\hat{u}_d$ = maximaler Momentanwert der abgegebenen Gleichspannung
$\hat{u}_s$ = Scheitelwert der Phasenspannung
α = «natürlicher» Zündwinkel (Winkel, bei dem die Diode zu leiten beginnt)

m	$\hat{u}_d / \hat{u}_s$	α
1	1	0°
2	0,87	0°
3	0,66	−20°
4	0,43	−36°
5	0,2	−51°
6	0	−60°

die Werte für $\hat{u}_d / \hat{u}_s$, sowie für α lassen sich für $m = 1 \ldots 3$ auch aus Bild 2.3-10 näherungsweise ablesen

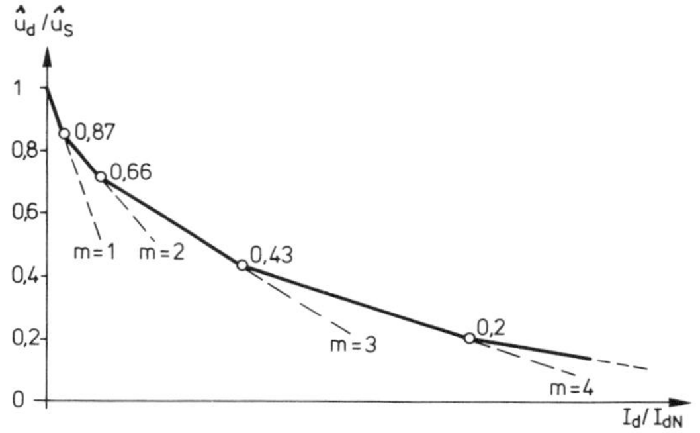

Bild 3.2-11
Strom-Spannungs-Kennlinie einer ungesteuerten M6-Schaltung. Parameter: Zahl der gleichzeitig stromführenden Ventile (m).

$\hat{u}_d$ = Scheitelwert des Momentanwertes der Gleichspannung
$\hat{u}_s$ = Scheitelwert der Phasenspannung
I_d = Mittelwert des Gleichstromes
I_{dn} = Nennwert des Gleichstromes

3.2.4 Transformer und Netzstrom

3.2.4.1 Transformer

Bei netzseitiger Dreieckschaltung ist im Transformer Durchflutungsgleichgewicht vorhanden, während bei netzseitiger Sternschaltung ein Restfluss mit dreifacher Netzfrequenz auftritt. Die Leistung des Transformers ist in beiden Fällen gleich. Sie wird am Beispiel der netzseitigen Dreieckschaltung (Bild 3.2-1a) unter der Annahme berechnet, dass die Transformerübersetzung $U_{wo} : U_{so} = 1$ ist und der Strom Rechteckform hat. (Der Index «o» bezeichnet den Leerlaufwert.)
Netzseitige Wicklungsscheinleistung pro Schenkel: $U_w \cdot I_w$:
Wie dem Bild 3.2-4 zu entnehmen ist, errechnet sich der Effektivwert I_w zu:

$$I_w^2 = \frac{1}{2\pi} \cdot I_d^2 \cdot \frac{2\pi}{3} = \frac{I_d^2}{3} \qquad I_w = \frac{I_d}{\sqrt{3}}$$

Damit erhält man für die netzseitige Wicklungsscheinleistung:

$$P_{tL} = 3 \cdot U_w \cdot I_d \cdot \frac{1}{\sqrt{3}}$$

Da für U_{dio} gilt:

$$U_{dio} = \frac{3}{\pi} \cdot U_s \cdot \sqrt{2}$$

und $U_s = U_w$ angenommen wurde, kann man schreiben:

$$U_s = U_w = \frac{U_{dio} \cdot \pi}{3 \cdot \sqrt{2}}$$

Somit erhält man für P_{tL}:

$$P_{tL} = 3 \cdot \frac{U_{dio} \cdot \pi}{3 \cdot \sqrt{2}} \cdot \frac{I_d}{\sqrt{3}}$$

Für $U_{dio} \cdot I_{dN} = P_{dio}$:

$$P_{tL} = P_{dio} \cdot \frac{\pi}{\sqrt{6}} = 1{,}28\, P_{dio}$$

Ventilseitige Wicklungsscheinleistung pro Schenkel: $U_s \cdot I_s$:

Der Effektivwert eines Ventilstromes ergibt sich zu:

$$I_s^2 = \frac{1}{2\pi} \cdot I_d^2 \cdot \frac{\pi}{3} = \frac{I_d^2}{6}\,; \quad I_s = \frac{I_d}{\sqrt{6}}$$

Die ventilseitige Wicklungsscheinleistung ist:

$$P_{tv} = 6 \cdot I_s \cdot U_s$$

Setzt man für $U_s = \dfrac{U_{dio} \cdot \pi}{3 \cdot \sqrt{2}}$ ein, so erhält man:

$$P_{tv} = 6 \cdot \frac{I_d}{\sqrt{6}} \cdot \frac{U_{dio} \cdot \pi}{3 \cdot \sqrt{2}}$$

Für $I_d = I_{dN}$ kann man schreiben:

$$P_{tv} = \frac{6\pi}{3 \cdot \sqrt{6} \cdot \sqrt{2}} \cdot P_{dio} = \frac{2\pi}{\sqrt{12}} \cdot P_{dio} = \frac{6{,}28}{3{,}46} \cdot P_{dio} = 1{,}81\, P_{dio}$$

Vergleicht man diesen Wert mit jenem der M3-Schaltung bei Transformer in Dy-Schaltung, so sieht man, dass die ventilseitige Wicklungsscheinleistung um den Faktor $1{,}81/1{,}48 = 1{,}2$mal grösser ist. Noch viel schlechter fällt der Vergleich mit der Drehstrom-Brückenschaltung aus, die alle positiven Eigenschaften der M6-Schaltung auch hat. Dort findet man $P_{tv} = 1{,}05 \cdot P_{dio}$, das Verhältnis P_{tv} (M6) zu P_{tv} (DB) steigt also auf $1{,}81/1{,}05 = 1{,}72$ an.

Es ist daher verständlich, dass in der Stromrichtertechnik mit Thyristoren keine M6-Schaltungen mehr zu finden sind und an ihre Stelle die Drehstrombrücke getreten ist.

3.2.4.2 Netzstrom (Leiterströme)

Aus Bild 3.2–1a ersieht man, dass der Netzstrom i_L sich als Differenz zweier Wicklungsströme ergibt, wie dies in Bild 3.2–4f dargestellt ist. In Bild 3.2–12 sind die entsprechenden Oszillogramme der 3 Leiterströme i_{L1}, i_{L2} und i_{L3} zu sehen, und zwar für ohmsche und induktive Last bei einem Steuerwinkel $\alpha = 0°$. Die Stromverläufe sind nur noch

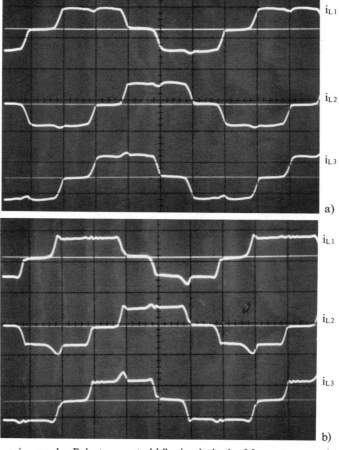

Bild 3.2-12
Leiterströme einer M6-Schaltung
nach Bild 3.2-1a
a) ohmsche Last
b) induktive Last
Steuerwinkel $\alpha = 0°$

wenig von der Belastungsart abhängig, da ja der Momentanwert der Gleichspannung entsprechend der hohen Pulszahl sich bei ohmscher Last nur noch wenig ändert.

Der Effektivwert von I_L errechnet sich nach Bild 3.2–4f zu:

$$I_L^2 = \frac{1}{2\pi} \cdot I_d^2 \cdot 2 \cdot \frac{2\pi}{3} \; ; \; I_L = I_d \cdot \sqrt{\frac{2}{3}}$$

Folglich ist die netzseitige Scheinleistung (Netzentnahmeleistung):

$$S = 3 \cdot I_d \cdot \sqrt{\frac{2}{3}} \cdot \frac{U_w}{\sqrt{3}}$$

Setzt man für $U_w = U_s = \dfrac{U_{dio} \cdot \pi}{3 \cdot \sqrt{2}}$

so erhält man:

$$S = 3 \cdot I_d \cdot \sqrt{\frac{2}{3}} \cdot \frac{U_{dio} \cdot \pi}{3 \cdot \sqrt{2} \cdot \sqrt{3}} = \frac{\pi}{3} \cdot P_{dio} = 1{,}05\, P_{dio}$$

Für den Leistungsfaktor erhält man schliesslich bei $\cos\varphi = 1$ ($\alpha = 0°$):

$$\lambda = \frac{P}{S} = \frac{P_{dio}}{S} = \frac{1}{1,05} = 0,95$$

(P_{dio} entspricht nur dann der Wirkleistung, wenn die Kommutierungs- und Magnetisierungsblindleistungen vernachlässigt werden.)

Dieser Wert gilt für alle sechspulsigen Schaltungen. Vergleicht man ihn mit jenem der Dreipulsschaltungen, so sieht man, dass er um den Faktor $0,95/0,83 = 1,15$ ansteigt. Dies ist leicht einzusehen, da ja der Netzstrom um so besser sinusförmig wird, je höher die Pulszahl des Stromrichters ist.

3.2.5 Zusammenstellung der wichtigsten Kennwerte

Im folgenden sind die wichtigsten Kennwerte der M6-Schaltung in Tabellen zusammengefasst.

1	Schaltbild			
2	Pulszahl		p	6
3	Kommutierungszahl		q	3
4	Anzahl paralleler Kommutierungsgruppen		g	1
5	Anzahl serieller Kommutierungsgruppen		s	1
6	Anwendung	Seit dem Einsatz von Halbleiterventilen durch die Drehstrom-Brückenschaltung ersetzt.		
7	Vorteile	Alle Ventile können eine gemeinsame Kathode haben (Hg-Dampf-Gleichrichter) oder alle (Halbleiter-)Ventile können auf gemeinsamen Kühlkörper montiert werden.		
8	Nachteile	Schlechte Ausnützung der Ventile in Strom und Spannung, grosse Bauleistung des Transformers.		

Tabelle 3.2-1 Allgemeines

1	Gleichrichtungsfaktor	$\dfrac{U_{dio}}{U_{vo}} = k_0$		1,35
2	Maximaler Wert der Sperrspannung	$\dfrac{\hat{U}_r}{U_{dio}}$		$\dfrac{2\pi}{3} = 2,09$
3	Gleichspannungs-Oberschwingungen 3.1 Frequenz der 1. Oberschwingung 3.2 Welligkeit bei $\alpha = 0°$	f_{1d} $\dfrac{U_{wd}}{U_{dio}} = \sigma_u$		$6f$ 4,2%
4	Induktiver bezogener Gleichspannungsabfall bei Nennstrom, verursacht durch den Transformator	d_{xt1} e_{xt1}		1,5
5	Steuerbereich für $\dfrac{U_{d\alpha}}{U_{dio}} = 1\ldots 0$ bei ohmscher Last bei induktiver Last	α		$0\ldots 120°$ $0\ldots 90°$
6	Steuerkennlinien a) bei ohmscher Last b) bei induktiver Last Gleich- und Wechselrichterbetrieb möglich			

Tabelle 3.2-2
Gleichspannung, Sperrspannung, Steuerkennlinien (Die Grössen 1 bis 4 sind unabhängig von der Belastungsart)

Erklärung der in Tabelle 3.2–2 verwendeten Kurzzeichen siehe M3-Schaltung, Tabelle 3.1–2

1	Effektivwert des Ventilstromes I_v	$\dfrac{I_v}{I_d}$	$\dfrac{1}{\sqrt{6}} = 0{,}408$
2	Mittelwert des Ventilstromes I_a	$\dfrac{I_a}{I_d}$	$\dfrac{1}{6} = 0{,}167$
3	Formfaktor k_f (Verhältnis des Effektivwertes zum Mittelwert)	$\dfrac{I_v}{I_a}$	$\sqrt{6} = 2{,}45$
4	Scheitelwert des Ventilstromes $\hat{I}_a$ (I_d = Mittelwert des Gleichstromes)	$\dfrac{\hat{I}_a}{I_d}$	1
5	Stromflussdauer	ωt_T	$60° = \dfrac{2\pi}{6}$
6	Kritischer Steuerwinkel (ohmsche Last)	α_{Krit}	$60°$

Tabelle 3.2-3
Gleichstrom, Ventilströme (1...5: Induktive Last, Strom nicht lükkend, vollkommen geglättet)

0	Transformerschaltung		Dyy
1	Schaltung nach Bild		3.2–1a
2	*Ströme* (bei Transformerübersetzung $U_{w0} : U_{v0} = 1$) 2.1 Kurvenform des Netzstromes i_L 2.2 Netz- (Leiter-) Strom 2.3 Netzseitiger Wicklungsstrom	Bild I_L/I_d I_w/I_d	3.2–4f $\sqrt{2/3} = 0{,}817$ $\sqrt{1/3} = 0{,}577$
3	*Leistungen* (Scheinleistungen) 3.1 Netzseitige Wicklungsleistung des Transformers 3.2 Ventilseitige Wicklungsleistung des Transformers 3.3 Mittlere Nennleistung (Bauleistung) des Transformers 3.4 Netzentnahmeleistung	P_{tL}/P_{dio} P_{tv}/P_{dio} P_t/P_{dio} P_L/P_{dio}	1,28 1,81 1,55 1,05
4	*Leistungsfaktor* $\lambda = \dfrac{P}{S} = \dfrac{P_{dio}}{P_L}$ (bei $\alpha = 0°$) P = Wirkleistung $P_{dio} = U_{dio} \cdot I_{dN}$ S = Scheinleistung P_L	λ	$\dfrac{1}{1{,}05} = 0{,}95$ für alle 6p-Schaltungen

Tabelle 3.2-4 Wechselstromseite

4. Die Zweipuls-Mittelpunktschaltung (M2) (Einphasen-Mittelpunktschaltung)

4.1 Überblick über zweipulsige Stromrichterschaltungen

Steht nur ein 1-Phasen-Netz zur Verfügung, so lassen sich daran nur Stromrichter mit einer Pulszahl $p \leqslant 2$ betreiben. Die Schaltung mit $p = 1$ wird meistens als Einwegschaltung bezeichnet (Bild 4.1–1). Wegen ihrer schlechten Eigenschaften, wie hohe Welligkeit der Gleichspannung (121%), stark erhöhte Bauleistung des Transformers ($P_t/P_{dio} = \pi$) und der grossen Sperrspannungsbeanspruchung des Ventiles ($\hat{U}_r/U_{dio} = 3$) kommt sie für die Leistungselektronik nicht in Frage. Sie ist nur zur Umformung kleinster Leistungen, insbesondere mit kapazitiver Last in Netzgeräten zu finden. Ihr Vorteil ist der minimale Aufwand an Ventilen.

Die Grundschaltung aller am 1-Phasen-Netz arbeitenden Stromrichter ist die M2-Schaltung. Ihre Arbeitsweise entspricht jener der M3-Schaltung. Obwohl die M2-Schaltung noch einfacher in ihrem Aufbau und ihre Funktion an sich leicht zu übersehen ist, wurde sie nicht für die Erklärung der Grundlagen der Stromrichtertechnik verwendet, weil wegen der geringen Pulszahl der Gleichstrom auch bei grosser induktiver Last in der Praxis kaum vollkommen geglättet ist, schon gar nicht im gesteuerten Betrieb. In gewissen Fällen, insbesondere bei Last mit Gegenspannung, ist es daher nicht mehr möglich, die Vorgänge auf einfache Weise wie bei 3- oder höherpulsigen Schaltungen zu berechnen. Man ist gezwungen, über die konventionelle Theorie hinausgehende Beschreibungen der Vorgänge einzuführen. Darauf kann aber hier nicht eingegangen werden.

Es sollen daher im folgenden die Eigenschaften der M2-Schaltung besprochen werden, die für den Praktiker im Vordergrund stehen und deren Kenntnis für das Arbeiten mit dieser Schaltung in den meisten Fällen genügt. Da sich die in der Praxis weitaus häufiger anzutreffenden Zweipuls-Brückenschaltungen aus der M2-Schaltung ableiten, ist sie für das Verständnis aller Zweipulsschaltungen wichtig. Ihre Anwendung erstreckt sich in der Industrie, wo ein 3-Phasen-Netz zur Verfügung steht, über einen Leistungsbereich bis etwa 10 kW, wenn die hohe Welligkeit der Gleichspannung nicht stört. Sie kommt also vornehmlich zur Speisung von Feldern elektrischer Maschinen oder ganz allgemein von Induktivitäten zum Einsatz. Ihre Vorteile gegenüber allen Stromrichterschaltungen am 3-Phasen-Netz sind dann der geringere Aufwand an Ventilen und der einfachere Transformer.

Ganz anders aber liegen die Verhältnisse bei den elektrischen Bahnen, denen nur ein 1-Phasen-Netz zur Verfügung steht. Hier müssen bei

Einsatz der Dioden- oder Thyristorlokomotiven grösste Leistungen (im MW-Bereich) über zweipulsige Stromrichter umgeformt werden. Solange dafür Queksilberdampf-Stromrichter eingesetzt waren, wurde die M2-Schaltung verwendet, während heute asymmetrisch halbgesteuerte Zweipulsbrücken in Folgesteuerung auf den Thyristorlokomotiven zu finden sind. Auf diese Schaltung wird in einem späteren Abschnitt noch eingegangen.

4.2 Verhalten der M2-Schaltung ohne Berücksichtigung der Kommutierung

4.2.1 Ungesteuerter Betrieb

Für den Stromrichter in Zweipuls-Mittelpunktschaltung nach Bild 4.2–1 lässt sich die abgegebene Gleichspannung U_{di} folgendermassen berechnen:

Da die beiden Phasenspannungen um 180° verschoben sind, gilt: (Bild 4.2–2)

$$u_{s1} = -u_{s2} = U_{s1} \cdot \sqrt{2} \cdot \cos x \qquad x = \omega t$$

Damit wird:

$$U_{di} = \frac{1}{\pi} \cdot U_{s1} \cdot \sqrt{2} \int_{-\frac{\pi}{2}}^{+\frac{\pi}{2}} \cos x \, dx$$

$$= \frac{1}{\pi} \cdot U_{s1} \cdot \sqrt{2} \left(\sin \frac{\pi}{2} + \sin \frac{\pi}{2} \right)$$

$$U_{di} = \frac{1}{\pi} \cdot U_{s1} \cdot \sqrt{2} \cdot 2 = 0{,}9 \, U_{s1}$$

Der Gleichrichtungsfaktor $k_0 = U_{di}/U_{s1}$ ist also hier nur noch 0,9 gegenüber 1,17 bei der M3-Schaltung. Wie die Bilder 4.2–2 und 4.2–3 zeigen, besteht die Gleichspannung aus den positiven Halbwellen zweier gleich grosser Sinusspannungen. Ihre Welligkeit ist daher sehr gross: $\sigma_u = 48{,}2\%$ von U_{di}, während sie für die M3-Schaltung nur noch 18,3% von U_{di} beträgt.

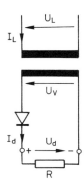

Bild 4.1-1
Schaltbild einer Einpuls-(Einweg-) Schaltung

U_L Netzspannung
U_v Phasenspannung

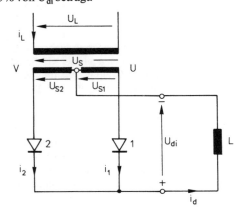

Bild 4.2-1
Schaltbild einer M2-Schaltung

U_L Netzspannung
$U_{s1} = -U_{s2}$ Phasenspannungen
$U_s = U_{s1} - U_{s2}$
i_L = Netzstrom

Die Zweipuls-Mittelpunktschaltung (M2)

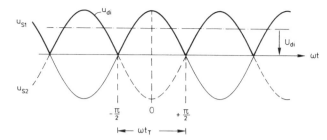

Bild 4.2-2
Bildung der Gleichspannung aus den Phasenspannungen (ungesteuerter Betrieb)

$u_{s1} = -u_{s2}$ Momentanwerte der Phasenspannungen
u_{di} Momentanwerte der Gleichspannung
U_{di} Arithmetischer Mittelwert der Gleichspannung
ωt_T Leitdauer eines Ventils

Im Gegensatz zur M3-Schaltung treten hier in der Gleichspannung nur Oberschwingungen mit geraden Ordnungszahlen auf:

$$n = 2 \cdot k \quad (k = 1, 2, \ldots)$$

Für ihren Effektivwert gilt dieselbe Beziehung wie bei der M3-Schaltung:

$$\frac{U_{nd}}{U_{di}} = \frac{\sqrt{2}}{n^2 - 1} \quad \text{(für } \alpha = 0°\text{)}$$

für $\alpha = 90°$ werden die Amplituden n-mal grösser. Massgebend für die Bemessung der Siebmittel ist die zweite Oberschwingung, bei einer Netzfrequenz von 50 Hz also die 100-Hz-Oberschwingung, die nach obiger Gleichung bei $\alpha = 0°$ eine Amplitude von 47%, bei $\alpha = 90°$ eine solche von 94% hat.

Wie aus Bild 4.2–1 und dem Oszillogramm, Bild 4.2–3, zu ersehen ist, muss jedes Ventil eine maximale Sperrspannung von $2 \cdot \sqrt{2} \cdot U_{s1} = \sqrt{2} \cdot U_s$ ($U_s = U_{s1} - U_{s2}$) aufnehmen. Leitet zum Beispiel Ventil 1, so wird das Potential des Punktes U an die Kathode des Ventils 2 durchgeschaltet, so dass an ihm die Spannung $u_{s1} - u_{s2}$ ansteht. Die maximale Sperrspannung ist also gleich dem doppelten Scheitelwert der Phasenspannung. Damit ergibt sich der für die Beurteilung der Schaltung massgebende Wert:

$$\frac{\hat{U}_r}{U_{di}} = \frac{2 \cdot \sqrt{2} \cdot U_{s1}}{2 \cdot \sqrt{2} \cdot U_{s1}} \cdot \pi = \pi = 3{,}14$$

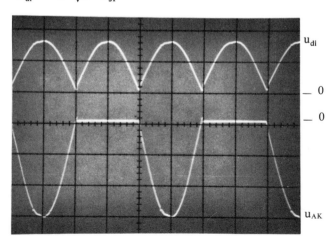

Bild 4.2-3
Spannungsverlauf einer M2-Schaltung

Oben: u_{di} Gleichspannung
Unten: u_{AK} Anoden-Kathoden-Spannung eines Ventils $\alpha = 0°$, ohmsche Last

Die Zweipuls-Mittelpunktschaltung (M2)

Vergleicht man diesen Wert mit jenem der M3-Schaltung (2,09), so sieht man, dass die M2-Schaltung auch in bezug auf die Sperrspannung wesentlich ungünstiger ist als die M3-Schaltung.

4.2.2 Gesteuerter Betrieb

Verwendet man als Ventile Thyristoren, so lässt sich die Gleichspannung stetig steuern. Für $\alpha = 0°$ erhält man die maximale Gleichspannung $U_{dio} = 0{,}9 \cdot U_{s1}$. Zur Steuerung der Thyristoren ist ein Steuersatz nötig, der zwei Impulse im Abstand von 180° liefert (Bild 4.2–4). Die Impulsanpassung ist hier sehr einfach. Thyristor 1 erhält den Impuls 0° oder 180° je nach Phasenlage der Synchronisierspannung des Steuersatzes zur Spannung U_s des Stromrichtertransformators. Diese Spannungen können ja nur gleichphasig oder um 180° phasenverschoben sein. Voraussetzung ist allerdings, dass nicht etwa die Anspeisung des Transformers zwischen 0 und R, jene des Steuersatzes aber zwischen 0 und S oder zwischen 0 und T erfolgt. Darauf ist also zu achten, wenn die Schaltung an einem 3-Phasen-Netz betrieben wird, sonst lassen sich die Impulse nicht unter der gesamten positiven Halbwelle der Anoden-Kathoden-Spannung verschieben, wie dies ja nötig ist, um die Gleichspannung bei ohmscher Last zwischen Null und dem Maximalwert ändern zu können.

Wie aus Bild 4.2–5 zu ersehen ist, fällt der Zündwinkel $\alpha = 0°$ mit dem Nulldurchgang der Phasenspannung zusammen. Sobald die Impulse aus dieser Stellung $\alpha = 0°$ verschoben werden, beginnt der Strom bei ohmscher Last zu lücken. Der kritische Steuerwinkel α_{Krit} fällt also mit dem natürlichen Zündzeitpunkt zusammen. Die Leitdauer der

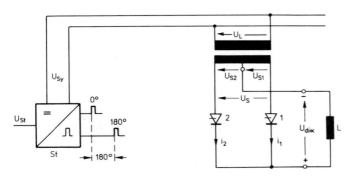

Bild 4.2-4
Gesteuerter Stromrichter in M2-Schaltung

St   Steuersatz
U_{st} Steuerspannung (z.B. ± 10V)
U_{sy} Synchronisierspannung

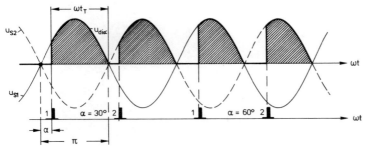

Bild 4.2-5
Verlauf des Momentanwertes der Gleichspannung $u_{di\alpha}$ einer M2-Schaltung nach Bild 4.2-4 bei ohmscher Last.

Die Zweipuls-Mittelpunktschaltung (M2)

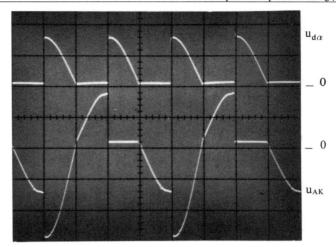

Bild 4.2-6
Oszillogramm der Gleichspannung $u_{d\alpha}$ (oben) und der Ventilspannung u_{AK} (unten) einer M2-Schaltung bei ohmscher Last, $\alpha = 90°$.

Thyristoren ist $\omega t_T = \pi$ für $\alpha = 0°$, für alle übrigen Steuerwinkel aber nur mehr $\omega t_T = \pi - \alpha$. Bei ohmscher Last findet also im gesamten Steuerbereich, der hier 180° beträgt, keine Kommutierung statt, wenn die Induktivitäten des Kommutierungskreises vernachlässigt werden.
Die Sperrspannung wechselt zwischen Phasenspannung, wenn kein Ventil leitet, und doppelter Phasenspannung, wenn ein Ventil leitet, wie dies Bild 4.2–6 zeigt.
Ist die Last eine sehr grosse Induktivität, so kann der Strom auch bei negativer Phasenspannung weiterfliessen bis das Folgeventil gezündet wird (Bild 4.2–7). Die Leitdauer bleibt unabhängig vom Steuerwinkel: $\omega t_T = 180° = \pi$. Sie kann dynamisch, das heisst vorübergehend, wenn die Impulse verschoben werden während ein Ventil leitet, auch grösser oder kleiner als 180° sein. Der Strom durch Ventil 2 (i_2) dauert zum Beispiel 180° + 30° = 210°, da während seiner Stromführung die Impulse von 60° auf 90° zurückverschoben wurden.

Der Mittelwert der abgegebenen Gleichspannung berechnet sich zu:

$$U_{di\alpha} = \frac{1}{\pi} \cdot (A_1 - A'_1) \quad \text{(Bild 4.2-7)}$$

$$U_{di\alpha} = \frac{1}{\pi} \sqrt{2} \cdot U_{s1} \cdot \int_{-\frac{\pi}{2}+\alpha}^{+\frac{\pi}{2}+\alpha} \cos x \, dx = U_{dio} \cdot \cos \alpha$$

Diese einfache Beziehung gilt für alle Schaltungen für $p \geq 2$ bei nicht lückendem Strom. Die Steuerkennlinie ist also auch hier unter diesen Bedingungen eine cos-Kurve.

Für einen rechteckförmigen Strom der Höhe I_d und der Dauer π (Bild 4.2-7c) beträgt der quadratische Mittelwert bei einer Periodendauer 2π:

$$I_v^2 = \frac{1}{2\pi} \cdot I_d^2 \cdot \pi = \frac{I_d^2}{2}$$

Die Zweipuls-Mittelpunktschaltung (M2)

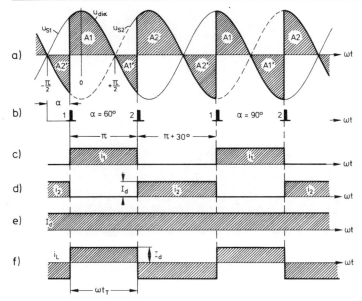

Bild 4.2-7
Spannungen und Ströme bei einem Stromrichter nach Bild 4.2-4 (induktive Last) ohne Berücksichtigung der Kommutierung
a) Phasenspannungen u_{s1}, u_{s2} und Gleichspannung $u_{di\alpha}$
b) Strom durch Thyristor 1: i_1
d) Strom durch Thyristor 2: i_2
e) Gleichstrom I_d
f) Netzstrom i_L

Der Effektivwert der Ventilströme ist somit:

$$I_{v1} = I_{v2} = \frac{1}{\sqrt{2}} \cdot I_d$$

Für den Formfaktor k_f, als Verhältnis des Effektivwertes zum arithmetischen Mittelwert, erhält man:

$$k_f = \frac{I_d}{\sqrt{2}} \cdot \frac{2}{I_d} = \sqrt{2} \quad \text{da } I_a = \frac{1}{2\pi} \cdot I_d \cdot \pi = \frac{I_d}{2}$$

I_a = arithmetischer Mittelwert eines Ventilstromes
In bezug auf die im Thyristor entstehenden Verluste, die ja zu einem Teil proportional k_f^2 sind, ist eine zweipulsige Schaltung also günstig.
Der Netzstrom (i_L in Bild 4.2–7f) setzt sich aus positiven und negativen Stromblöcken der Höhe I_d und der Dauer π zusammen. Sein Effektivwert ist daher:

$$I_L^2 = \frac{1}{2\pi} \cdot 2 \cdot I_d^2 \cdot \pi$$

$$I_L = I_d$$

Der Effektivwert des Netzstromes entspricht also dem Gleichstrom.

4.3 Einfluss der Kommutierung auf das Verhalten der M2-Schaltung

Bild 4.3–1 zeigt die M2-Schaltung während der Kommutierung des Stromes von Ventil 2 auf Ventil 1 und den Einfluss der Kommutierung auf die Spannungen und Ströme.
Im Zeitpunkt ωt_0 wird Thyristor 1 bei $\alpha = 60°$ gezündet. Bis dahin leitet wegen der grossen Induktivität Thyristor 2. Damit werden beide Thy-

Die Zweipuls-Mittelpunktschaltung (M2)

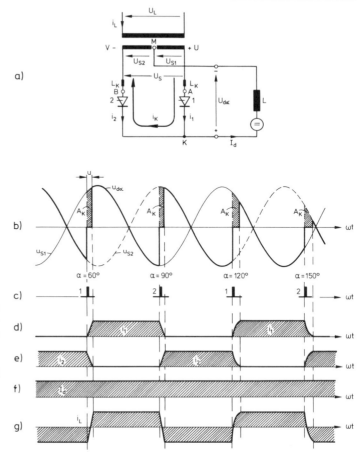

Bild 4.3-1
Spannungen und Ströme bei einem Stromrichter in M2-Schaltung (induktive Last) mit Berücksichtigung der Kommutierung
a) Schaltung
b) Phasenspannung u_{s1}, u_s und Gleichspannung $u_{d\alpha}$
c) Impulse
d) Ventilstrom i_1
e) Ventilstrom i_2
f) Gleichstrom I_d
g) Netzstrom i_L

ristoren leitend. Der sinusförmige Kurzschlussstrom wird von der Spannung $u_{s1} - u_{s2}$ getrieben. Erreicht er die Höhe des Gleichstromes I_d, so ist die Kommutierung beendet, da dann Thyristor 2 sperrt. Während der Kommutierung bilden die Kommutierungsinduktivitäten L_K (Streuinduktivitäten des Transformers) einen induktiven Spannungsteiler. Da die Spannungen u_{s1} und u_{s2} gleich gross sind, nehmen die Kathoden der Ventile (Punkt K) das Potential Null (gegenüber dem Mittelpunkt M) an, so dass die Ausgangsspannung Null wird (Bild 4.3–1b). Der Momentanwert der Gleichspannung sinkt also nicht nur um einen bestimmten Betrag ab wie bei der M3-Schaltung, sondern wird während der Kommutierung Null. Der Mittelwert der Gleichspannung verringert sich im Gleichrichterbetrieb ($\alpha < 90°$) um den Betrag $D_x = A_K/\pi$ gegenüber dem ideellen Wert. Da immer dieselbe Spannungszeitfläche zur Kommutierung benötigt wird (bei gleichem L_K und I_d) müssen die Flächen A_K in Bild 4.3–1b unabhängig vom Steuerwinkel α gleich gross sein.

Die Grösse von A_K und damit auch von D_x hängt wesentlich davon ab, wie stark die Kommutierungsinduktivitäten miteinander gekoppelt sind. Für vollkommen entkoppelte Induktivitäten (zum Beispiel Drosseln in den einzelnen Ventilkreisen) erhält man:

$$d_x = \frac{U_{di} - U_d}{U_{dio}} = \frac{D_x}{U_{dio}} = \frac{\sqrt{2}}{4} \cdot u_{kt}$$

Bei vollkommener Kopplung (zum Beispiel nur netzseitige Induktivitäten) wird:

$$d_x = \frac{\sqrt{2}}{2} u_{kt}$$

Bei einem Übersetzungsverhältnis $U_{s1} : U_L = 1$ wird also die Spannung $u_{kt} \times U_L$ benötigt, um den Nennstrom (Index 1) $I_{L1} = I_{d1}$ fliessen zu lassen, wenn der Kurzschluss zwischen A und M oder B und M gemacht wird (Bild 4.3–1a).

In der Praxis ergeben sich je nach Aufbau des Transformers und Kurzschlussleistung des Netzes Werte, die zwischen diesen beiden Extremwerten liegen. In Tabelle 4.2 ist angegeben:

$$\frac{d_{xt1}}{e_{xt1}} = 0{,}707$$

d_{xt1} durch den Transformer verursachte induktive Spannungsänderung bei Nennstrom (Index 1) in % von U_{dio}. ($d_{xt1} \sim d_x$)

e_{xt1} Induktive Komponente der Kurzschlussspannung des Transformers bei Nennstrom in % von U_{dio}. (e_{xt1} entspricht u_{kt})

Der obige Wert entspricht also einem

$$\frac{d_x}{u_{kt}} = \frac{\sqrt{2}}{2} = \frac{1{,}41}{2} = 0{,}707$$

und damit dem maximalen Wert von d_x, der bei vollkommener Kopplung der beiden Wicklungen des Transformers auftritt.

Auf den Verlauf der Ströme wirkt sich die Kommutierung, wie bereits in den Grundlagen besprochen, so aus, dass die Steilheit der Flanken abnimmt (Bild 4.3–1, d bis g), wodurch die Oberschwingungen höherer Ordnung im Netzstrom reduziert werden. Dieser Einfluss macht sich besonders bei $\alpha = 0°$ bemerkbar, da ja die Stromänderungsgeschwindigkeit dort am kleinsten ist. Daher ist die durch die Kommutierung verursachte Reduktion der Stromoberschwingungen bei Thyristorlokomotiven weit weniger ausgeprägt als bei Diodenlokomotiven. Bei den heute eingesetzten Brückenschaltungen mit Folgesteuerung wird die Kommutierung durch eine zusätzliche Drossel, die aber bei $\alpha = 0°$ nicht wirksam ist, verlangsamt, um so die Oberschwingungen höherer Ordnung im gesamten Steuerbereich herabzusetzen.

Die bei der Kommutierung auftretenden Stromänderungen bewirken an den Induktivitäten des Netzes entsprechende Spannungsänderungen (Bild 4.3–2). Die Einbrüche sind um so tiefer, je höher die Induktivität des Netzes gegenüber der Streuinduktivität des Transformers ist. Ganz besonders extreme Verhältnisse in dieser Hinsicht treten bei Bahnen auf, wo einerseits sehr grosse Leistungen umgesetzt werden

Die Zweipuls-Mittelpunktschaltung (M2)

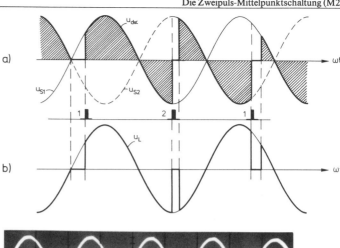

Bild 4.3-2
Einfluss der Kommutierung a) auf die Gleichspannung $u_{d\alpha}$ und b) auf die Netzspannung u_L bei einer M2-Schaltung. Annahme: Streuinduktivität des Transformators vernachlässigbar klein gegenüber der Netzinduktivität.

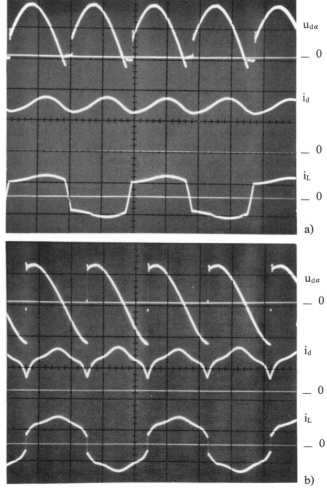

Bild 4.3-3
Einfluss der Kommutierung auf den Verlauf der Gleichspannung und des Netzstromes. Von oben nach unten:

$u_{d\alpha}$ Gleichspannung
i_d Gleichstrom
i_L Netzstrom
Speisung des Feldes einer Gleichstrommaschine.
a) $\alpha = 0°$
b) $\alpha = 60°$

und andererseits sich die Induktivität des Netzes ändert, da die Lokomotive in verschiedenen Entfernungen von den Einspeisepunkten fährt. Die Einbrüche reichen bis auf Null, wie in Bild 4.3–2b dargestellt, wenn die Streuinduktivitäten des Transformers Null sind, so dass sich ein Kurzschluss auf der Sekundärseite als direkter Kurzschluss der Transformer-Primärspannung u_L auswirkt.

Die folgenden Oszillogramme (4.3–3 a und b) zeigen den Verlauf der Gleichspannung und der Ströme, wie sie in Wirklichkeit bei der Speisung des Feldes einer Gleichstrommaschine zu erwarten sind. Für $\alpha = 0°$ (Bild 4.3–3a) dauert die Kommutierung am längsten, die Stromanstiegsgeschwindigkeit ist am geringsten. Es ist daher sehr gut zu erkennen, dass die Ausgangsspannung während der Kommutierung Null wird. Bei $\alpha = 60°$ und gleichem Strom (Bild 4.3–3b) ist jedoch von der Kommutierung nur noch wenig zu sehen, da die Kommutierungsspannung wesentlich grösser ist. Die Welligkeit des Gleichstromes ist gegenüber jener bei $\alpha = 0°$ stark angestiegen. Es machen sich auch die ohmsche Komponente und der Einfluss des Eisens stark bemerkbar.

4.4 Der Stromrichtertransformator

Wie bereits in Abschnitt 4.2.3 anhand von Bild 4.2–7 berechnet, gilt für den Effektivwert eines Ventilstromes:

$$I_v = I_{v1} = I_{v2} = \frac{I_d}{\sqrt{2}}$$

Für den Netzstrom ergab sich:

$$I_L = I_d$$

Die ventilseitige Wicklungsscheinleistung ist daher:

$$P_{tv} = 2 \cdot I_v \cdot U_v \qquad U_v = U_{s1} = -U_{s2}$$
$$= 2 \cdot \frac{I_d}{\sqrt{2}} \cdot U_v$$

Bezogen auf die ideelle Gleichstromleistung $P_{dio} = U_{dio} \cdot I_{dN} = 0{,}9 \cdot U_v \cdot I_{dN}$ erhält man daher:

$$P_{tv} = \frac{2}{\sqrt{2}} \cdot 1{,}11 \, P_{dio}$$

$$\frac{P_{tv}}{P_{dio}} = \sqrt{2} \cdot 1{,}11 = 1{,}57$$

Die netzseitige Wicklungsscheinleistung ist:

$$P_{tL} = I_L \cdot U_L$$

Nimmt man das Übersetzungsverhältnis $U_v : U_L = 1$, so kann man schreiben:

$$P_{tL} = I_L \cdot U_v$$
$$= I_d \cdot U_v = \frac{P_{dio}}{0{,}9} ; \quad \frac{P_{tL}}{P_{dio}} = 1{,}11$$

Die Zweipuls-Mittelpunktschaltung (M2)

Die Typen-(Bau-)leistung des Transformators ist somit:

$$P_t = \frac{1}{2}(P_{tv} + P_{tL})$$

$$P_t = \frac{1}{2} \cdot P_{dio} \cdot (1{,}57 + 1{,}11) = 1{,}34\, P_{dio}$$

Ist der Transformator so geschaltet, wie in Bild 4.2–1 dargestellt, was einer Stern-Stern-Schaltung am 3-Phasen-Netz entspricht, so tritt auch hier, genauso wie dort, eine Vormagnetisierung des Transformators auf. Sie lässt sich durch eine primärseitige «Dreieck»-Wicklung, hier «Ringwicklung» genannt, oder durch eine sekundärseitige Zickzackschaltung vermeiden. Im Gegensatz zur M3-Schaltung bedingt hier die Zickzackschaltung keine Erhöhung der ventilseitigen Transformator-Typenleistung, da die Teilspannungen eine Phasenverschiebung von 180° haben. Die Gesamtspannung ist daher gleich der arithmetischen Summe der Teilspannungen ($U_{s1} = U_{s2} = 2\,U_0$).

In Bild 4.4–1 sind die drei verschiedenen Wicklungsanordnungen einander gegenübergestellt. Voraussetzung für die Möglichkeit der Verwirklichung ist ein Kerntransformator, dessen Wicklungen auf zwei Schenkeln aufgebracht werden können.

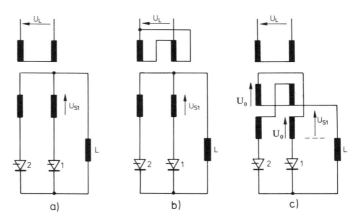

Bild 4.4-1
Wicklungsanordnungen bei einem Transformator für eine M2-Schaltung
a) Primär- und Sekundärseite «Stern» (kein) Amperewindungsausgleich)
b) Primär: Ringwicklung Sekundär: «Stern»
c) Primär: «Stern» Sekundär: «Zickzack»
Durch die Anordnungen b) und c) wird eine Vormagnetisierung vermieden.

4.5 Der Lückbetrieb

Wie bereits in den Grundlagen besprochen, kann der Strom sogar bei Vollaussteuerung lücken, wenn der Stromrichter auf eine induktive Last mit Gegenspannung arbeitet. Dies ist in der Praxis sehr häufig der Fall, da ja die Gleichstrommaschine, deren Anker über einen Stromrichter gespeist wird, eine Last mit Gegenspannung darstellt. Im folgenden sind die wichtigsten Punkte, die bei Lückbetrieb, insbesondere bei Speisung des Ankers einer Gleichstrommaschine durch eine 2p-Schaltung zu beachten sind, zusammengefasst.
– Da die Thyristoren erst gezündet werden können, wenn der Momentanwert der Anoden-Kathoden-Spannung positiver als die Gegenspannung (EMK) ist, muss die Gleichrichter-Impulslage-Begrenzung entsprechend weiter zurückgesetzt werden, als dies bei

Die Zweipuls-Mittelpunktschaltung (M2)

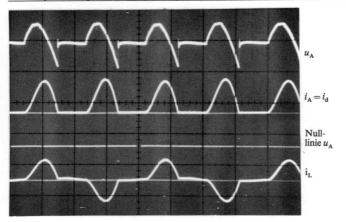

Bild 4.5-1
Speisung des Ankers eines Gleichstrommotors über einen zweipulsigen Stromrichter.
Von oben nach unten sind dargestellt:
u_A Ankerspannung
i_A Ankerstrom
i_1 Netzstrom

einer 3-Puls-Schaltung nötig ist. Bild 4.5-1 zeigt von oben nach unten die Spannung am Anker der Gleichstrommaschine, den Ankerstrom und den Netzstrom. Die Zündung der Thyristoren erfolgt im frühest möglichen Zeitpunkt, das ist hier etwa bei $\alpha = 60°$. Die Gleichrichter-Impulslage-Begrenzung muss also, um etwas Sicherheit zu haben, auf $\alpha_{GR} = 65°$ eingestellt werden.

- Der Ankerstrom lückt stark. Es ist verständlich, dass bei einer 2-Puls-Schaltung eine wesentlich grössere Induktivität erforderlich ist, um das Lücken des Stromes zu vermeiden. Die Rechnung zeigt, dass die Induktivität der Drossel etwa 2,5mal so gross sein muss wie bei einer 3-Puls-Schaltung, um bei gleichem Strommittelwert dieselbe Lückgrenze zu erreichen. Der Aufwand für die Glättungsdrossel wird also gross, insbesondere wenn die Frequenz des speisenden Netzes nicht 50 Hz, sondern nur 16⅔ Hz beträgt, wie dies für viele Bahnnetze zutrifft.
- Die Strom-Spannungs-Kennlinien ändern sich beim Übergang von nicht lückendem zum Lückbetrieb noch stärker als bei der M3-Schaltung (Bild 4.5-2). Das Verhältnis E/U_{di0} erreicht den maximalen Wert:

$$\frac{E}{U_{di0}} = \frac{\sqrt{2} \cdot U_{s1} \cdot \pi}{\sqrt{2} \cdot U_{s1} \cdot 2} = \frac{\pi}{2} = 1{,}57$$

Dies geht auch aus der Steuerkennlinie (Tabelle 4.2) hervor.

- Ausserhalb der Kommutierungszeit entspricht der Verlauf des Momentanwertes der Gleichspannung nicht exakt jenem der Wechselspannung, wie dies bei zeitlich konstantem Gleichstrom der Fall ist. Durch den sich ändernden Strom werden an der Last- und Kommutierungsinduktivität Spannungen hervorgerufen, die insbesondere die Nulldurchgänge der ungeglätteten Gleichspannung gegenüber den Nulldurchgängen der Wechselspannung zurückverlegen. Der minimale Steuerwinkel ist dadurch begrenzt. Seine Grösse hängt vom Verhältnis der Lastinduktivität zur Kommutierungsinduktivität ab. So ergibt sich zum Beispiel für ein Verhältnis 2 ein minimaler Steuerwinkel $\alpha = 20°$. Man muss also auch ohne Gegenspannung, nur

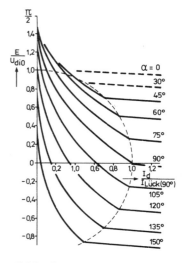

Bild 4.5-2
Strom-Spannungs-Kennlinie eines zweipulsigen Stromrichters beim Arbeiten auf eine Last mit Gegenspannung.

Gestrichelte Kreislinie: Lückgrenze.
$E =$ Gegenspannung (EMK des Motors).

Die Zweipuls-Mittelpunktschaltung (M2)

durch die Welligkeit des Stromes bedingt, die Impulslage im Gleichrichterbetrieb begrenzen oder mit breiten Impulsen arbeiten.
- Die induktive Spannungsänderung wird wegen der Welligkeit des Stromes von der Aussteuerung abhängig.

4.6 Netzrückwirkungen

Nach den für die Oberschwingungen des Netzstromes gültigen Gesetzen

$$n = k \cdot p \pm 1 \text{ und } I_n = \frac{I_1}{n}$$

treten bei einer 2-Puls-Schaltung im Netzstrom nur Stromoberschwingungen ungerader Ordnungszahlen auf, deren Amplituden bei Rechteckstrom umgekehrt proportional der Ordnungszahl sind. In Bild 4.6–1a ist der Verlauf der Gleichspannung (oben) und des Netzstromes (unten) für einen Stromrichter in M2-Schaltung aufgezeichnet,

Bild 4.6-1
Stromrichter in M2-Schaltung, ohmsche Last
a) und c) Gleichspannung $u_{d\alpha}$ (oben) und Netzstrom i_L (unten)
b) und d) Frequenzspektren des Netzstromes nach den Bildern a) und c)

$$\frac{A_n}{A_1}$$

Verhältnis der Amplituden der Oberschwingungen (A_n) zur Amlitude der Grundschwingung (A_1), linear: Skala rechts ($A_1 = 1$)

a) $\alpha = 0°$, ohmsche Last

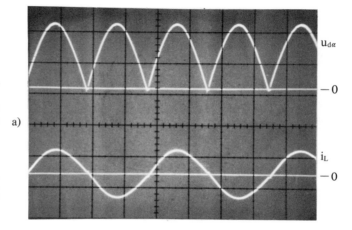

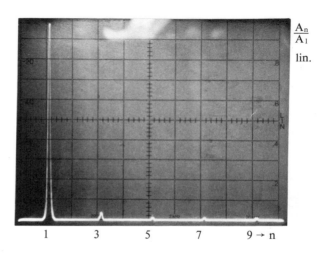

b) Frequenzspektrum des Stromes i_L nach Bild a)

Die Zweipuls-Mittelpunktschaltung (M2)

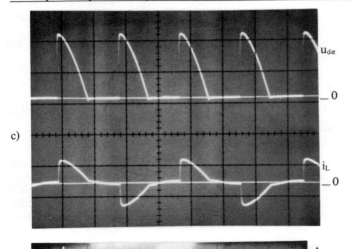

c) $\alpha = 60°$, ohmsche Last

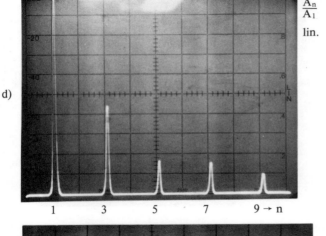

d) Frequenzspektrum des Stromes i_L nach Bild c)

Bild 4.6-2
Dargestellte Grössen wie in Bild 4.6-1, jedoch induktive Last. Zusätzlich ist in den Bildern a) und c) der Gleichstrom i_α dargestellt.

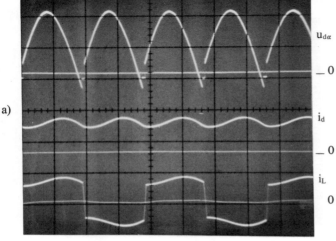

a) $\alpha = 0°$, induktive Last

Die Zweipuls-Mittelpunktschaltung (M2)

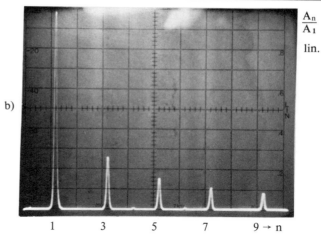

b) Frequenzspektrum des Stromes i_L nach Bild a)

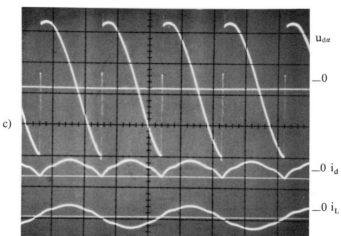

c) $\alpha = 60°$, induktive Last

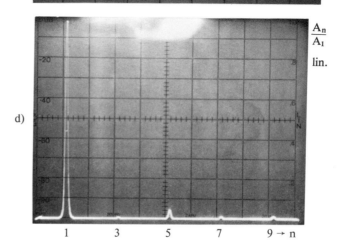

d) Frequenzspektrum des Stromes i_L nach Bild c)

der bei $\alpha = 0°$ auf eine ohmsche Last arbeitet. Der Netzstrom ist dann praktisch sinusförmig. Die Aufzeichnung der Oberschwingungen dieses Stromes (Bild 4.6–1b) zeigt daher auch nur die Grundschwingung 50 Hz, während die Oberschwingungen nur andeutungsweise zu sehen sind. In den Bildern 4.6–1c und d sind die entsprechenden Grössen für $\alpha = 60°$ ebenfalls bei ohmscher Last dargestellt. Man sieht, dass die Amplituden der Oberschwingungen stark vom Steuerwinkel α abhängen. Die Amplitude der Grundschwingung ist 1 (Skala auf der rechten Seite des Bildes [«lin = linear]). Die Amplituden der Oberschwingungen nehmen schwächer ab als $1/n$.

Bild 4.6–2 zeigt dieselben Grössen, aber bei ohmsch-induktiver Last. Zusätzlich ist noch der Gleichstrom i_d dargestellt. Daraus ist ersichtlich, dass auch bei einer grossen Induktivität (Feld einer Gleichstrommaschine) selbst bei $\alpha = 0°$ kein vollkommen geglätteter Gleichstrom fliesst. Im zugehörigen Frequenzspektrum (Bild b) sind wieder die Oberschwingungen ungerader Ordnungszahl zu erkennen. Ihre Amplituden nehmen zum Teil durch die bei $\alpha = 0°$ langsame Kommutierung des Stromes etwas mehr als umgekehrt proportional zur Ordnungszahl ab. In Bild c ist der Steuerwinkel α so gewählt, dass sich gerade annähernd sinusförmiger Netzstrom ergibt, um zu zeigen, dass auch bei stark induktiver Last bei einer M2-Schaltung ein sinusförmiger Netzstrom fliessen kann, weil der Gleichstrom nicht mehr genügend geglättet ist. Das Frequenzspektrum (Bild d) zeigt denn auch nur die Grundschwingung und andeutungsweise die 5. Harmonische.

In Bild 4.6–3 ist das Frequenzspektrum des Netzstromes gezeichnet, wie es sich unter idealisierten Voraussetzungen – vollkommen geglätteter Gleichstrom und Vernachlässigung der Kommutierungseinflüsse – rechnerisch ergibt.

Der nicht vollkommen geglättete Gleichstrom hat auch Auswirkungen auf die Blindleistung. Während das Verhältnis Blindleistung zu Scheinleistung bei $\alpha = 90°$ zu 1 wird, wenn der Gleichstrom vollkommen geglättet ist, kann dieses Verhältnis auf den Wert 1,2 ansteigen, wenn die Lastinduktivität nur noch 10mal grösser ist als die Kommutierungsinduktivität.

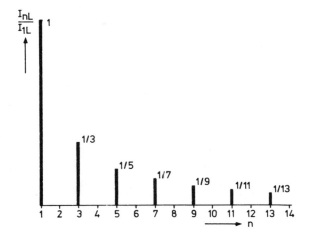

Bild 4.6-3
Frequenzspektrum des Netzstromes einer M2-Schaltung unter idealisierten Voraussetzungen.

I_{1L} Effektivwert der Grundschwingung des Netzstromes
I_{nL} Effektivwert der n-ten Oberschwingung des Netzstromes
n Ordnungszahl der Oberschwingung

4.7 Zusammenfassung der wichtigsten Kennwerte

Im folgenden sind die wichtigsten Kennwerte der M2-Schaltung in Tabellen zusammengefasst. Tabelle 4–1 enthält allgemeine Angaben, Tabelle 4–2 die Kennwerte der Spannungen, Tabelle 4–3 jene des Gleichstromes und der Ventilströme. In Tabelle 4–4 sind die wichtigsten Grössen der Wechselstromseite angegeben.

1	Schaltbild	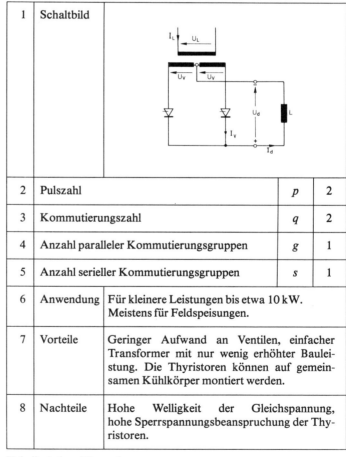	
2	Pulszahl	p	2
3	Kommutierungszahl	q	2
4	Anzahl paralleler Kommutierungsgruppen	g	1
5	Anzahl serieller Kommutierungsgruppen	s	1
6	Anwendung	Für kleinere Leistungen bis etwa 10 kW. Meistens für Feldspeisungen.	
7	Vorteile	Geringer Aufwand an Ventilen, einfacher Transformator mit nur wenig erhöhter Bauleistung. Die Thyristoren können auf gemeinsamen Kühlkörper montiert werden.	
8	Nachteile	Hohe Welligkeit der Gleichspannung, hohe Sperrspannungsbeanspruchung der Thyristoren.	

Tabelle 4–1 Allgemeines

Die Zweipuls-Mittelpunktschaltung (M2)

1	Gleichrichtungsfaktor	$\dfrac{U_{dio}}{U_{v0}} = k_0$	0,9
2	Maximaler Wert der Sperrspannung	$\dfrac{\hat{U}_r}{U_{dio}}$	$\pi = 3,14$
3	Gleichspannungs-Oberschwingungen		
	3.1 Frequenz der 1. Oberschwingung	f_{1d}	$2f_N$
	3.2 Welligkeit bei $\alpha = 0°$	$\dfrac{U_{wd}}{U_{dio}} = \sigma_u$	48,3%
4	Induktiver bezogener Gleichspannungsabfall bei Nennstrom, verursacht durch den Transformator (Sekundärwicklungen gekoppelt s. Abschnitt 4.3)	$\dfrac{d_{xt1}}{e_{xt1}}$	0,707
5	Steuerbereich für $\dfrac{U_{di\alpha}}{U_{dio}} = 1 \ldots 0$		
	5.1 bei ohmscher Last	α	$0° \ldots 180°$
	5.2 bei induktiver Last		$0° \ldots 90°$
6	Steuerkennlinien a) bei ohmscher Last b) bei induktiver Last c) bei kapazitiver Last Gleich- und Wechselrichterbetrieb möglich		

Tabelle 4-2
Gleichspannung, Sperrspannung, Steuerkennlinien (Die Grössen 1 bis 4 sind unabhängig von der Belastungsart)

Erklärung der in Tabelle 4–2 verwendeten Kurzzeichen siehe M3-Schaltung Tabelle 3.1–2

Die Zweipuls-Mittelpunktschaltung (M2)

Tabelle 4-3
Gleichstrom, Ventilströme (1...5 induktive Last, Strom nicht lückend, vollkommen geglättet)

1	Effektivwert des Ventilstromes I_v		$\dfrac{I_v}{I_d}$	$\dfrac{1}{\sqrt{2}} = 0{,}707$
2	Mittelwert des Ventilstromes I_a		$\dfrac{I_a}{I_d}$	$\dfrac{1}{2} = 0{,}5$
3	Formfaktor k_f (Verhältnis des Effektivwertes zum Mittelwert)		$\dfrac{I_v}{I_a}$	$\sqrt{2} = 1{,}41$
4	Scheitelwert des Ventilstromes $\hat{I}_a$ (I_d = Mittelwert des Gleichstromes)		$\dfrac{\hat{I}_a}{I_d}$	1
5	Stromflussdauer		ωt_T	$180° \mathrel{\widehat{=}} \pi$
6	Kritischer Steuerwinkel (ohmsche Last)		α_{Krit}	$0°$

Tabelle 4-4
Wechselstromseite

0	Transformerschaltung			Ii0
1	Schaltung nach Bild in Tabelle 1			
2	*Ströme* (bei Transformerübersetzung $U_{L0} : U_{v0} = 1$) 2.1 Kurvenform des Netzstromes i_L 2.2 Netz-(Leiter-)Strom 2.3 Netzseitiger Wicklungsstrom entspricht Leiterstrom		Bild I_L/I_d	4.2–7f 1
3	*Leistungen* (Scheinleistungen) 3.1 Netzseitige Wicklungsleistung des Transformers 3.2 Ventilseitige Wicklungsleistung des Transformers 3.3 Mittlere Nennleistung (Bauleistung) des Transformers 3.4 Netzentnahmeleistung		P_{tL}/P_{dio} P_{tv}/P_{dio} P_t/P_{dio} P_L/P_{dio}	1,11 1,57 1,34 1,11
4	*Leistungsfaktor* $\lambda = \dfrac{P}{S} = \dfrac{P_{dio}}{P_L}$ (bei $\alpha = 0°$) P = Wirkleistung $P_{dio} = U_{dio} \cdot I_{dN}$ S = Scheinleistung P_L		λ	$\dfrac{1}{1{,}11} = 0{,}90$ für alle 2p-Schaltungen

5. Brückenschaltungen am 3-Phasen-Netz (Drehstrom-Brückenschaltungen)

Durch Serieschaltungen von 2 M3-Systemen, die aus denselben Transformerwicklungen gespeist werden, erhält man die Drehstrom-Brückenschaltung, die meistens kurz DB- oder B6-Schaltung genannt wird. Bild 5.0–1 zeigt ihre Entstehung aus 2 M3-Schaltungen. In Bild a) sind 2 M3-Systeme (M3/1 und M3/2) dargestellt, die aus zwei verschiedenen Transformern oder zwei verschiedenen Sekundärwicklun-

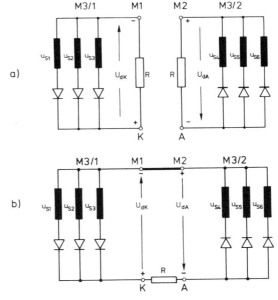

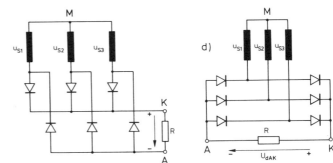

Bild 5.0-1
Entstehung der Drehstrombrücke aus der Serieschaltung zweier M3-Systeme
a) Kathoden-M3-System M3/1 und Anoden-M3-System M3/2, aus 2 separaten Transformerwicklungen gespeist.
b) Serieschaltung der beiden M3-Systeme
c) und d) Gebräuchliche Darstellungen der DB-Schaltung

gen eines Transformers gespeist werden. Dabei ist angenommen, dass die Spannungen u_{s1} und u_{s4} bzw. u_{s2} und u_{s5}, u_{s3} und u_{s6} gleichphasig und gleich gross sind. Im System M3/1 sind die Anoden der Ventile (vorläufig als Dioden angenommen) mit den 3 Strängen der Transformatorwicklungen verbunden, während die Kathoden zusammengefasst den Pluspol ergeben. Man nennt eine solche Anordnung daher Kathoden-M3-Schaltung (Index K). Sie entspricht der bisher in Band 1, Kapitel 4, 6 und 7 sowie in Band 2, Abschnitt 3,1 behandelten Schaltung.

Im M3-System 2 (M3/2) sind jedoch die Kathoden der Ventile mit den 3 Strängen der Transformatorwicklung verbunden, während die Anoden zusammengefasst sind. Man nennt ein solches M3-System daher Anoden-M3-Schaltung (Index A). Hier stellen der Mittelpunkt des Transformers den Pluspol, die Anoden den Minuspol der abgegebenen Gleichspannung U_{dA} dar. Ein Strom kann ja nur fliessen, wenn das mit der Kathode des Ventiles verbundene Ende eines Stranges negatives Potential gegenüber dem Mittelpunkt hat.

Unter der Voraussetzung, dass die Phasenspannungen u_{s1} bis u_{s6} gleich gross sind, liefern die beiden M3-Systeme genau gleiche Mittel-

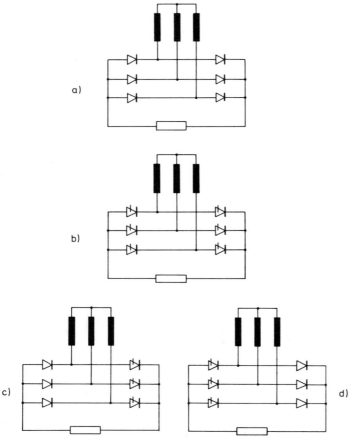

Bild 5.0-2
Varianten der Drehstrombrücke
a) **Ungesteuerte DB:** Alle Ventile sind Dioden.
b) **Vollgesteuerte DB:** Alle Ventile sind Thyristoren.
c) **Halbgesteuerte DB, Variante 1:** Das Kathoden-M3-System ist gesteuert (Thyristoren), das Anoden-M3-System ist ungesteuert (Dioden).
d) **Halbgesteuerte DB, Variante 2:** Das Anoden-M3-System ist gesteuert (Thyristoren), das Kathoden-M3-System ist ungesteuert (Dioden).

werte der Ausgangsspannungen, jedoch entgegengesetzter Polarität ($U_{dK} = -U_{dA}$). Schaltet man die beiden M3-Systeme in Serie, indem man die beiden Mittelpunkte M1 und M2 miteinander verbindet und den Lastwiderstand zwischen den Punkten A und K anschliesst, so erhält man an ihm die doppelte Spannung U_{dK} bzw. U_{dA} ($U_{dAK} = 2U_{dK} = -2U_{dA}$, Bild 5.0–1b).

Da die beiden Transformerwicklungen genau gleich sind, lässt sich eine wesentliche Vereinfachung und Einsparung dadurch erreichen, dass beide M3-Systeme aus derselben Wicklung gespiest werden, wodurch sich die Drehstrom-Brückenschaltung ergibt, die nach Bild 5.0–1c, häufiger jedoch nach Bild 5.0–1d dargestellt wird.

Je nachdem, ob alle Ventile Dioden oder Thyristoren sind oder ob Thyristoren und Dioden verwendet werden, lassen sich 3 Varianten der Drehstrombrücke aufbauen:

- Ungesteuerte DB: Alle Ventile sind Dioden (Bild 5.0–2a)
- Vollgesteuerte DB: Alle Ventile sind Thyristoren (Bild 5.0–2b)
- Halbgesteuerte DB: In einem M3-System werden Dioden, im andern Thyristoren eingesetzt (Bilder 5.0–2c, d)

Im nächsten Abschnitt 5.1 werden die prinzipiellen Eigenschaften der Drehstrombrücke, insbesondere im Vergleich zur M3-Schaltung, anhand der ungesteuerten Drehstrom-Brückenschaltung besprochen, während im Abschnitt 5.2 auf die Besonderheiten eingegangen wird, die sich bei Ersatz der Dioden durch Thyristoren, also bei der vollgesteuerten Brücke ergeben. Im Abschnitt 5.3 schliesslich werden die wesentlichen Eigenschaften der halbgesteuerten Drehstrombrücke besprochen. Die weitaus grösste Bedeutung in der Praxis hat die vollgesteuerte DB. Sie stellt die heute am häufigsten verwendete Stromrichterschaltung dar, während die halbgesteuerte Drehstrombrücke nur noch selten eingesetzt wird.

5.1 Ungesteuerte Drehstrom-Brückenschaltung

5.1.1 Bildung der Gleichspannung

Da die Drehstrombrücke eine Serieschaltung zweier M3-Systeme ist, ergibt sich die Ausgangsspannung jederzeit aus der Summe der von beiden M3-Systemen gegenüber dem Transformermittelpunkt durchgeschalteten Spannungen. In Bild 5.1–1a ist die Schaltung und in Bild 5.1–1b der Verlauf der Momentanwerte der von den beiden M3-Systemen gegenüber dem Transformermittelpunkt abgegebenen Spannungen dargestellt. Die beiden M3-Systeme arbeiten vollkommen unabhängig voneinander. Im Kathoden-M3-System ist daher das Ventil leitend, das die positivste Spannung hat, während im Anoden-M3-System jenes leitend ist, das die negativste Spannung hat, da die Kathoden dieser Ventile mit dem Transformer verbunden sind. Die in den entsprechenden Zeitabschnitten leitenden Ventile sind im Diagramm (Bild 5.1–1b) eingetragen. Bild 5.1–2a zeigt das entsprechende

Oszillogramm. Der Laststrom i_d fliesst, wie es ja bei einer Serieschaltung sein muss, immer über zwei in Serie liegende Ventile, und zwar: Von ωt_0 bis ωt_1 von u_{s1} über Diode 1, Lastwiderstand R, Diode 4 zurück zu u_{s2}. In diesem Zeitabschnitt ist u_{s1} die positivste, u_{s2} die negativste Spannung. Der Strompfad führt daher über diese beiden Ventile, wie in Bild 5.1–1a eingezeichnet.

Es ergibt sich folgendes Leitschema:

Abschnitt	Leitende Ventile		Kommutierung
$\omega t_0 - \omega t_1$	1 – 4	} ωt_1: →	4 → 6
$\omega t_1 - \omega t_2$	1 – 6	} ωt_2: →	1 → 3
$\omega t_2 - \omega t_3$	3 – 6	} ωt_3: →	6 → 2
$\omega t_3 - \omega t_4$	3 – 2	} ωt_4: →	3 → 5
$\omega t_4 - \omega t_5$	5 – 2	} ωt_5: →	2 → 4
$\omega t_5 - \omega t_6$	5 – 4	} ωt_6: →	5 → 1
$\omega t_6 - \omega t_7$	1 – 4		

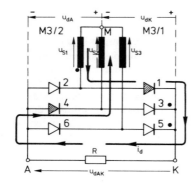

a)

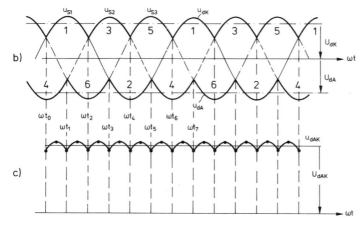

b)

c)

Bild 5.1-1
Bildung der Gleichspannung bei einer ungesteuerten Drehstrombrücke
a) **Schaltbild.** Eingezeichnet ist der Strompfad, währed die Ventile 1 und 4 leiten ($\omega t_0 < \omega t < \omega t_1$).
b) **Verlauf der Momentanwerte und der arithmetischen Mittelwerte der von den beiden M3-Systemen abgegebenen Gleichspannungen** (u_{dK} und u_{dA} beziehungsweise U_{dA} und U_{dK}).
c) **Verlauf der Momentanwerte und des arithmetischen Mittelwertes der Brückenspannung.**

u_{dAK} Momentanwert
U_{dAK} Mittelwert

Brückenschaltungen am 3-Phasen-Netz

In der Mitte der Leitdauer eines Ventiles des einen M3-Systemes kommutiert der Strom im anderen M3-System. Die beiden M3-Systeme bilden also zwei unabhängige Kommutierungsgruppen. In der Tabelle 5.2–1 findet man daher als Zahl der Kommutierungsgruppen: $q = 2$. Die Leitdauer jedes Ventiles beträgt, wie in der M3-Schaltung, 120°.

Aus dem Verlauf der beiden Spannungen u_{dK} und u_{dA} lässt sich die Ausgangsspannung u_{dAK} durch die Addition der Momentanwerte leicht gewinnen (Bild 5.1–1c). Bild 5.1–2b zeigt das entsprechende Oszillogramm. Alle 60° ergibt sich wieder derselbe Wert. Aus dem Verlauf der so gewonnenen Ausgangsspannung wird einer der ganz wesentlichen Vorteile der Drehstrombrücke gegenüber der M3-Schaltung offenbar: Während die M3-Schaltung eine Gleichspannung mit 3pulsiger Welligkeit liefert, hat die von der Drehstrombrücke abgegebene Gleichspannung 6pulsige Welligkeit. Sie unterscheidet sich also nicht von der durch eine M6-Schaltung abgegebenen Spannung, wobei aber die Thyristoren 120° leiten können und nicht nur 60° wie bei der M6-Schaltung. Für die Last liefert daher die Drehstrombrücke eine ebenso «gute» Spannung wie die M6-Schaltung, während die Thyri-

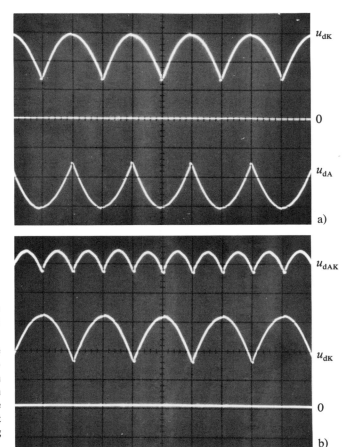

Bild 5.1-2
Oszillogramme
(Massstab: 60°/Skt.)
a) Verlauf der Momentanwerte u_{dA} und u_{dK} entsprechend Bild 5.1-1b.
b) Verlauf der Momentanwerte u_{dK} und u_{dAK} (Brückenspannung). u_{dAK} erhält man, wenn man die beiden Spannungen u_{dA} und u_{dK} an die Eingänge eines Differenzverstärkers gibt und dessen Ausgangsspannung oszillographiert.

storen unter den gleichen Bedingungen wie in einer M3-Schaltung arbeiten können. Ihre Verlustleistung steigt also beim Übergang von der M3-Schaltung auf die DB-Schaltung nicht an, während beim Übergang von der M3- zur M6-Schaltung der dem differentiellen Widerstand des Thyristors proportionale Anteil der Verluste auf das Doppelte ansteigt, da der Formfaktor k_f von $\sqrt{3}$ auf $\sqrt{6}$ zunimmt.

Wie der Darstellung weiter zu entnehmen ist, sind die Amplituden der Oberschwingungen der Gleichspannung etwa halb so gross wie bei der M3-Schaltung. Die Welligkeit der Gleichspannung (für $\alpha = 0°$) ist durch den Ausdruck

$$\sigma_u = \frac{\sqrt{\Sigma U_{nd}^2}}{U_{di}} \; ; \; \sqrt{\Sigma U_{nd}^2} \triangleq \text{Gesamt-Effektivwert der Gleichspannungs-oberschwingungen}$$

definiert. Sie wird aber praktisch durch die überlagerte Wechselspannung der niedersten Ordnungszahl, die gleich der Pulszahl ist, bestimmt. Ihr Effektivwert ist durch die Beziehung gegeben:

$$\frac{U_{1d}}{U_{di}} = \frac{\sqrt{2}}{n_1^2 - 1} \qquad n_1 = \begin{cases} 3 \text{ für M3-Schaltung} \\ 6 \text{ für DB-Schaltung} \end{cases}$$

$$U_{1d} = \frac{\sqrt{2}}{8} \cdot U_{di} \quad \text{für die M3-Schaltung}$$

$$U_{1d} = \frac{\sqrt{2}}{35} \cdot U_{di} \quad \text{für DB-Schaltung}$$

Die Effektivwerte der in der Gleichspannung enthaltenen Grundschwingung der M3- und der DB-Schaltung verhalten sich also wie:

$$\frac{\sqrt{2}}{8} \cdot \frac{35}{2 \cdot \sqrt{2}} = 2 : 1 \quad (\text{da } U_{di}[\text{DB}] = 2\, U_{di}) \quad (\text{M 3})$$

Für das Verhältnis der Welligkeit ergibt sich, da die Grundschwingung massgebend ist, annähernd:

$$\frac{\sigma_{u\,M3}}{\sigma_{u\,DB}} = 4 : 1$$

da ja U_{di} der Drehstrombrücke doppelt so gross ist wie U_{di} der M3-Schaltung. Dieses Verhältnis ist auch aus den Tabellen 1 der M3- und DB-Schaltung abzulesen, in denen für die M3-Schaltung $\sigma_u = 18,3\%$ und für die DB-Schaltung $\sigma_u = 4,2\%$ angegeben sind.

Da der Mittelwert der Gleichspannung gleich dem doppelten Betrag des von einer M3-Schaltung abgegebenen Mittelwertes ist, kann man zu seiner Berechnung schreiben:

$$U_{di} = 2 \cdot 1,17 \cdot U_s = 2,34 \cdot U_s$$

$$k_0 = 2,34$$

Zur Bestimmung der Ausgangsspannung kann man aber auch einen anderen Weg gehen, der nicht über die Teilspannungen der beiden M3-

Systeme führt, sondern direkt von den verketteten Spannungen ausgeht. Sie werden ja über die leitenden Ventile an die Last durchgeschaltet. Im Abschnitt ωt_0 bis ωt_1 zum Beispiel verbindet das Ventil 1 den Strang u_{s1} mit dem Pluspol, das Ventil 4 den Strang u_{s2} mit dem Minuspol. Die Ausgangsspannung u_{dAK} ist also gleich der verketteten Spannung $u_{s1} - u_{s2}$. Von ωt_1 bis ωt_2 bleibt u_{s1} durchgeschaltet, während anstatt u_{s2} jetzt u_{s3} über Ventil 6 an den Minuspol durchgeschaltet wird. Man muss also 6 verkettete Spannungen betrachten, deren Ausschnitte abwechselnd zur Bildung der Gleichspannung verwendet werden.

Da für die Drehstrom-Brückenschaltung der Transformermittelpunkt nicht benötigt wird, ist dieser meistens nicht herausgeführt. Dann sind die Phasenspannungen u_{s1}, u_{s2} und u_{s3} nicht direkt messbar, sondern nur die verketteten Spannungen. In den Tabellen wird daher meistens das Verhältnis U_{di}/U_v oder der Kehrwert angegeben, wobei U_v der Effektivwert der verketteten Spannung ist. Aus obigem ergibt sich:

$$U_{di} = 2 \cdot 1{,}17 \cdot \frac{U_v}{\sqrt{3}}$$

$$\frac{U_{di}}{U_v} = 1{,}35 \text{ oder } \frac{U_v}{U_{di}} = 0{,}74$$

5.1.2 Die Sperrspannung der Ventile

Wie aus Bild 5.1–1a zu ersehen ist, sind die Ventile in bezug auf die Sperrspannung genau gleich beansprucht wie in einer M3-Schaltung. Leitet, wie in diesem Bild angedeutet, zum Beispiel Ventil 1, so schaltet es das Potential seiner Anode an die Kathoden der Ventile 3 und 5. An den Ventilen liegt also wieder die verkettete Spannung. Es gilt daher:

$$\hat{U}_r = \sqrt{2} \cdot \sqrt{3} \cdot U_s$$

und daraus das für die Bewertung der Schaltung wichtige Verhältnis:

$$\frac{\hat{U}_r}{U_{di}} = \frac{\sqrt{2} \cdot \sqrt{3} \cdot U_s \cdot \pi}{3 \cdot \sqrt{3} \cdot \sqrt{2} \cdot U_s} = \frac{\pi}{3} = 1{,}05$$

denn nach Band 1, Gleichung (8) gilt für die M3-Schaltung:

$$U_{di} = \frac{3}{\pi} \cdot \sqrt{2} \cdot \frac{1}{2} \cdot \sqrt{3} \cdot U_s$$

Also für die Drehstrombrücke:

$$U_{di} = 2 \cdot \frac{3}{\pi} \cdot \sqrt{2} \cdot \frac{1}{2} \cdot \sqrt{3} \cdot U_s$$

Das Verhältnis des Scheitelwertes der Sperrspannung zum Mittelwert der Gleichspannung ist für die Drehstrom-Brückenschaltung nur halb so gross wie für die M3-Schaltung. Das kommt aber nicht daher, dass die Ventile bei gleicher Phasenspannung nur die halbe Sperrspannung aufnehmen müssen (weil 2 in Serie sind), sondern weil der absolute Wert der Sperrspannung gleich bleibt, die Ausgangsspannung aber zweimal höher ist als bei der M3-Schaltung.

5.1.3 Die Ströme auf der Gleich- und Wechselstromseite

Wie bereits erwähnt, sind jeweils 2 in Serie liegende Ventile leitend (Bild 5.1–1). Jedes Ventil führt wie in der M3-Schaltung über 120° Strom. Die Kommutierungszeitpunkte in den beiden M3-Teilsystemen sind gegeneinander um 60° verschoben. Für induktive Last ergeben sich daher die in Bild 5.1–3 dargestellten Verläufe der Ströme auf der Gleich- und Wechselstromseite, wenn der Transformer primär- und sekundärseitig in Stern geschaltet ist (Transformerinduktivität vernachlässigt, Lastinduktivität sehr gross). Dies ist bei der Drehstrombrücke zulässig, weil keine Gleichstrommagnetisierung auftritt wie bei der M3-Schaltung, was ein weiterer wesentlicher Vorteil der Drehstrombrücke gegenüber der M3-Schaltung ist. Vernachlässigt man den Magnetisierungsstrom, so sind die Strangströme i_{s1}, i_{s2} und i_{s3}

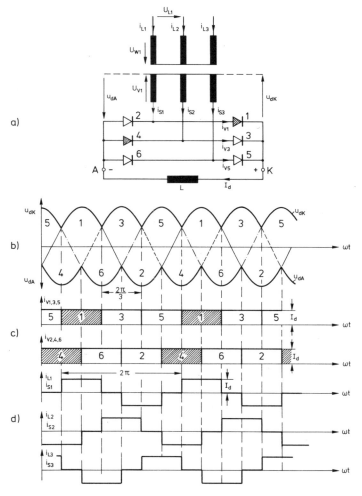

Bild 5.1-3
Drehstrombrücke mit Transformer in Stern-Stern-Schaltung
a) Schaltbild
b) Verlauf der Phasenspannungen u_s und der Teilspannungen u_{dK} und u_{dA} der beiden M3-Systeme
c) Verlauf der Ventilströme
d) Verlauf der Leiterströme

Brückenschaltungen am 3-Phasen-Netz

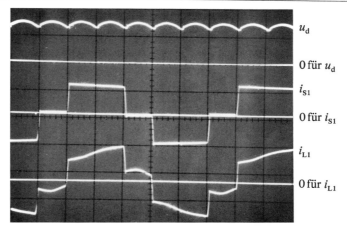

Bild 5.1-4
Oszillogramm eines Leiter- und eines Sekundärstrangstromes nach Bild 5.1-3 (Stern-Stern-Schaltung)

von oben nach unten:
- Momentanwert der Brückenspannung u_d
- Strangstrom i_{s1}
- Leiterstrom i_{L1}
(siehe Bild 5.1-3)
Der Gleichstrom I_d wurde klein gehalten, um den Einfluss des Magnetisierungsstromes des Transformators auf den Leiterstrom i_L zu zeigen. Ohne Magnetisierungsstrom sind die beiden Ströme i_{L1} und i_{s1} gleich.

gleich den Leiterströmen i_{L1}, i_{L2} und i_{L3}, wenn das Übersetzungsverhältnis $U_{v1} : U_{w1} = 1$ angenommen wird. Aus dem Oszillogramm, Bild 5.1-4, in dem ein Leiterstrom und ein Strangstrom aufgezeichnet sind, lässt sich der Einfluss des Magnetisierungsstromes auf die Leiterströme erkennen.

Wird der Transformator in Dreieck-Stern geschaltet, so ändern sich die Kurvenform der Netzströme, die Phasenlagen der Oberschwingungen sowie die Phasenlagen der Ventilspannungen gegenüber den Netzspannungen. Der Verlauf der Gleichspannung, der Ventilspannungen und der Ventilströme bleibt unverändert. Für die Netzströme erhält man nach Bild 5.1-5a folgende Beziehung:

$$i_{L1} = i_{w1} - i_{w3}$$

$$i_{L2} = i_{w2} - i_{w1}$$

$$i_{L3} = i_{w3} - i_{w2}$$

Damit ergibt sich der in Bild 5.1-5e gezeichnete Verlauf des Leiterstromes i_{L1}. Die Bilder 5.1-6 und 5.1-7 zeigen entsprechende Oszillogramme. Da bei der Dreieck-Stern-Schaltung des Transformators die verketteten Spannungen an der Primärwicklung anliegen, sind die sekundären Phasenspannungen U_v gegenüber jenen bei Stern-Stern-Schaltung um 30° phasenverschoben. Es lässt sich daher durch Serieschalten zweier Drehstrombrücken, wovon eine über einen Transformator in Stern-Stern-Schaltung, die andere über einen Transformator in Dreieck-Stern-Schaltung gespeist wird, eine zwölfpulsige Schaltung aufbauen. Darauf wird in einem späteren Abschnitt eingegangen. Anstatt 2 Transformatoren zu benützen, kann die Speisung der beiden Drehstrombrücken auch aus einem Transformator erfolgen, dessen eine Sekundärwicklung in Dreieck, die andere in Stern geschaltet ist.

Wenn in Bild 5.1-5 das Übersetzungsverhältnis $U_{w1} : U_{v1} = \sqrt{3}$ gewählt wird, sind sowohl der gesamte Effektivwert des Primärstromes als auch die Beträge der Oberschwingungsströme für beide Schaltungen gleich. Die verschiedenen Kurvenformen kommen lediglich durch verschiedene Phasenlagen der Oberschwingungen zustande.

Brückenschaltungen am 3-Phasen-Netz

Aus den Bildern 5.1-3 und 5.1-5 lassen sich die Effektivwerte beziehungsweise Mittelwerte der einzelnen Ströme leicht berechnen:

Für den arithmetischen Mittelwert eines Ventilstromes gilt:

$$I_a = \frac{1}{2\pi} \cdot I_d \cdot \frac{2\pi}{3} = \frac{I_d}{3}$$

Für den Effektivwert erhält man:

$$I_v^2 = \frac{1}{2\pi} \cdot I_d^2 \cdot \frac{2\pi}{3} = \frac{I_d^2}{3}$$

$$I_v = \frac{I_d}{\sqrt{3}}$$

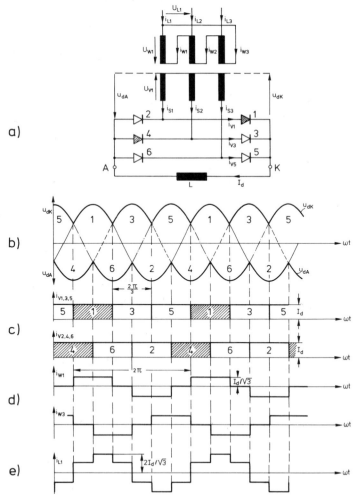

Bild 5.1-5
Drehstrombrücke mit Transformer im Dreieck-Stern-Schaltung
a) Schaltbild
b) Verlauf der Phasenspannungen u_s und der Teilspannungen u_{dK} und u_{dA} der beiden M3-Systeme
c) Verlauf der Ventilströme
d) Verlauf der Wicklungsströme i_{w1} und i_{w3}
e) Verlauf des Leiterstromes i_{L1}

Bild 5.1-6
Oszillogramm eines Leiterstromes und der zugehörigen Primärwicklungsströme nach Bild 5.1-5 (Dreieck-Stern-Schaltung) bei kleinem Gleichstrom ($I_d = 0{,}02\ I_{dn}$).

Von oben nach unten:
- Momentanwert der Brückenspannung u_d
- Wicklungsstrom i_{w1}
- Wicklungsstrom i_{w3}
- Leiterstrom $i_{L1} = i_{w1} - i_{w3}$

Gegenüber Bild 5.1-4 ist u_d um 30° verschoben, da der Transformator in Dreieck-Stern geschaltet ist. Der Strom I_d wurde wieder klein gehalten (0,02 I_{dN}), um den Einfluss des Magnetisierungsstromes zu zeigen.

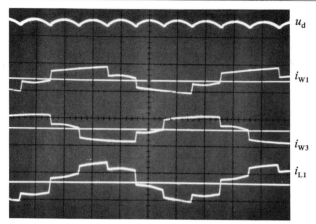

Diese Werte stimmen also mit denen in der M3-Schaltung überein. Für den Effektivwert eines Strangstromes I_S erhält man:

$$I_S^2 = \frac{1}{2\pi} \cdot 2 \cdot \frac{2\pi}{3} \cdot I_d^2 = \frac{2}{3} I_d^2$$

$$I_S = I_d \cdot \sqrt{\frac{2}{3}} = 0{,}816 \cdot I_d$$

Bei Stern-Stern-Schaltung nach Bild 5.1-3 erhält man für den Effektivwert eines Leiterstromes:

$$I_L = I_S = I_d \cdot \sqrt{\frac{2}{3}}$$

Für die Dreieck-Stern-Schaltung nach Bild 5.1-5 ergibt sich:

$$I_L^2 = \frac{1}{2\pi} \cdot \left(4 \cdot \frac{I_d^2}{3} \cdot \frac{2\pi}{6} + 2 \cdot \frac{4 I_d^2}{3} \cdot \frac{2\pi}{6} \right)$$

$$= \frac{1}{2\pi} \cdot \frac{2\pi}{6} \cdot 12 \frac{I_d^2}{3}$$

$$I_L = I_d \cdot \sqrt{\frac{2}{3}}$$

Wie die Rechnung zeigt, sind die Effektivwerte der Leiter-(Netz-)-Ströme unabhängig von der Transformerschaltung.

5.1.4 Der Stromrichter-Transformator

Die Drehstrombrücke benötigt, wie bereits erwähnt, zu ihrem Betrieb keinen Transformator, wenn er nicht zur Spannungsanpassung oder zur galvanischen Trennung des Stromrichters vom Netz eingesetzt wird. Wegen der dadurch erreichten Verbilligung werden heute Drehstrombrücken bis zu Leistungen von mehr als 1 MW ohne Zwischenschalten eines Transformators an das Netz angeschlossen. Um die durch die

Brückenschaltungen am 3-Phasen-Netz

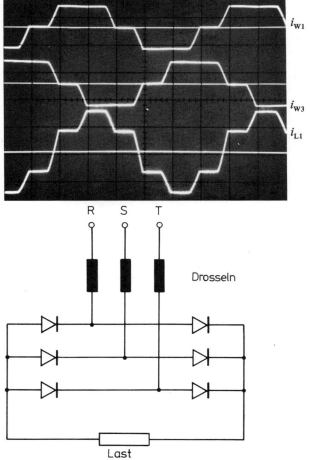

Bild 5.1-7
Oszillogramm eines Leiterstromes und der zugehörigen Primärwicklungsströme nach Bild 5.1-5 (Dreieck-Stern-Schaltung) bei grossem Gleichstrom ($I_d = I_{dN}$).

Von oben nach unten:
- Wicklungsstrom i_{w1}
- Wicklungsstrom i_{w3}
- Leiterstrom i_{L1}

Der Gleichstrom I_d ist so gross, dass der Magnetisierungsstrom des Transformers keine Veränderung der Ströme i_{w1}, i_{w3} und i_{L3} bewirkt. Deutlich ist die Verflachung der Stromanstiege infolge des höheren Stromes und der dadurch bedingten grösseren Kommutierungsdauer zu sehen.

Bild 5.1-8
Anschluss der Drehstrombrücke über Vordrosseln an das Netz, wenn kein Transformator verwendet wird (Prinzip-Schaltbild).

Kommutierung verursachten Netzspannungsverzerrungen in zulässigen Grenzen zu halten, sind dann aber Längsdrosseln vorzusehen (Bild 5.1-8).

Die Drehstrom-Brückenschaltung bietet aber dann, wenn ein Transformator verwendet wird, wesentliche Vorteile in bezug auf den Transformator gegenüber einer M3-Schaltung:

- Da der Mittelpunkt nicht benötigt wird, muss er nicht herausgeführt werden.
- Da die Transformerwicklungen sowohl für das Kathoden- als auch für das Anoden-M3-System verwendet werden, sind sie viel besser ausgenützt.
- Da die Strangströme reine Wechselströme sind, entsteht kein Gleichfluss.
- Der Transformator kann primär- und sekundärseitig in Stern oder Dreieck geschaltet werden. Es sind also keine besonderen Wicklungsanordnungen nötig wie zum Beispiel bei der M3-Schaltung die Zickzackwicklung.

Man kann daher einen Transformer ganz gewöhnlicher Bauart verwenden, dessen Typenleistung darüber hinaus noch den weitaus kleinsten Wert aller Stromrichterschaltungen am 3-Phasen-Netz hat, wie folgende Berechnung zeigt. Das ist ebenfalls ein wichtiger Vorteil der Drehstrombrücke.

Da der Effektivwert des Netzstromes für alle Transformerschaltungen gleich ist, genügt es, die Typenleistung des Transformers zum Beispiel für die Stern-Stern-Schaltung (Bild 5.1-3) zu berechnen:

Die Wicklungsscheinleistungen pro Schenkel sind:

Primär-(Netz-)Seite: $I_L \cdot U_w$

Sekundär-(Ventil-)Seite: $I_s \cdot U_v$

Für ein Übersetzungsverhältnis $U_w : U_v = 1$ gilt $I_L = I_s$.

Damit ergibt sich für die ventilseitige Wicklungsscheinleistung:

$$P_{tv} = 3 \cdot I_s \cdot U_v = 3 \cdot I_d \cdot \sqrt{\frac{2}{3}} \cdot U_v$$

Sie entspricht auch der primärseitigen Wicklungsscheinleistung:

$$P_{tL} = 3 \cdot I_L \cdot U_w = 3 \cdot I_d \cdot \sqrt{\frac{2}{3}} \cdot U_v$$

Damit wird die Transformer-Typenleistung $P_{t1} = P_{tL} = P_{tv}$ für $I_d = I_{d1}$ (I_{d1} = Nenn-Gleichstrom).

Da

$$U_{di} = \frac{3}{\pi} \cdot \sqrt{2} \cdot \sqrt{3} \cdot U_v,$$

kann in obiger Gleichung für U_v geschrieben werden:

$$U_v = \frac{U_{di} \cdot \pi}{3 \cdot \sqrt{2} \cdot \sqrt{3}}$$

Damit wird

$$P_{t1} = \frac{3 \cdot I_d \cdot \sqrt{2}}{\sqrt{3}} \cdot \frac{U_{di} \cdot \pi}{3 \cdot \sqrt{2} \cdot \sqrt{3}} = \frac{P_{di} \cdot \pi}{3} = 1{,}047\, P_{di}$$

$$(P_{di} = U_{di} I_{dN})$$

Das für die Beurteilung der Schaltung in bezug auf Transformeraufwand massgebende Verhältnis wird:

$$\frac{P_{t1}}{P_{di}} = 1{,}05$$

Für die M3-Schaltung wurde hingegen der Faktor 1,46 gefunden.

5.1.5 Vergleich der Kennwerte einer Drehstrombrücke mit jenen einer M3-Schaltung

Zum Schluss dieses Abschnittes, in dem das Verhalten einer ungesteuerten Drehstrombrücke unter idealisierten Bedingungen beschrieben wurde, sollen die dabei gefundenen Eigenschaften zusammengefasst und mit jenen einer M3-Schaltung verglichen werden. Sämtliche hier erwähnten Vorteile hat auch die vollgesteuerte Drehstrombrücke, die im nächsten Abschnitt behandelt wird, nicht aber die halbgesteuerte Drehstrombrücke.

- Der Mittelwert der von der Drehstrombrücke abgegebenen Gleichspannung ist bei gleicher Transformerspannung doppelt so gross wie bei der M3-Schaltung. $U_{di}(DB) = 2 \cdot U_{di}(M3)$
- Die Pulszahl erhöht sich von $p = 3$ bei der M3-Schaltung auf $p = 6$ bei der DB-Schaltung. Daher heisst die Schaltung nicht B3-, sondern B6-Schaltung. Dies ergibt sich dadurch, dass die beiden Teilspannungen der M3-Systeme um 60° gegeneinander phasenverschoben sind (Bild 5.1–1b). Diesen grossen Vorteil erhält man nur bei der 3-Phasen-, nicht aber bei der 1-Phasen-Brückenschaltung, da dort die beiden Teilspannungen um 180° phasenverschoben sind. Die Pulszahl bleibt dort 2.
- Durch die Erhöhung der Pulszahl wird die Welligkeit der Gleichspannung etwa 4mal kleiner als bei der M3-Schaltung. Siebmittel zur Glättung der Spannung oder des Stromes können daher oft entfallen oder werden wesentlich kleiner als bei der M3-Schaltung.
- Trotz der 6pulsigen Welligkeit der Gleichspannung bleibt die Leitdauer der Thyristoren gleich wie in der M3-Schaltung, nämlich 120°. Dadurch entstehen bei gleichem Strom I_d in beiden Schaltungen dieselben Durchlassverluste in den Thyristoren.
- Da es sich um eine Serieschaltung handelt, kann die B6-Schaltung keinen höheren Strom führen als die M3-Schaltung. I_d bleibt also gleich.
- Die ideale Gleichstromleistung P_{di} als das Produkt aus $I_d \cdot U_{di}$ erhöht sich daher um den Faktor 2 (U_{di} ist doppelt so gross).
- Die Drehstrom-Brückenschaltung benötigt zu ihrem Arbeiten den Mittelpunkt des Transformators nicht. Daraus folgt:
  - Wenn ein Transformer verwendet wird (Spannungsanpassung, galvanische Trennung vom Netz), muss sein Mittelpunkt nicht herausgeführt werden.
  - Wenn die Höhe der von der Drehstrombrücke abgegebenen Gleichspannung für den Verbraucher passt, ist gar kein Transformer nötig. Die Drehstrombrücke kann also ohne Transformer betrieben werden, während dies bei der M3-Schaltung nur zulässig ist, wenn der Nulleiter belastbar ist. Von dieser Möglichkeit wird in der Praxis sehr viel Gebrauch gemacht, da der teure Transformer eingespart werden kann. Man darf allerdings die Drehstrombrücke niemals direkt an das Netz anschliessen, sondern muss Längsdrosseln dazwischenschalten, um einerseits die durch den Stromrichter bewirkten Spannungsoberschwingungen auf ein zulässiges Mass herabzusetzen (siehe Band 1/8.3.2), andererseits die Stromanstiegsgeschwindigkeit in den Thyristoren bei der Kommutierung zu begrenzen. Sie sollen so dimensioniert sein, dass bei Nennstrom mindestens ein Spannungsabfall von 4% der Netzspannung entsteht.

5.2 Vollgesteuerte Drehstrombrücke

Werden die Dioden der ungesteuerten Drehstrombrücke durch Thyristoren ersetzt, so erhält man die vollgesteuerte Drehstrombrücke (Bild 5.0–2b), die alle im Abschnitt 5.1 erwähnten vorteilhaften Eigenschaften auch hat. Durch Verwendung von Thyristoren anstatt Dioden lässt sich der Mittelwert der Ausgangsspannung stetig verändern, wobei über den gesamten Steuerbereich die 6pulsige Welligkeit erhalten bleibt. Bei geeigneter Last (Energiespeicher) ist auch Wechselrichterbetrieb möglich.

5.2.1 Anpassung der Impulse

Bei der Inbetriebnahme einer vollgesteuerten Drehstrombrücke müssen die Impulse angepasst werden. Da die Drehstrombrücke aus zwei in Serie geschalteten M 3-Systemen besteht, ist es zweckmässig, zuerst das eine M3-System, zum Beispiel das Kathoden-M3-System, und dann das andere in Betrieb zu nehmen.

Hiezu wird jedes System für sich betrieben, indem ein geeigneter Lastwiderstand zwischen den Mittelpunkt des Transformators und die gemeinsamen Kathoden beziehungsweise Anoden geschaltet wird (Bild 5.0–1a). Der Steuersatz muss hiezu insgesamt 6 Impulse im Abstand von 60° abgeben. Drei davon mit einem Abstand von 120° werden zur Steuerung des Systemes M3/1, die restlichen 3 ebenfalls mit einem Abstand von 120° zur Steuerung des Systemes M3/2 benötigt. Man geht bei der Anpassung des Kathoden-M3-Systemes M3/1 genauso vor, wie in Band 1, Abschnitt 4.2.2 beschrieben. Wenn dieses System richtig arbeitet, kann der Lastwiderstand zwischen den Transformermittelpunkt und die gemeinsamen Anoden gelegt werden, um nun die Impulse an das Anoden-M3-System M3/2 anzupassen. Hier ist ganz besonders darauf zu achten, dass auch wieder die Kathoden der Thyristoren mit dem Null des KO verbunden werden und nicht etwa die gemeinsamen Anoden. Es muss also jeweils das Null des KO von einem Ventil zum andern gewechselt werden, während die Verbindung der Anoden mit dem KO für alle 3 Ventile gemeinsam ist. Wird der Anschluss umgekehrt gemacht und Punkt A (Bild 5.0–1a) mit dem Null des KO verbunden, so zeigt der KO die Anodenspannung positiv gegenüber der Kathode, wenn sie tatsächlich negativ ist und umgekehrt, so dass die Impulse natürlich falsch angepasst werden. Zusätzlich ist dem Gate-Impuls die Spannung zwischen Anode und Kathode überlagert, da ja die Spannung Anode-Gate gemessen wird anstatt Kathode-Gate. Bild 5.2–1 zeigt die entsprechenden Oszillogramme.

Die Anpassung der Impulse an die Ventile des Systemes M3/2 kann ohne jede Messung gemacht werden, wenn man aus dem Schema oder durch Augenschein weiss, welche Ventile mit den Phasen u_{s1}, u_{s2}, u_{s3} verbunden sind. Die Anordnung sei zum Beispiel nach Bild 5.2-2; für das Kathoden-System M3/1 sei folgende Impulszuordnung gefunden worden:

Thyristor 1   Impuls 60°
Thyristor 3   Impuls 180°
Thyristor 5   Impuls 300°

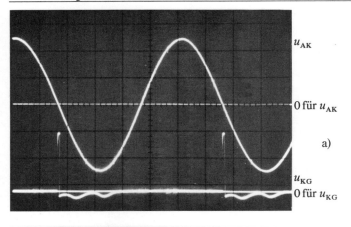

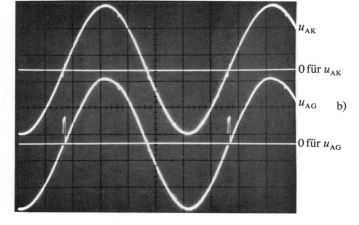

**Bild 5.2-1
Oszillogramm der Anoden-Kathoden-Spannung und des Gate-Impulses im Anoden-M3-System**

Oben: Anoden-Kathoden-Spannung u_{AK}
Unten: Gate-Impuls u_{KG} bzw. u_{AG}

a) KO richtig angeschlossen (Null des KO mit Kathode des Ventils verbunden), $\alpha = 150°$ (M3-Schaltung)

b) KO falsch angeschlossen (Null des KO mit Anoden verbunden). Der Impuls erscheint hier 30° vor $\alpha = 0°$ (M3-Schaltung)

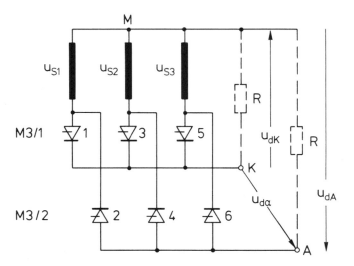

**Bild 5.2-2
Die beiden Teilsysteme M3/1 und M3/2 einer vollgesteuerten DB-Schaltung mit je einem Lastwiderstand**

Brückenschaltungen am 3-Phasen-Netz

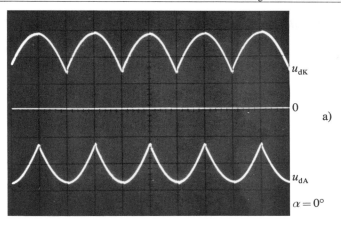

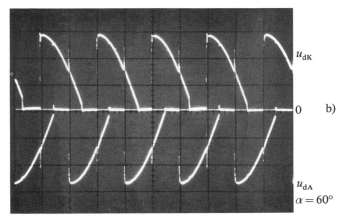

Bild 5.2-3
Oszillogramm der von den Teilsystemen abgegebenen Spannungen, oben u_{dK}, unten u_{dA}, in der Mitte gemeinsame Nullinie (ohmsche Last)
a) $\alpha = 0°$
b) $\alpha = 60°$

Beim Kommutieren des Stromes in einem M3-System entstehen über die gemeinsame Transformerwicklung Rückwirkungen auf das andere M3-System (Spannungsspitzen).

Dann muss die Impulszuordnung für das Anoden-M3-System M3/2 so lauten:

Thyristor 2	Impuls 60° + 180° ≙ 240°
Thyristor 4	Impuls 180° + 180° ≙ 0°
Thyristor 6	Impuls 300° + 180° ≙ 120°

da ja die Thyristoren 2, 4, 6 die Phasenspannungen u_{s1}, u_{s2}, u_{s3} mit entgegengesetzter Polarität (Phasenverschiebung 180°) erhalten, weil ihre Kathoden mit den Transformerwicklungen verbunden sind und nicht ihre Anoden wie in System M3/1. Man wird also die Impulszuordnung mit Hilfe dieser Überlegung machen und dann das richtige Arbeiten des M3/2-Systems überprüfen.

Auf dem KO lassen sich auch die Ausgangsspannungen der beiden Systeme gleichzeitig darstellen, wenn jedes System, wie in Bild 5.2-2 eingezeichnet, seinen eigenen Lastwiderstand hat. Man verbindet hiezu den Transformermittelpunkt mit dem Null des KO und je einen Strahl mit Punkt A und Punkt K. Bild 5.2-3 zeigt entsprechende Oszillogramme für $\alpha = 0°$ und $\alpha = 60°$.

Eine Schwierigkeit ergibt sich bei der Impulsanpassung in der beschriebenen einfachen Art dann, wenn der Mittelpunkt des Transformers nicht herausgeführt ist. Dann empfiehlt es sich, mit Hilfe von Widerständen einen künstlichen Mittelpunkt zu machen. Da kein Strom fliessen muss, sondern nur das Potential des Transformatormittelpunktes zur Verfügung stehen soll, kann dieser künstliche Mittelpunkt leistungsschwach sein (Widerstände 1…10 kΩ, 2…5 W, je nach Höhe der Phasenspannungen).

Der nächste Schritt ist nun, wenn die beiden Teilsysteme richtig arbeiten, anstatt der beiden Lastwiderstände zwischen K und M beziehungsweise A und M einen einzigen Widerstand zwischen A und K zu schalten. Dabei ist zu beachten, dass zwischen diesen beiden Punkten die doppelte Spannung eines M3-Systemes auftritt. Steuert man nun wieder den Stromrichter, der jetzt als Drehstrombrücke arbeitet, durch, so wird man zu seinem Erstaunen feststellen, dass plötzlich kein Strom mehr fliesst, und dies obwohl die beiden M3-Systeme richtig arbeiteten. Das Voltmeter, das den Mittelwert der abgegebenen Gleichspannung misst, zeigt nur eine kleine Spannung (einige Volt), die sich beim Durchsteuern nur wenig ändert. Es ist also offensichtlich, dass die Thyristoren nie Strom führen. Die kleine Spannung kommt dadurch zustande, dass während der Dauer eines Impulses die Phasenspannung an den Ausgang durchgeschaltet wird. Man sieht denn auch am KO solche Ausschnitte.

5.2.2 Notwendigkeit der Doppelimpulse

Warum die Thyristoren nicht leiten können, ist aus Bild 5.2–4 leicht zu ersehen. Von oben nach unten sind dargestellt:

a) Schaltbild der Drehstrombrücke
b) Verlauf der Phasenspannungen in Funktion von ωt
c) Impulse des Kathoden-M3-Systemes für $\alpha = 0°$
d) Impulse des Anoden-M3-Systemes für $\alpha = 0°$

Es ist angenommen, wie es auch in der Praxis notwendig ist, dass die Impulse bereits vor dem Einschalten des Transformers (bei ωt_0) an den Thyristoren anliegen.

Der erste Impuls nach dem Einschalten des Transformers ist jener für Thyristor 6. Damit ein Strom fliessen kann, muss auch Thyristor 1 leiten. Sein Impuls kam aber bereits 60° früher. Da die Impulse nur 2 bis 3° breit sind (sie sind im Bild zur besseren Darstellung breiter gezeichnet), liegt an Thyristor 1 kein Impuls mehr an, wenn Thyristor 6 seinen Impuls erhält. Thyristor 1 sperrt also, ein Stromfluss ist nicht möglich. Genau gleich verhält es sich mit anderen Ventilen, wenn der Transformer zu einem anderen Zeitpunkt eingeschaltet wird. Damit ein Strom fliessen kann, müssen die beiden in Serie liegenden Ventile, die den Strom führen müssen, gleichzeitig gezündet werden.

Dies kann zum Beispiel dadurch erreicht werden, dass anstatt Schmalimpulsen mit einer Breite von 2 bis 3° Breitimpulse mit einer Dauer von etwas mehr als 60° zum Zünden der Thyristoren verwendet werden. Diese Lösung hat aber einerseits den Nachteil, dass die Impulsübertrager gross werden, damit die Wicklungskapazitäten ansteigen und so die Übertragung von steilen Flanken, wie sie zum Zünden von

Parallel- oder Serieschaltungen von Thyristoren nötig sind, unmöglich machen. Andererseits ist der Aufwand (Netzgeräte, Endstufen) für die Steuerung der Thyristoren wesentlich grösser als bei Schmalimpulsen (siehe Band 1, Kapitel 5: Der Steuersatz).

Man geht daher den anderen Weg: Jeder Thyristor erhält pro Netzperiode zwei Impulse. Einmal den, der zur Zündung des M3-Systems notwendig ist (Hauptimpuls), dazu noch einen um 60° später (Hilfsimpuls), nämlich dann, wenn das zugehörige Ventil im anderen M3-System seinen Hauptimpuls erhält. Dadurch ist sichergestellt, dass jeweils die 2 Ventile, die Strom führen müssen, gleichzeitig einen Impuls erhalten. Eine vollgesteuerte Drehstrombrücke benötigt also Doppelimpulse. Ein entsprechendes Oszillogramm zeigt Bild 5.2–5.

Die Doppelimpulse werden nur benötigt, um überhaupt anfahren zu können, und solange der Strom lückt. Bei nichtlückendem Gleichstrom leitet ja das Ventil der einen Brückenhälfte noch (z. B. Thyristor 3), wenn der Strom in der anderen Brückenhälfte von Thyristor 6 auf Thyristor 2 kommutiert, also Thyristor 2 seinen Hauptimpuls erhält.

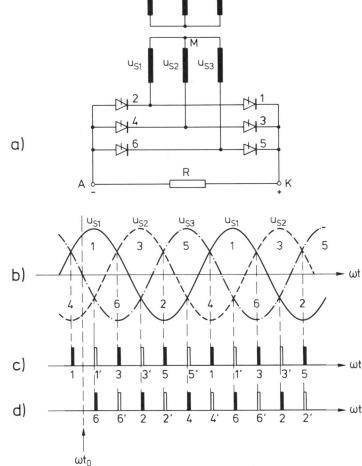

Bild 5.2-4
Vollgesteuerte Drehstrombrücke
a) **Schaltung**
b) **Phasenspannungen**
c) **Impulse für das Kathoden-M3-System**
d) **Impulse für das Anoden-M3-System**

▌ **Hauptimpulse** ▯ **Hilfsimpulse**

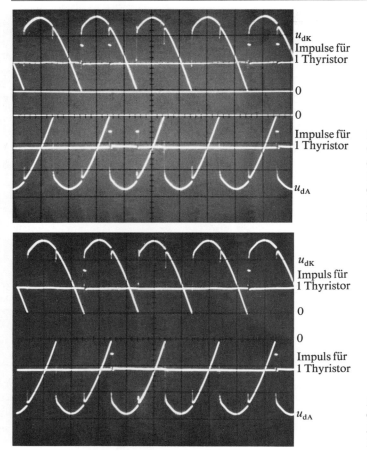

Bild 5.2-5
Oszillogramm der Teilspannungen der beiden M3-Systeme und der Doppelimpulse an je 1 Thyristor (z.B. Thyristor 3 und 2 nach Bild 5.2-4), Steuerwinkel $\alpha = 30°$ (1 Teilung $\triangleq 60°$); oben: u_{dK}; unten: u_{dA}

Bild 5.2-6
Oszillogramm, entsprechend Bild 5.2-5, jedoch Betrieb der DB ohne Doppelimpulse

Der nichtlückende Betrieb erstreckt sich bei der Drehstrombrücke von $\alpha = 0°$ bis $\alpha = 60°$ (ohmsche Last). Daher ist es möglich, in diesem Bereich die Drehstrombrücke auch bei ohmscher Last ohne Doppelimpulse zu betreiben, wie dies das Oszillogramm, Bild 5.2-6, für $\alpha = 30°$ zeigt, das im übrigen genau dem Bild 5.2-5 entspricht. Da der Stromfluss bereits aufhört, wenn der Haltestrom eines Thyristors unterschritten wird, erstreckt sich der Bereich in Wirklichkeit nicht ganz bis $\alpha = 60°$. Natürlich wird in der Praxis davon nicht Gebrauch gemacht; die Steuerung erfolgt in jedem Betriebszustand mit Doppelimpulsen.

5.2.3 Erzeugung der Doppelimpulse

Da die Hilfsimpulse jeweils gleichzeitig mit den Hauptimpulsen der 60° später zündenden Thyristoren kommen müssen, ist es leicht, sie mit wenig Aufwand aus den 6 Hauptimpulsen zu gewinnen. Eine Möglichkeit, die in dem in Band 1, Kapitel 5 beschriebenen Steuersatz verwirklicht ist, zeigt Bild 5.2-7.

Brückenschaltungen am 3-Phasen-Netz

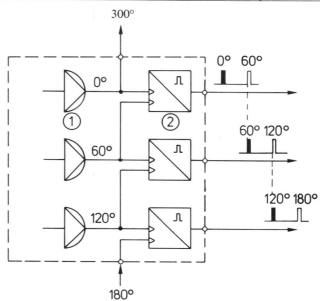

Bild 5.2-7
Erzeugung der Doppelimpulse
1 Kippstufe (Schmitt-Trigger)
2 Endstufe (Impulsverstärker)

Der von der Kippstufe jedes Impulserzeugers abgegebene rechteckige Impuls (Band 1, Bilder 5.4 und 5.6) wird nicht nur der Endstufe dieses Impulserzeugers, sondern auch jener des Impulserzeugers für den 60° früher kommenden Impuls zugeführt. Der 60°-Impuls wird also dem Impulserzeuger für den 0°-Impuls, der 120°-Impuls jenem für den 60°-Impuls zugeleitet, wie dies in Bild 5.2-7 dargestellt ist. Der Mehraufwand für die Steuerung der vollgesteuerten Drehstrombrücke mit Doppelimpulsen ist also vernachlässigbar klein.

5.2.4 Bildung der Gleichspannung

In diesem Abschnitt soll die Bildung der Gleichspannung bei verschiedenen Steuerwinkeln und Belastungsarten, hauptsächlich in Oszillogrammen, dargestellt und besprochen werden, um dadurch ein besseres Verständnis für die Vorgänge in einer vollgesteuerten Drehstrombrücke zu bekommen.

5.2.4.1 Ohmsche Last

Bild 5.2–8 zeigt den Verlauf der Teilspannungen u_{dK} und u_{dA} sowie der Brückenspannung $u_{d\alpha}$ bei $\alpha = 30°$ und ohmscher Last. Für das Oszillogramm a wurden die beiden M3-Systeme nach Bild 5.2.2 mit separaten Lastwiderständen betrieben, während für Oszillogramm b der Lastwiderstand über dem Brückenausgang A–K war. Die Messung der Teilspannungen u_{dK} und u_{dA} erfolgte in beiden Fällen zwischen M und K beziehungsweise M und A. Die Ausgangsspannung der Brücke $u_{d\alpha}$ wurde durch Bildung der Differenz $u_{dK} - u_{dA}$ erhalten. Die beiden Bilder zeigen keinen Unterschied, die Teilspannungen sind genau gleich, unabhängig davon, ob jedes Teilsystem seinen eigenen Lastwiderstand hat oder ein Widerstand über dem Brückenausgang liegt.

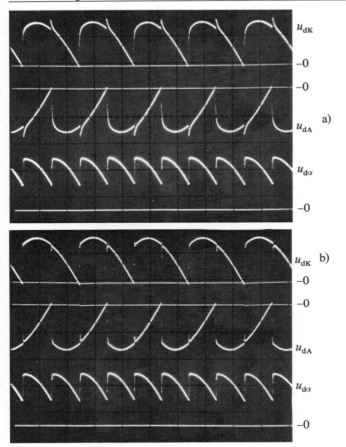

Bild 5.2-8
Oszillogramm der Teilspannungen u_{dK}, u_{dA} sowie der Brückenspannung

$u_{d\alpha} = u_{dK} - u_{dA}$ bei $\alpha = 30°$ und ohmscher Last

a) je ein Lastwiderstand für jedes M3-Teilsystem
b) Lastwiderstand über Brückenausgang

Der Vergleich der Teilspannungen mit der Brückenspannung zeigt, dass der Steuerwinkel $\alpha = 30°$ wohl die Lückgrenze für jedes M3-Teilsystem darstellt, nicht aber für die Drehstrombrücke. Der Momentanwert der Drehstrombrücke wird erst bei $\alpha = 60°$ gerade Null, bevor das Folgeventil gezündet wird, wie dies Bild 5.2–9 zeigt.

Hier sind in a) wieder die beiden Teilsysteme mit separaten Lastwiderständen betrieben, während in b) der Lastwiderstand über dem Brückenausgang liegt. Der Verlauf der Teilspannungen in a) und b) ist nun verschieden. Wenn jedes Teilsystem seinen eigenen Lastwiderstand hat, können natürlich vom Kathoden-M3-System keine negativen und vom Anoden-M3-System keine positiven Spannungszeitflächen durchgeschaltet werden, denn die den Strom treibenden Spannungen sind die Phasenspannungen. Der Stromfluss durch ein Ventil hört also beim Nulldurchgang der Phasenspannung auf. Daraus resultiert ein Verlauf der Spannung $u_{d\alpha}$ ($u_{dK} - u_{dA}$), wie er in Bild 5.2–9a unten zu sehen ist. In den Zeitabschnitten, in denen die Ausgangsspannung des einen M3-Systems Null wird, ist die Spannung $u_{d\alpha}$ gleich der Ausgangsspannung des anderen M3-Systems.

Brückenschaltungen am 3-Phasen-Netz

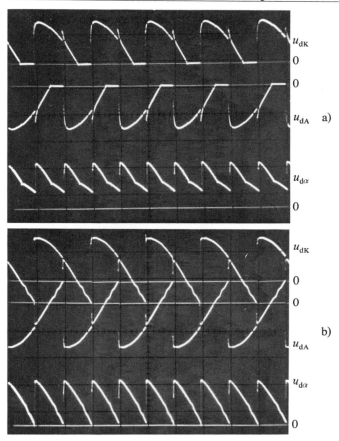

Bild 5.2-9
Wie Bild 5.2-8, jedoch $\alpha = 60°$

Wenn aber der Lastwiderstand über der Brücke liegt, sind die beiden M3-Systeme in Serie geschaltet. Der Strom wird nun von der Differenz der beiden Teilspannungen (gegenüber dem Transformatormittelpunkt) getrieben. Solange diese Differenz positiv ist, kann also ein Strom fliessen. Dies ist aber bis $\alpha = 60°$ der Fall, wie das Oszillogramm, Bild 5.2-9b und die Konstruktion der Ausgangsspannung in Bild 5.2-10 zeigen. Wie man aus den Bildern c und d sieht, geben die beiden Systeme alle 60° eine gleich grosse Spannung gleicher Polarität ab, so dass die Ausgangsspannung (Bild e) gerade Null wird.

Im Bild 5.2–11a sind die Phasenspannungen u_{s1} und u_{s2}, im Bild 5.2–11b ist der Stromkreis für die Abschnitte $\omega t_0 - \omega t_3$ (Bild 5.2-10d) herausgezeichnet. Innerhalb des Stromkreises sind die Höhe und die Polarität der Spannungen u_{s1} und u_{s2} in den jeweiligen Zeitpunkten $\omega t_0 \ldots \omega t_3$ dargestellt. Sie sind auch dem Bild a) zu entnehmen. Wie man sieht, geben beide Systeme gerade vor dem Zünden des Thyristors 6 (ωt_2) eine gleich grosse positive Spannung ab. Damit wird die Brückenspannung (und bei ohmscher Last auch der Strom) gerade

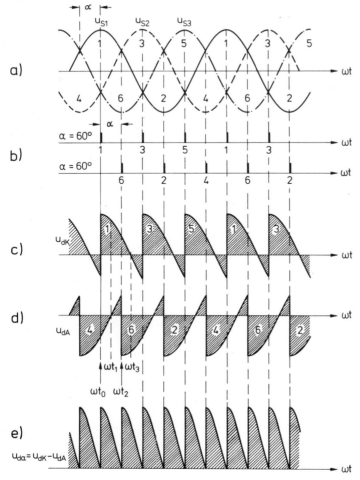

Bild 5.2-10
Konstruktion der Teilspannungen u_{dK} und u_{dA} sowie der Brückenspannung $u_{d\alpha}=u_{dK}-u_{dA}$, ohmsche Last, $\alpha=60°$
a) Phasenspannungen u_s
b) Hauptimpulse
c) Ausgangsspannung des Kathodensystems u_{dK}
d) Ausgangsspannung des Anodensystems u_{dA}
e) Brückenspannung $u_{d\alpha}=u_{dK}-u_{dA}$

Null, bevor sie wieder auf den maximalen Wert springt, wenn Thyristor 6 gezündet wird.
Ab ωt_2 sind die beiden Phasenspannungen u_{s1} und u_{s2} so gepolt, dass ein negativer Strom fliessen müsste, die Thyristoren also sperren. Ausgangsspannung und Ausgangsstrom bleiben Null bis der Folgethyristor gezündet wird. Bei $\alpha=90°$ sind daher Spannung und Strom über 30° Null, wie das Oszillogramm, Bild 5.2-12a, zeigt. Der Verlauf der Teilspannungen in den Zeitabschnitten, in denen die Thyristoren gesperrt sind, ist durch das Abklingen einer gedämpften Schwingung gegeben, die durch das Abreissen des Stromes in dem gerade stromführenden Kreis angeregt wird.
Ausschnitte aus den Phasenspannungen sind also nur in der Zeit zu sehen, in der die Brückenspannung nicht Null ist.
Zum besseren Verständnis dieses Oszillogrammes sind im Bild 5.2-13 die Spannungen u_{dK} und u_{dA} sowie $u_{d\alpha}=u_{dK}-u_{dA}$ ebenfalls für einen

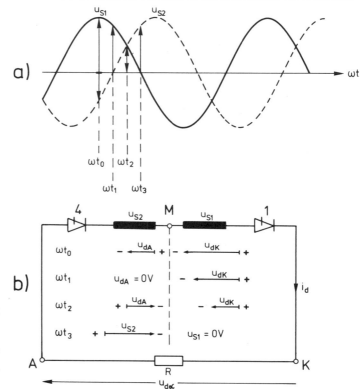

Bild 5.2-11
Stromkreis für den Zeitabschnitt t_0–t_3 in Bild 5.2-10d
a) Phasenspannungen u_{s1} und u_{s2}
b) Stromkreis mit Angabe der Momentwerte von u_{dK} und u_{dA} im Zeitabschnitt t_0–t_3

Steuerwinkel $\alpha = 90°$ aus den Phasenspannungen u_s konstruiert. Wie man aus dem Verlauf von u_{dK} und u_{dA} (Bild 5.2-13c, d) ersieht, kommt immer dann ein Stromfluss zustande, wenn ein Thyristor des einen M3-Systemes seinen Hauptimpuls, der zugehörige Thyristor des anderen M3-Systemes aber seinen Hilfsimpuls erhält. Dadurch werden die schraffierten Spannungswinkelflächen von den daneben angegebenen Thyristoren (gegenüber dem Transformermittelpunkt) durchgeschaltet. Die Momentanwerte der Spannungen u_{dK} und u_{dA} sind die dicker gezeichneten Ausschnitte aus den Phasenspannungen. Die Spannungen u_{dK} und u_{dA} der Bilder 5.2-13c, d und des Oszillogrammes 5.2-12a entsprechen sich während der Stromführung genau. In den stromlosen Pausen jedoch sind im Oszillogramm die bereits erwähnten Ausschwingvorgänge zu sehen, während in der Zeichnung der Verlauf der Phasenspannungen angedeutet ist.

Bild 5.2-13e ergibt sich durch Zusammenschieben der Bilder c und d auf eine gemeinsame Null-Linie. Die schraffierten Spannungswinkelflächen entsprechen den Differenzen der von dem Kathoden- und Anodensystem abgegebenen (in den Bildern c und d schraffiert), an die Last durchgeschalteten Spannungswinkelflächen. Sie ergeben, auf das Potential des Punktes A (negativer Pol der Ausgangsspannung) bezogen, Bild 5.2-13f, das den Verlauf von $u_{d\alpha}$ zeigt, der wieder mit dem im Oszillogramm Bild 5.2-12a dargestellten übereinstimmt.

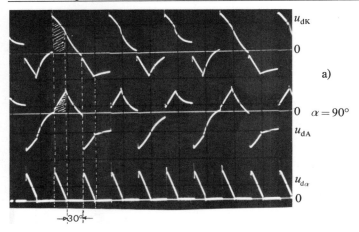

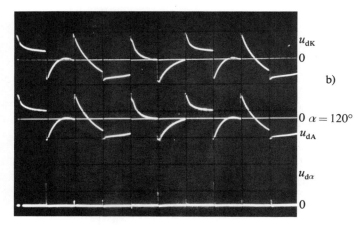

Bild 5.2-12
Oszillogramm der Spannungen u_{dK}, u_{dA} sowie $u_{d\alpha}=u_{dK}-u_{dA}$ bei bei ohmscher Last. a) $\alpha = 90°$; b) $\alpha = 120°$

Ausgangsspannung Null wird bei ohmscher Last mit einem Steuerwinkel $\alpha = 120°$ erreicht (Oszillogramm Bild 5.2–12b). Der Steuerbereich beträgt also bei der vollgesteuerten Drehstrombrücke nur 120°, während bei der M3-Schaltung 150° nötig sind, um die Ausgangsspannung bei ohmscher Last von ihrem Maximalwert auf Null zu verändern.

5.2.4.2 Induktive Last

Ein Unterschied in der Spannungsbildung bei induktiver Last gegenüber jener bei ohmscher Last entsteht erst für Steuerwinkel $\alpha > 60°$. Bild 5.2–14 zeigt die Spannung $u_{d\alpha}$ und den Strom i_d bei $\alpha = 80°$ für grosse induktive Last (Feld einer Gleichstrommaschine). Hier kann der Strom wegen der Induktivität auch bei einem Steuerwinkel $\alpha > 60°$ weiterfliessen, bis das Folgeventil gezündet wird. Bis zu welchem Steuerwinkel nichtlückender Betrieb möglich ist, hängt von der Zeitkonstante $\tau = L/R$ der Induktivität ab; theoretisch maximal bis $\alpha = 90°$ für $L \to \infty$.

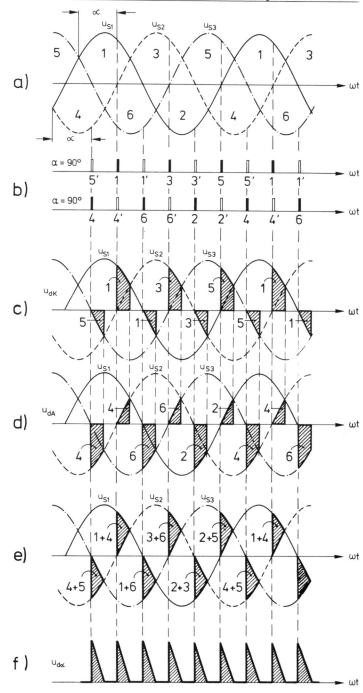

Bild 5.2-13
Konstruktion der Ausgangsspannung $u_{d\alpha}$ aus den Phasenspannungen u_s für $\alpha = 90°$, ohmsche Last
a) Phasenspannungen u_{s1}, u_{s2}, u_{s3}
b) Impulse für die DB
c, d) Durchgeschaltete Spannungs-Winkel-Flächen der beiden Teilsysteme und Verlauf von u_{dK}, u_{dA}
e) Differenz der von den Teilsystemen durchgeschalteten Spannungs-Winkel-Flächen
f) Ausgangsspannung $u_{d\alpha}$

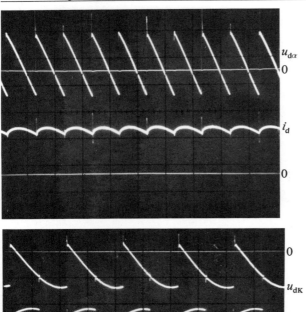

Bild 5.2-14
Verlauf der Brückenspannung $u_{d\alpha}$ und des Gleichstromes i_d bei induktiver Last (Feld einer Gleichstrommaschine) $\alpha = 80°$

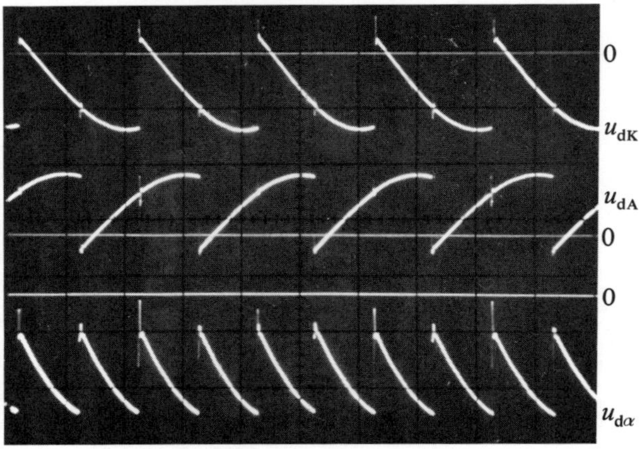

Bild 5.2-15
Oszillogramm der Teilspannungen u_{dK}, u_{dA} sowie der Brückenspannung $u_{d\alpha}$ im WR-Betrieb, $\alpha = 145°$

5.2.4.3 Last mit Gegenspannung

Bei einer Last mit Gegenspannung, wie sie zum Beispiel bei Speisung des Ankers einer Gleichstrommaschine auftritt, lässt sich mit einer vollgesteuerten Drehstrombrücke genauso Wechselrichterbetrieb machen wie mit einer M3-Schaltung. Alles, was in Band 1, Kapitel 7 über den WR-Betrieb gesagt wurde, gilt auch hier. Bild 5.2–15 zeigt die Spannungen u_{dK}, u_{dA} und $u_{d\alpha}$ bei einem Steuerwinkel $\alpha = 145°$. Das Kathoden-M3-System gibt negative Spannung (u_{dK}), das Anoden-M3-System positive Spannung (u_{dA}) ab, so dass die Ausgangsspannung ($u_{d\alpha}$) negativ ist.

5.2.4.4 Einfluss der Kommutierung

Bei der bisherigen Besprechung der Gleichspannungsbildung blieb, um das Wesentliche zu zeigen, der Einfluss der Kommutierung unberücksichtigt. Auch in den Oszillogrammen ist kaum etwas davon zu sehen, da der Strom entsprechend klein war. In Bild 5.2–16 ist ganz oben, mit u_{d1} bezeichnet, der Verlauf der Brückenspannung bei kleinem Strom (0,02 I_{dN}), darunter, mit u_{d2} bezeichnet, der Verlauf der

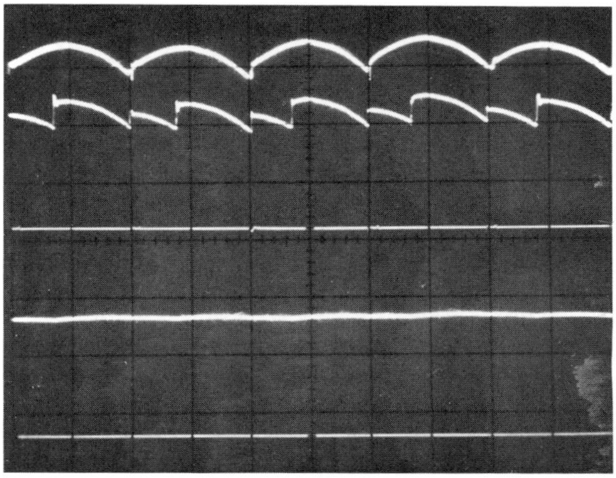

Brückenschaltungen am 3-Phasen-Netz

Bild 5.2-16
Einfluss der Kommutierung auf die Brückenspannung

u_{d1}: Brückenspannung bei kleinem Strom ($u_0 = 5°$)
u_{d2}: Brückenspannung bei grossem Strom ($u_0 = 25°$)
i_d: Gleichstrom zu u_{d2} (induktive Last), $\alpha = 0°$ (1 Teilung $\hat{=}$ 30°)

Brückenspannung bei grossem Strom (2 I_{dN}) dargestellt. Der zugehörige Strom ist unten, mit i_{d2} bezeichnet, zu sehen (induktive Last). Um eine möglichst grosse Überlappung zu erhalten, wurde $\alpha = 0°$ eingestellt. Der Zeitmassstab wurde zu 30° pro Teilung gewählt. Es lässt sich von u_{d2} eine Kommutierungsdauer $u_0 = 25°$ ablesen. In Bild 5.2-17 sind die Spannungen der Teilsysteme sowie die daraus gewonnene Brückenspannung und die einzelnen Ventilströme dargestellt. Die Brückenspannung wurde aus den verketteten Spannungen abgeleitet, die über die 6 Ventile durchgeschaltet werden. Thyristor 1 verbindet zum Beispiel den Strang u_{s1} mit dem positiven Pol. Je nachdem, ob Ventil 4 oder Ventil 6 Strom führt, eilt die verkettete Spannung der Spannung u_{s1} 30° nach oder vor. Man muss also sechs verkettete Spannungen, die gegeneinander eine Phasenverschiebung von 60° haben, betrachten, deren Ausschnitte abwechselnd zur Bildung der Gleichspannung verwendet werden.

Zur Bestimmung der Anfangsüberlappung u_0 gilt wie bei der M3-Schaltung (Band 1, Abschnitt 6.2.1)

$$\cos u_0 = 1 - \frac{X_k \cdot I_d}{\sqrt{2} \cdot U_s \cdot \sin \frac{\pi}{3}} \tag{6.9}$$

Für X_k lässt sich schreiben:

$$X_k = \frac{u_{kt} \cdot U_w}{I_L}$$

Bei Transformerschaltung Stern-Stern und Übersetzungsverhältnis $U_s : U_w = 1$ erhält man, wie in Abschnitt 5.1.3 berechnet:

$$I_L = I_s = I_d \cdot \sqrt{\frac{2}{3}}$$

Damit wird:

$$X_k = \frac{u_{kt} \cdot U_s \cdot \sqrt{3}}{I_d \cdot \sqrt{2}}$$

117

Dies in Gleichung 6.9 eingesetzt, liefert für cos u_0:

$$\cos u_0 = 1 - \frac{u_{kt} \cdot U_s \cdot \sqrt{3} \cdot I_d}{I_d \cdot \sqrt{2} \cdot \sqrt{2} \cdot U_s \cdot \sin \frac{\pi}{3}}$$

$\cos u_0 = 1 - u_{kt}$

Für die M3-Schaltung wurde gefunden:

$\cos u_0 = 1 - \sqrt{3}\, u_{kt}$

Der Vergleich dieser beiden Werte könnte zu der Annahme verleiten, dass die Überlappung u_0 bei der Drehstrombrücke kleiner als bei der M3-Schaltung ist. Wie aus Bild 5.2–17 aber zu ersehen, bleibt u_0 gleich. Der Unterschied in obigen Gleichungen für cos u_0 ist durch die Definition der Kurzschlussspannung u_{kt} gegeben, die ja vom Effektivwert des Leiterstromes abhängt, der für die beiden Schaltungen verschieden ist.

Für die Kurzschlussspannung u_{kt} gilt:

$$u_{kt} = \frac{X_k \cdot I_L}{U_w}$$

$X_K = \omega L_K$ Kommutierungsreaktanz

$I_L =$ Effektivwert des Leiterstromes (Nennwert)

$U_w =$ Effektivwert der Phasenspannung

Für die M3-Schaltung wird

$$I_L = I_d \cdot \frac{\sqrt{2}}{3}$$

Für die Drehstrombrückenschaltung wird

$$I_L = I_d \cdot \sqrt{\frac{2}{3}}$$

Daher verhalten sich $u_{kt}(\text{M3}) : u_{kt}(\text{DB}) = 1 : \sqrt{3}$

Somit ist $u_{kt}(\text{DB}) = \sqrt{3}\, u_{kt}(\text{M3})$

Damit ergibt sich auch rein rechnerisch für beide Schaltungen der gleiche Wert für cos u_0.

Wie man aus Bild 5.2–17 ersieht, sind in einer Drehstrombrücke während einer Netzperiode 6 Kommutierungen. Es gehen also 6 Kommutierungsspannungswinkelflächen A_K für die Ausgangsspannung verloren, während es bei einer M3-Schaltung nur 3 sind. Der absolute Wert

$$D_x = \frac{\Sigma A_K}{2\pi}$$

ist daher für die Drehstrombrücke doppelt so gross wie für die M3-Schaltung. Der relative Wert $d_x = D_x/U_{di}$ bleibt jedoch gleich, da ja U_{di} doppelt so gross ist. Das in den Tabellen meistens angegebene Verhältnis d_x/u_{kt} ist jedoch für beide Schaltungen verschieden:

$\dfrac{d_x}{u_{kt}} = 0{,}5$ für Drehstrombrückenschaltung

$\phantom{\dfrac{d_x}{u_{kt}}} = 0{,}866$ für M3-Schaltung

Brückenschaltungen am 3-Phasen-Netz

Bild 5.2-17
Verlauf der Teilspannungen u_{dK}, u_{dA} sowie der Brückenspannung $u_{d\alpha}$ und der Ventilströme i_v bei Berücksichtigung der Kommutierung
a) Schaltung
b) Spannungen u_{dA}, u_{dK}, $u_{d\alpha}$
c) Ventilströme i_v

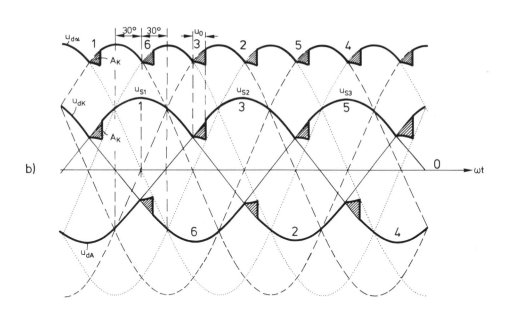

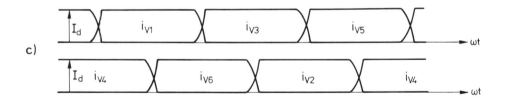

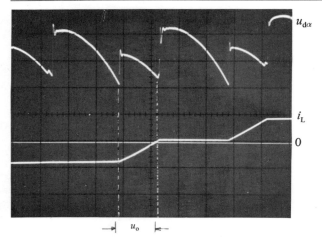

Bild 5.2-18
Einfluss der Kommutierung auf die Gleichspannung $u_{d\alpha}$ (oben), den Leiterstrom i_L (unten), $\alpha = 0°$, $u_0 =$ Anfangsüberlappung (1 Teilung $\hat{=} 15°$)

Auch hier ergeben sich die verschiedenen Werte aus der Definition der Kurzschlussspannung u_{kt}. Da wie oben gezeigt, u_{kt} (DB) $= \sqrt{3}\, u_{kt}$ (M3), kann man für die Drehstrombrücke schreiben:
$d_x = 0{,}5 \cdot \sqrt{3}\, u_{kt}(M3) = 0{,}866\, u_{kt}(M3)$
Die relative induktive Spannungsänderung ist also für beide Schaltungen gleich.
Aus dem Oszillogramm Bild 5.2–18 ist der Einfluss der Kommutierung auf den Verlauf des Leiterstromes zu ersehen. Durch die Verflachung des Stromanstieges ergeben sich in Wirklichkeit etwas kleinere Effektivwerte der Ströme als idealisiert berechnet, und dadurch eine Reduktion der Oberschwingungen, insbesondere jener höherer Ordnungszahlen, sowie eine zu α zusätzliche Phasenverschiebung des Netzstromes um $u/2$ gegenüber der Netzspannung (siehe Band 1, Abschnitt 8.5.3.1 «Kommutierungsblindleistung»).

5.2.5 Verlauf der Thyristorspannung

Der Verlauf der Spannung über einem Thyristor ist für das Verständnis der Funktion einer Schaltung sowie für die Bemessung des Schutzes, aber auch im Störungsfall sehr aufschlussreich. Daher sind in den Oszillogrammen des Bildes 5.2–19 oben jeweils die Anoden-Kathoden-Spannung u_{AK} eines Thyristors, darunter der Strangstrom i_s sowie die Gleichspannung $u_{d\alpha}$ bei verschiedenen Steuerwinkeln dargestellt.

5.2.6 Messung des Gleichstromes

Da praktisch jeder Thyristor-Stromrichter mit einer Stromregelung betrieben wird, die den Stromrichter und die Last vor Überlastung schützt, kommt der Strommessung ganz besondere Bedeutung zu. Die vollgesteuerte Drehstrombrücke bietet den Vorteil, dass die Messung des Gleichstromes i_d (Bild 5.2–20) durch die Messung zweier Strangströme (i_{s1}, i_{s3}) möglich ist. Da die Strangströme reine Wechselströme sind, können hiefür gewöhnliche Wechselstromwandler (4), (5), einge-

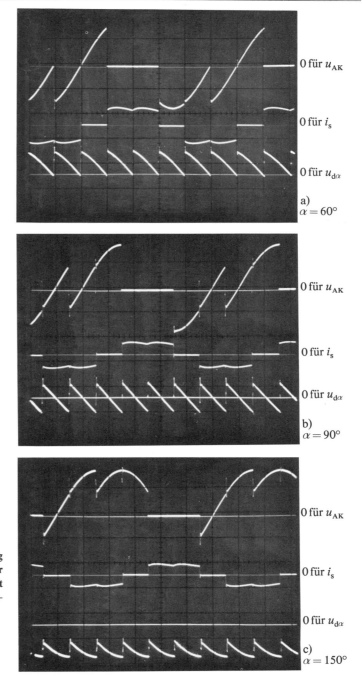

Bild 5.2-19
Verlauf der Thyristorspannung u_{AK}, des Strangstromes i_s sowie der Brückenspannung $u_{d\alpha}$, Last mit Gegenspannung und geringer Induktivität.
a) $\alpha = 60°$
b) $\alpha = 90°$
c) $\alpha = 150°$
(1 Teilung $\triangleq 60°$)

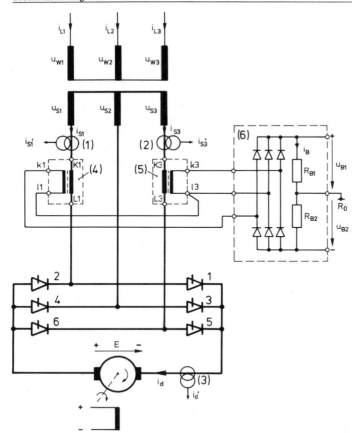

Bild 5.2-20
Schaltung zur Messung des Gleichstromes durch 2 Wechselstromwandler

(1), (2), (3) Hall-Stromwandler
(4), (5) Wechselstromwandler
(6) Bürdengerät

setzt werden, deren Sekundärströme im Bürdengerät (6) durch eine Diodenbrücke gleichgerichtet werden. Über die Bürdenwiderstände R_B fliesst ein dem Laststrom i_d proportionaler Bürdenstrom i_B, der an ihnen eine Gleichspannung positiver Polarität (u_{B1}) oder negativer Polarität (u_{B2}) gegen Regelnull (R_o) hervorruft, die den Istwert der Stromregelung bildet.

Da der Aufwand für eine derartige Messung des Gleichstromes wesentlich geringer ist als bei einer Messung über Gleichstromwandler, wird heute allgemein dieses Messprinzip verwendet. Im Gegensatz dazu müssen bei einer M3-Schaltung spezielle Wandler eingesetzt werden, wenn der Gleichstrom über die Ventilströme gemessen werden soll, da sie ja nur in einer Richtung fliessen, während bei der Drehstrombrücke die Strangströme Wechselströme sind.

Aus den folgenden Oszillogrammen (Bilder 5.2-21 und 22) sind die mit einer Messanordnung nach Bild 5.2-20 erhaltenen Aufzeichnungen von Strömen und Spannungen zu ersehen.

Im Oszillogramm 5.2-21 sind von oben nach unten die Phasenspannung u_{s1}, der Strangstrom i_{s1} und die Gleichspannung $u_{d\alpha}$ dargestellt.

Brückenschaltungen am 3-Phasen-Netz

Bild 5.2-21
Verlauf der Grössen (von oben nach unten)

Phasenspannung u_{S1}
Strangstrom i_{S1}
Gleichspannung $u_{d\alpha}$

bei $\alpha = 110°$, Last mit Gegenspannung;
(1 Teilung $\triangleq 60°$)

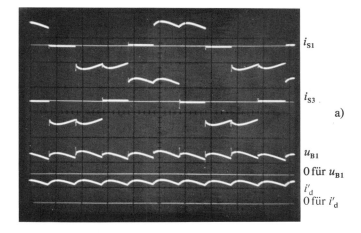

Bild 5.2-22
Verlauf der Grössen (von oben nach unten)

Strangstrom i_{S1}
Strangstrom i_{S3}
Bürdenspannung u_{B1}
Gleichstrom i'_d

a) i_{S3} und u_{B1} bei richtiger Polung der Primärseite des Stromwandlers (5)
b) i_{S3} und u_{B1} nach Vertauschen von K3 und L3 am Stromwandler (5)

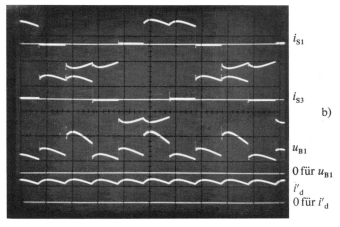

Die Messung von i_{s1} erfolgte mittels des Hall-Stromwandlers (1) in Bild 5.2–20. Aus der Phasenverschiebung zwischen i_{s1} und u_{s1} ersieht man, dass ein Steuerwinkel $\alpha = 110°$ eingestellt war. Im weiteren ist sowohl dem Verlauf der Spannung $u_{d\alpha}$ als auch dem Verlauf des Stromes i_{s1} zu entnehmen, dass der Strom nicht lückte. Dies lässt sich stationär durch Antreiben einer Gleichstrommaschine, zum Beispiel über einen Asynchronmotor und entsprechende Polarität des Feldes, wie in Bild 5.2–20 eingezeichnet, erreichen.

In Bild 5.2–22 sind von oben nach unten dargestellt: die Strangströme i_{s1}, i_{s3}, gemessen mit den Hall-Wandlern (1) und (2) und die dem Gleichstrom i_d proportionale Bürdenspannung u_{B1} sowie das über den Hall-Wandler (3) erhaltene Abbild des Gleichstromes i'_d. In Bild 5.2–22a stimmt der über die Wechselstromwandler (4), (5) mit Bürdengerät (6) erhaltene Verlauf von i_d (als Spannung u_{B1}) genau mit dem über den Hall-Wandler (3) erhaltenen Ergebnis überein. Vertauscht man aber die primärseitigen Stromwandleranschlüsse K und L, zum Beispiel an Wandler (5), der i_{s3} misst, so erhält man Bild 5.2–22b, in dem i_{s3} entgegengesetzte Polarität hat und der Verlauf von u_{B1} keineswegs mehr ein Abbild des Gleichstromes i_d ist (i'_d darunter). Es ist also sehr leicht, durch Beobachten der Bürdenspannung u_{B1} mit einem KO festzustellen, ob die Stromwandler richtig angeschlossen sind.

Das aus Bild 5.2–22 zu ersehende Ergebnis lässt sich anhand des Bildes 5.2–23 erklären. Der Einfachheit halber ist hier als Last eine sehr grosse Induktivität angenommen und die Kommutierung vernachlässigt. Von ωt_0 bis ωt_1 fliesst nur ein Strom i_{s1} in positiver Richtung, während i_{s3} Null ist; i_{s1} durchfliesst den Stromwandler (4) in Richtung K1→L1. Dadurch fliesst ein dem Übersetzungsverhältnis (hier 1:1 angenommen) proportionaler Strom i^*_{s1} im Sekundärkreis von k_1 über Diode a, Bürdenwiderstände R_{B1}, R_{B2}, Diode d zurück nach l_1. Als Bürdenstrom i_B erscheint also ein Stromblock i^*_{s1}. Dieser Strom fliesst auch noch von ωt_1 bis ωt_2. In diesem Abschnitt fliesst aber auch ein Strom i_{s3}, und zwar in negativer Richtung von L3→K3 des Stromwandlers (5) (ausgezogener Pfeil). Er bewirkt einen proportionalen Strom i^*_{s3}. Für ihn wirkt die durch i^*_{s1} vorgeflutete Diode d wie ein geschlossener Schalter, so dass er über dem Kurzschlusskreis l_3 – Diode d – Diode f – k_3 fliessen kann. Durch die Bürdenwiderstände fliesst also auch im Abschnitt ωt_1 bis ωt_2 nur der Strom i^*_{s1}. Das Abbild des Stromes i_d ist richtig (Bild 5.2–23f).

Wenn aber zum Beispiel die Primäranschüsse K3, L3 des Stromwandlers (5) miteinander vertauscht werden, (K3), (L3), dann fliesst der Sekundärstrom i^*_{s3} in entgegengesetzter Richtung (Pfeil strichliert). Für diese Stromrichtung existiert der Freilaufkreis über die Dioden d und f nicht, sondern der Strom i^*_{s3} kann jetzt nur von k_3 über die Diode e, die Bürdenwiderstände R_B und die Diode d zurück nach l_3 fliessen.

Im Gegensatz zu früher werden jetzt im Abschnitt ωt_1 bis ωt_2 die Bürdenwiderstände von $i^*_{s1} + i^*_{s3}$ durchflossen, was den in Bild 5.2–23g dargestellten Verlauf von i_B und u_{b1} zur Folge hat. Er stimmt mit dem im Oszillogramm 5.2–22b dargestellten Verlauf von u_{B1} überein. Der Unterschied in der Kurvenform liegt darin, dass die Oszillogramme mit einer Last gemacht wurden, die nur eine geringe Induktivität ent-

Brückenschaltungen am 3-Phasen-Netz

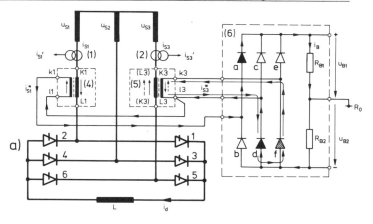

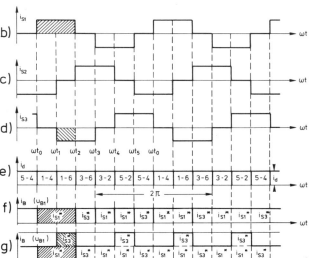

Bild 5.2-23
Messung des Gleichstromes einer vollgesteuerten Drehstrombrücke durch Messung von 2 Strangströmen
a) Schaltung (Bezeichnung wie in Bild 5.2-20)
b) Strangstrom i_{s1}
c) Strangstrom i_{s2}
d) Strangstrom i_{s3}
e) Gleichstrom i_d
f) Bürdenstrom i_B (Bürdenspannung u_{B1}) bei richtigem Anschluss der Stromwandler
g) Bürdenstrom i_B (Bürdenspannung u_{B1}) bei falschem Anschluss des Stromwandlers (5)

hielt, während in Bild 5.2–23 eine unendlich grosse Induktivität als Last vorausgesetzt wurde, um die Zeichenarbeit zu erleichtern.

Das, was hier über den Abschnitt ωt_1 bis ωt_2 gesagt wurde, gilt sinngemäss für den Abschnitt ωt_4 bis ωt_5, in dem wieder sowohl ein Strom i_{s1} als auch i_{s3} fliesst. Natürlich wirkt sich ein Umpolen der Sekundäranschlüsse eines Stromwandlers genauso aus.

5.2.7 Zusammenstellung der wichtigsten Kennwerte

Im folgenden sind die wichtigsten Kennwerte der Drehstrombrückenschaltung in Tabellen zusammengefasst. Tabelle 5.2–1 enthält allgemeine Angaben, Tabelle 5.2–2 die Kennwerte der Spannungen, Tabelle 5.2–3 jene des Gleichstromes und der Ventilströme. In Tabelle 5.2–4 sind die wichtigsten Grössen der Wechselstromseite angegeben.

Vollgesteuerte DB-Schaltung

1	Schaltbild		

(Schaltbild mit U_{L1}, i_{L1}, i_{L2}, i_{L3}, U_{W1}, i_{W1}, i_{W2}, i_{W3}, U_{V0}, i_V, U_{di0}, L, I_d)

2	Pulszahl	p	6
3	Kommutierungszahl	q	3
4	Anzahl paralleler Kommutierungsgruppen	g	1
5	Anzahl serieller Kommutierungsgruppen	s	2
6	Anwendung:	Bestens geeignete Schaltung am 3-Phasen-Netz für Nenngleichspannungen über 300 V bis zu grossen Leistungen.	
7	Vorteile:	Minimale Transformerbauleistung, gute Ausnützung der Thyristoren, kleine Welligkeit der Gleichspannung	
8	Nachteile:	Doppelter Spannungsabfall, da stets 2 Thyristoren in Serie. Zur Zündung der Thyristoren im Lückbetrieb und zum Hochfahren sind Doppelimpulse nötig.	

Tabelle 5.2-1
Allgemeines

Brückenschaltungen am 3-Phasen-Netz

1	Gleichrichtungsfaktor	$\dfrac{U_{di0}}{U_{v0}}$	$k_0 = 2{,}34$
2	Maximaler Wert der Sperrspannung	$\dfrac{\hat{U}_r}{U_{di0}}$	1,05
3	Gleichspannungs-Oberschwingungen 3.1 Frequenz der 1. Oberschwingung 3.2 Welligkeit bei $\alpha = 0°$	f_{1d} $\dfrac{U_{Wd}}{U_{di0}}$	$6 \cdot f$ 4,2%
4	Induktiver bezogener Gleichspannungsabfall bei Nennstrom, verursacht durch den Transformator	$\dfrac{d_{xt1}}{e_{xt1}}$	0,5
5	Steuerbereich für $\dfrac{U_{di\alpha}}{U_{di0}} = 1 \ldots 0$ bei ohmscher Last bei induktiver Last		$\alpha = 0° \ldots 120°$ $\alpha = 0° \ldots 90°$
6	Steuerkennlinien a) bei ohmscher Last b) bei induktiver Last Gleich- und Wechselrichterbetrieb möglich (falls Spannungsquelle im Lastkreis)		

Tabelle 5.2-2
Gleichspannung, Sperrspannung, Steuerkennlinien (Die Grössen 1 bis 4 sind unabhängig von der Belastungsart)

U_{di0}	Arithmetischer Mittelwert der Gleichspannung bei $\alpha = 0°$ unter idealisierten Bedingungen (ideelle Leerlaufgleichspannung)
U_{v0}	Effektivwert der sekundärseitigen Phasenspannung des Transformators im Leerlauf
k_0	Gleichrichtungsfaktor (Definition: Band 1, Abschnitt 4.1.3)
$\hat{U}_r$	Scheitelwert der Sperr- und Blockierspannung
f_{1d}	Frequenz der ersten Oberschwingung der Gleichspannung
f	Frequenz der Speisespannung (Netzfrequenz)
U_{Wd}	Gesamteffektivwert der Spannungsoberschwingungen $U_{Wd} = \sqrt{\Sigma U_{nd}^2}; \quad n = k \cdot p; \quad k = 1, 2 \ldots$
σ_u	Spannungswelligkeit; $\sigma_u = \dfrac{U_{Wd}}{U_{di0}} \cdot 100$ in %
d_{xt1}	Induktiver, durch den Transformator verursachter Gleichspannungsabfall bei Nennstrom, in % von U_{di0}
e_{xt1}	Induktiver Anteil der Kurzschlussspannung des Transformers bei Nennstrom, in % von U_{di0}

Erklärung der in Tabelle 5.2-2 verwendeten Kurzzeichen

1	Effektivwert des Ventilstromes I_v	$\dfrac{I_v}{I_d}$	$\dfrac{1}{\sqrt{3}} = 0{,}577$	
2	Mittelwert des Ventilstromes I_a	$\dfrac{I_a}{I_d}$	0,333	
3	Formfaktor k_f des Ventilstromes (Verhältnis des Effektivwertes zum Mittelwert)	$\dfrac{I_v}{I_a}$	$\sqrt{3}$	
4	Scheitelwert des Ventilstromes $\hat{I}_a$ (I_d = Mittelwert des Gleichstromes)	$\dfrac{\hat{I}_a}{I_d}$	1	
5	Stromflussdauer	t_T	$120° = \dfrac{2\pi}{3}$	
6	Kritischer Steuerwinkel (ohmsche Last)	α_{Krit}	$60°$	

Tabelle 5.2-3
Gleichstrom, Ventilströme (Zeilen 1...5: Induktive Last, Strom nicht lückend, vollkommen geglättet)

0	Transformerschaltung		Dy 5	
1	Schaltung nach Bild in Tabelle 5.2–1			
2	*Ströme* (bei Transformerübersetzung $U_{w0}:U_{v0}=1$) 2.1 Kurvenstrom des Netzstromes i_L 2.2 Netz-(Leiter-)Strom 2.3 Netzseitiger Wicklungsstrom	 Bild I_L/I_d I_w/I_d	 5.1–5 $\sqrt{\dfrac{2}{3}} = 0{,}817$ $\dfrac{\sqrt{2}}{3} = 0{,}471$	
3	*Leistungen* (Scheinleistungen) 3.1 Netzseitige Wicklungsleistung des Transformers 3.2 Ventilseitige Wicklungsleistung des Transformers 3.3 Mittlere Nennleistung (Typenleistung) des Transformers 3.4 Netzentnahmeleistung ($P_{di0} = U_{di0} \cdot I_{dN}$)	P_{tL}/P_{di0} P_{tv}/P_{di0} P_t/P_{di0} P_L/P_{di0}	1,05 1,05 1,05 1,05	
4	*Leistungsfaktor* $\lambda = \dfrac{P}{S} = \dfrac{P_{di0}}{P_L}$; P = Wirkleistung P_{di0} S = Scheinleistung P_L (bei $\alpha = 0°$, ohne Berücksichtigung der Kommutierung)	λ	$\dfrac{1}{1{,}05} = 0{,}95$	

Tabelle 5.2-4 Wechselstromseite

Brückenschaltungen am 3-Phasen-Netz

5.3 Halbgesteuerte Drehstrombrücke
5.3.1 Aufbau

Ersetzt man in einem M3-System einer vollgesteuerten Drehstrombrücke die Thyristoren durch Dioden, so erhält man die halbgesteuerte Drehstrombrücke. Bild 5.3-1 zeigt die beiden Möglichkeiten ihres Aufbaues. In Bild 5.3-1a ist das Anoden-M3-System mit Thyristoren, das Kathoden-M3-System mit Dioden bestückt, in Bild 5.3-1b ist es umgekehrt. Welche Anordnung man wählt, spielt für die Funktion keine Rolle. Ein offensichtlicher Vorteil der halbgesteuerten Drehstrombrücke gegenüber der vollgesteuerten besteht darin, dass nur die Hälfte der Ventile Thyristoren sein müssen, während die andere Hälfte billigere Dioden sein können. Die dadurch erzielte Einsparung wird aber oft wieder zum grossen Teil durch den wesentlich höheren Aufwand an Glättungsmitteln für den Gleichstrom zunichte gemacht, der durch die zum Teil 3pulsige Welligkeit bedingt ist. Darauf wird in Abschnitt 5.3.3 noch eingegangen. Hier soll nur vermerkt werden, dass bei einem Preisvergleich der gesamte Stromrichter einschliesslich Glättungsmittel zu berücksichtigen ist.

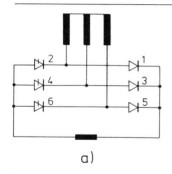

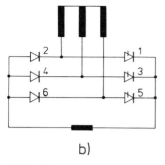

Bild 5.3-1
Mögliche Ventilanordnungen der halbgesteuerten DB
a) Anoden-M3-System gesteuert
b) Kathoden-M3-System gesteuert

5.3.2 Bildung der Gleichspannung

Die Gleichspannungsbildung erfolgt genau so wie bei der vollgesteuerten Drehstrombrücke. Da jedoch ein M3-System nicht gesteuert ist, gibt dieses einen konstanten Spannungsanteil, während das Thyristor-M3-System im gesamten Bereich positiver und negativer Gleichspannung arbeitet. Anhand des Bildes 5.3-2 sei zuerst die Funktion ohne Berücksichtigung der Kommutierung erklärt. Die Brückengleichspannung ergibt sich wieder, wie bei der vollgesteuerten Drehstrombrücke, aus den von beiden M3-Systemen gegenüber dem Transformatormittelpunkt durchgeschalteten Phasenspannungen. Für $\alpha = 0°$ unterscheiden sich $u_{di\alpha}$ einer voll- und einer halbgesteuerten Drehstrombrücke nicht. Wird aber der Steuerwinkel vergrössert, so ergeben sich andere Verläufe von $u_{di\alpha}$, da die Stromführung der Thyristoren sich gegenüber jener der Dioden verschiebt. Im Unterschied dazu verschieben sich die Stromführungen des Anoden- und Kathodensystems einer vollgesteuerten Drehstrombrücke nicht gegeneinander. Beide Seiten werden mit demselben Steuerwinkel α gesteuert. Man spricht daher dort von einer symmetrischen Steuerung. Hier aber bleibt für das Dioden-M3-System $\alpha = 0°$, während der Steuerwinkel des Thyristor-M3-Systems den gesamten Bereich von 0° bis 180° durchläuft. Da die Dioden jederzeit den Strom führen können, wenn ihre Anoden-Kathoden-Spannung positiv ist, sind hier keine Doppelimpulse, sondern nur 3 Einfachimpulse nötig, was auch eine gewisse, wenn auch geringe Einsparung ergibt.

Wie man aus Bild 5.3-2f ersieht, hat die Brückenspannung $u_{di\alpha}$ nur bis $\alpha = 60°$ eine 6pulsige Welligkeit, für Steuerwinkel $\alpha > 60°$ ist aber die abgegebene Gleichspannung 3pulsig. Dies ist ein schwerwiegender Nachteil der halbgesteuerten Drehstrombrücke gegenüber der vollgesteuerten, da dadurch bei bestimmten Anforderungen an die Welligkeit des Gleichstromes eine wesentlich (ca. 3mal) grössere Drossel erforderlich wird als bei einer vollgesteuerten Drehstrombrücke. Auf

Brückenschaltungen am 3-Phasen-Netz

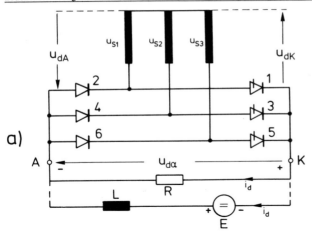

Bild 5.3-2
Bildung der Gleichspannung der halbgesteuerten DB für Steuerwinkel $\alpha = 30°$ und $60°$
a) Schaltbild
b) Phasenspannungen
c) Impulse für Thyristor-M3-System
d) von Thyristor-M3-System abgegebene Gleichspannung u_{dK}
e) von Dioden-M3-System abgegebene Gleichspannung u_{dA}
f) Brücken-Gleichspannung $u_{di\alpha}$

$u_{di\alpha} = u_{dK} - u_{dA}$

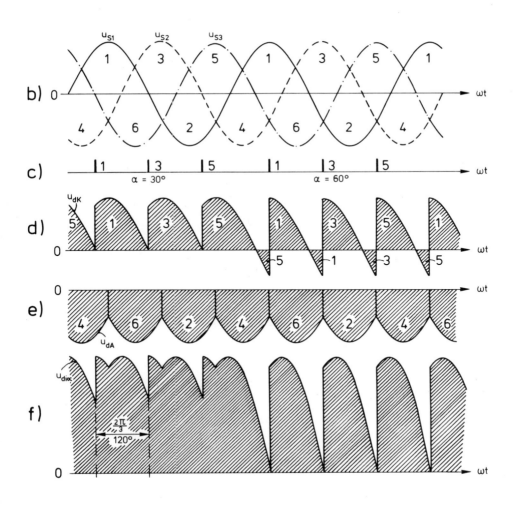

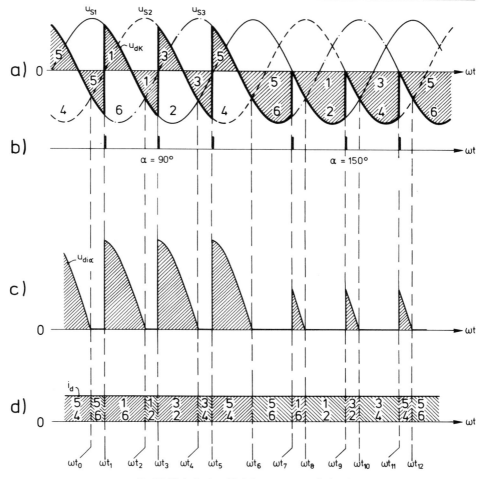

Bild 5.3-3
Bildung der Gleichspannung für Steuerwinkel ($\alpha = 90°$ und $150°$)
a) Phasenspannungen u_s und vom Thyristorteil abgegebene Spannung u_{dK} (stark ausgezogen)
b) Impulse
c) Brückspannung $u_{di\alpha}$
d) Gleichstrom i_d bei induktiver Last mit Spannungsquelle. Die Nummern der an der Stromführung beteiligten Ventile sind eingetragen.

die Welligkeit der Gleichspannung wird später noch näher eingegangen.

Für Steuerwinkel $\alpha > 60°$ wird bei ohmscher Last die Brückenspannung über eine gewisse Zeit Null, wie aus Bild 5.3-3 zu ersehen ist. Bei einem Steuerwinkel $\alpha = 90°$ führen zum Beispiel von $\omega t_1 - \omega t_2$ der Thyristor 1 und die Diode 6 den Strom. Er wird durch die Differenz der beiden Phasenspannungen u_{s1} und u_{s3} getrieben. Diese Differenz wird bei ωt_2 gleich Null, wodurch auch der Strom i_d bei ohmscher Last Null wird.

Bei induktiver Last jedoch wird der Strom durch die magnetische Energie der Induktivität weitergetrieben (Bild 5.3-4), wenn die Spannung E noch zu Null angenommen wird. Der Strom fliesst daher von ωt_2 bis ωt_3 über Thyristor 1 und Diode 2, da ja bei ωt_2 eine Kommutierung im Diodenteil von Diode 6 auf Diode 2 stattfand. Damit werden zwei Ventile leitend, die an derselben Phase angeschlossen sind. Sie bilden einen Freilaufkreis und man spricht von «innerem Freilauf» oder «innerem Nulldiodenbetrieb.»

In Bild 5.3–4a ist der Stromkreis für den Abschnitt ωt_2 bis ωt_3 (Bild 5.3-3) hervorgehoben. Die Brückenspannung ist gleich dem Spannungsabfall über der Serieschaltung von Thyristor 1 und Diode 2, also praktisch auch annähernd gleich Null, genauso wie bei ohmscher Last. Daher ist der Verlauf von $u_{di\alpha}$ im gesamten Steuerbereich unabhängig von der Art der Belastung.

In der Zeit von $\omega t_4 - \omega t_5$ wird der Freilaufkreis über die Ventile 3 und 4 gebildet, die beide an der Phase 2 angeschlossen sind (Bild 5.3-4b). Bei Vorhandensein einer aktiven Last (zusätzliche Spannungsquelle E) kann der Strom auch bei grösseren Steuerwinkeln, zum Beispiel $\alpha = 150°$, weiterfliessen, bis der nächste Thyristor gezündet wird. In Bild 5.3–4c ist der Strompfad während des Freilaufes von ωt_6 bis ωt_7 dargestellt. Er enthält die Ventile 5 und 6, die beide mit der Phase 3 verbunden sind. Bild 5.3.–5 zeigt in entsprechenden Oszillogrammen den Verlauf der Gleichspannung $u_{d\alpha}$ und des Gleichstromes i_d, Bild 5.3–6 jenen der Teilspannungen u_{dK} und u_{dA} in Funktion des Steuerwinkels α bei ohmscher und induktiver Last. Der Vergleich der zugehörigen Bilder für ohmsche und induktive Last zeigt die gleichen Verläufe der Teilspannungen und der Brückenspannung. Lediglich bei $\alpha = 165°$ tritt ein Unterschied auf, da wegen der Induktivität die Thyristoren nicht im leitenden Zustand bleiben. Aus Bild 5.3-7 ist der Einfluss verschiedener Belastungsarten bei einem Steuerwinkel $\alpha = 165°$ zu ersehen. Ist nur eine Induktivität im Kreis (Bild a), so kann praktisch kein Strom fliessen, da die Thyristoren nur während der Impulse leiten, wie aus u_{dK} ersichtlich ist. Bei einer aktiven Last (Gleichspannungsquelle E) ohne Induktivität (Bild b) fliesst ein reiner Gleichstrom, dem sich die durch $u_{d\alpha} = u_{dK} - u_{dA}$ hervorgerufenen «Höcker» überlagern. Wird schliesslich zur aktiven Last noch eine grosse Induktivität in den Kreis geschaltet (Bild c), so fliesst ein reiner Gleichstrom. In den Bildern b) und c) ist der Einfluss der Kommutierung auf die Teilspannungen und damit auf die Gleichspannung gut zu sehen.

Um Ausgangsspannung Null zu erreichen, ist unabhängig von der Art der Belastung ein Steuerwinkel $\alpha = 180°$ notwendig. Dieser Steuerwinkel lässt sich bei ohmscher Last ohne Einschränkung einstellen, da ja der Stromfluss immer im Phasenschnittpunkt aufhört und damit der leitende Thyristor genügend Zeit hat, seine Sperrfähigkeit auch in positiver Richtung wieder zu gewinnen, bevor tatsächlich positive Spannung an ihn gelangt. Thyristor 1 leitet zum Beispiel von ωt_1 bis ωt_3 (Bild 5.3-3). Positive Spannung erhält er erst wieder bei ωt_4.

Wenn aber der Strom i_d wegen einer aktiven Last weiterfliessen kann, bis der Folgethyristor gezündet wird, darf nicht bis $\alpha = 180°$ zurückgesteuert werden, da sonst infolge der zur Kommutierung benötigten Zeit ein Kippen des Thyristor-M3-Systemes eintritt, das ja wie im Wechselrichterbetrieb arbeitet. Darauf wird näher im Abschnitt 5.3-4 «Einfluss der Kommutierung auf die Gleichspannung» eingegangen.

In den Zeiten, in denen der Laststrom über einen Freilaufkreis fliesst, kann kein Netzstrom fliessen, da ja die beiden Ventile des Freilaufkreises mit derselben Phase verbunden sind. Daraus ergibt sich eine wichtige vorteilhafte Eigenschaft der halbgesteuerten Drehstrombrücke gegenüber der vollgesteuerten, nämlich die Einsparung von Steuerblindleistung (siehe Abschnitt 5.3.6 «Die Netzseite»).

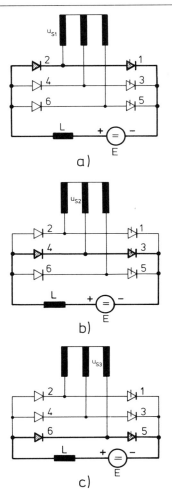

Bild 5.3-4
Freilaufkreise einer halbgesteuerten Drehstrombrücke
(nach Bild 5.3-3)
a) für die Abschnitte $\omega t_2 - \omega t_3$ und $\omega t_8 - \omega t_9$
b) für die Abschnitte $\omega t_4 - \omega t_5$ und $\omega t_{10} - \omega t_{11}$
c) für die Abschnitte $\omega t_0 - \omega t_1$ und $\omega t_6 - \omega t_7$

Brückenschaltungen am 3-Phasen-Netz

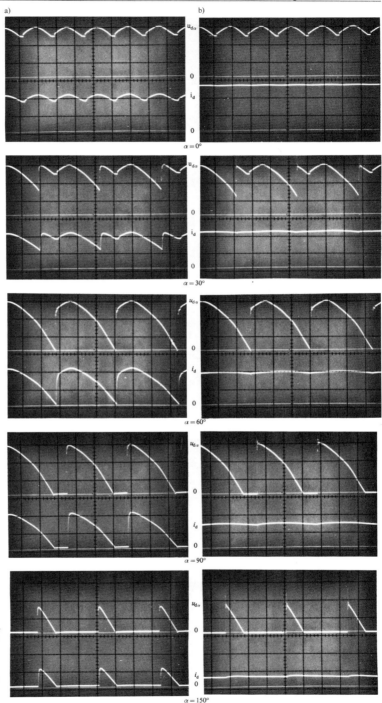

Bild 5.3-5
Verlauf der Gleichspannung $u_{d\alpha}$ und des Gleichstromes i_d bei verschiedenen Steuerwinkeln α
a) Ohmsche Last
b) Induktive Last mit Spannungsquelle

Brückenschaltungen am 3-Phasen-Netz

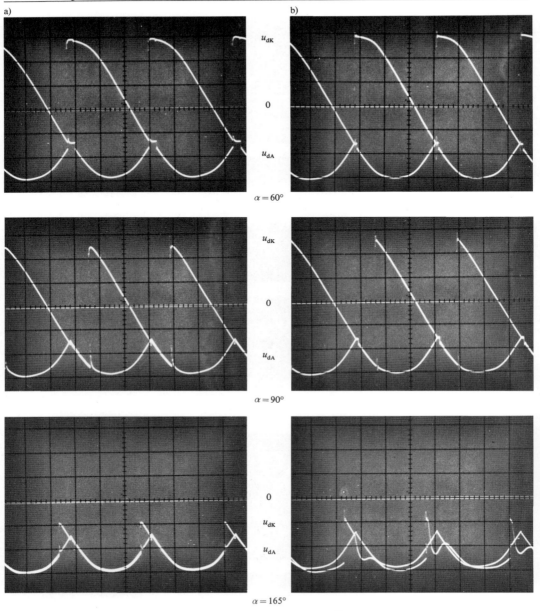

Bild 5.3-6
Verlauf der Teilspannungen u_{dK} und u_{dA} bei verschiedenen Steuerwinkeln

(1 Teilung = 40°)
a) Ohmsche Last
b) Induktive Last

5.3.3 Welligkeit der Gleichspannung

Wie man aus den Bildern 5.3–2f und 5.3–3c ersehen kann, zeigt der Verlauf der Gleichspannung $u_{di\alpha}$ eine Periode von $2\pi/3$, wie sie 3pulsige Stromrichter haben. Es treten also alle Oberschwingungen der Ordnungszahlen $n = 3 \cdot k$ ($k = 1, 2, 3, \ldots$) auf. Ihre Amplituden sind im Gegensatz zu einem Stromrichter in M3-Schaltung vom Steuerwinkel

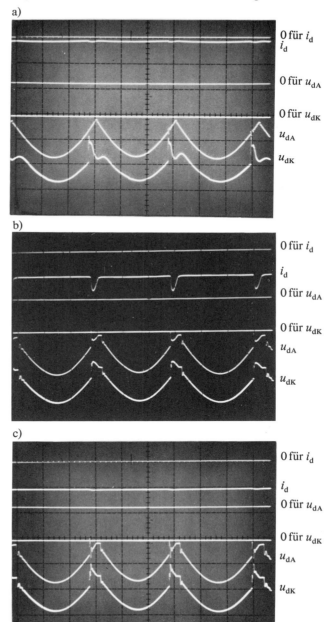

Bild 5.3-7
Verlauf der Teilspannungen u_{dK} und u_{dA} bei einem Steuerwinkel $\alpha = 165°$ und verschiedenen Belastungsarten
a) Induktive Last
b) Aktive Last (Spannungsquelle), jedoch ohne Induktivität im Kreis
c) Aktive Last (Spannungsquelle), mit Induktivität im Kreis

α abhängig. Dies ist eine Folge der unsymmetrischen Steuerung. Das Oszillogramm in Bild 5.3-8b zeigt das zu der in Bild 5.3-8a dargestellten Gleichspannung gehörende Oberschwingungsspektrum. Wie man sieht, entspricht das Spektrum dem einer 3pulsigen Schaltung. Bild 5.3-9 zeigt die Abhängigkeit der Amplituden der 3. und 6. Oberschwingung vom Steuerwinkel α.

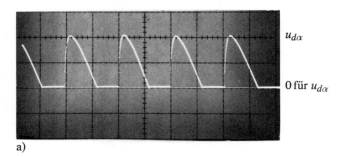

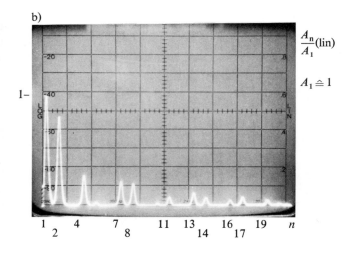

Bild 5.3-8
Oberschwingungen der Gleichspannung bei einem Steuerwinkel $\alpha = 120°$, ohmsche Last
a) Gleichspannung $u_{d\alpha}$
b) Frequenzspektrum zu a)
A_n = Amplitude der n-ten-Oberschwingung
n = Ordnungszahl der Oberschwingung

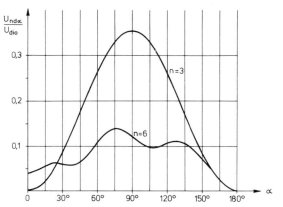

Bild 5.3-9
Verlauf der bezogenen Oberschwingungsamplituden
$$\frac{U_{nd\alpha}}{U_{dio}}$$
für die Ordnungszahlen $n = 3$ und 6 in Funktion des Steuerwinkels α

5.3.4 Einfluss der Kommutierung auf die Gleichspannung

5.3.4.1 Kommutierungsvorgang bei verschiedenen Steuerwinkeln α

Da die Dioden den Strom immer im natürlichen Zündzeitpunkt übernehmen, der Zündwinkel der Thyristoren sich aber von $\alpha = 0°$ bis $180°$ ändert, gibt es Steuerbereiche, in denen die Kommutierungen der Thyristoren und der Dioden unabhängig voneinander ablaufen, und solche, in denen sie sich gegenseitig beeinflussen, da sich die Kommutierungen der Diodenseite mit jenen der Thyristorseite, wenigstens teilweise, überdecken.

Für Steuerwinkel, bei denen $\alpha + u < 60°$ ist, kommutieren die Ventile beider Brückenseiten ohne gegenseitige Beeinflussung (Bild 5.3-10b). Da die Kommutierungsflächen A für das Thyristor- und das Diodensystem gleich sind, weil ja derselbe Strom durch sie fliesst, sind die Überlappungsdauern u und u_0 verschieden. Die Auswirkung der Kommutierung auf die Gleichspannung ist in diesem Steuerbereich

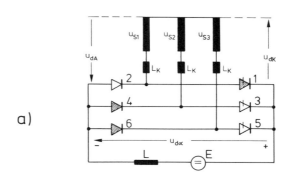

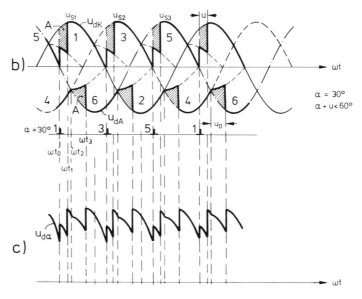

Bild 5.3-10
Einfluss der Kommutierung auf die Bildung der Gleichspannung für $\alpha + u < 60°$, $\alpha = 30°$
a) Schaltung (L_K = Kommutierungsinduktivitäten, Streuinduktivitäten des Transformators)
b) Verlauf der Teilspannungen u_{dK} und u_{da}
c) Verlauf der Brückenspannung $u_{d\alpha} = u_{dK} - u_{dA}$

$\alpha + u < 60°$ im übrigen gleich wie bei einer vollgesteuerten Drehstrombrücke. Von $\omega t_0 - \omega t_1$ schaltet das Thyristorsystem nur die Spannung $\frac{1}{2} \cdot (u_{s3} + u_{s1})$ anstatt u_{s1} durch, während das Diodensystem die volle Phasenspannung u_{s2} liefert. Von ωt_1 bis ωt_2 ist die Ausgangsspannung $u_{d\alpha} = u_{s1} - u_{s3}$, von $\omega t_2 - \omega t_3$ liefert das Diodensystem nur die Spannung $\frac{1}{2} \cdot (u_{s2} + u_{s3})$, das Thyristorsystem die volle Phasenspannung u_{s1}. Durch Schraffieren der Ventilsymbole in Bild 5.3-10a sind die im Abschnitt $\omega t_2 - \omega t_3$ stromführenden Ventile hervorgehoben.

Die Oszillogramme, Bild 5.3-11, zeigen den Verlauf von u_{dK}, u_{dA} und $u_{d\alpha}$ bei Steuerwinkeln $\alpha = 0°$ und $\alpha = 30°$.

Für $\alpha + u > 60°$ können die Dioden nicht mehr im natürlichen Zündzeitpunkt mit der Kommutierung beginnen. Dies zeigt Bild 5.3-12. Hier ist $\alpha = 45°$, $u_0 = 30°$ angenommen. Damit fällt der Beginn der Kommutierung der Dioden 4 → 6 in die Mitte der Kommutierungsdauer der Thyristoren 5 → 1. Während der Kommutierung des Stromes von Thyristor 5 auf Thyristor 1 sind diese beiden Thyristoren leitend (in Bild 5.3-12a schraffiert). Dadurch erhalten die Punkte C und D

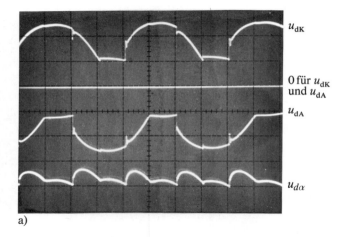

a)

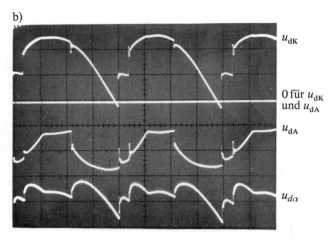

b)

Bild 5.3-11
Verlauf von u_{dk}, u_{da} und u_d unter dem Einfluss der Kommutierung (die Null-Linie für $u_{d\alpha}$ liegt ausserhalb der Bilder) $u_0 = 30°$
a) $\alpha = 0°$
b) $\alpha = 30°$

Brückenschaltungen am 3-Phasen-Netz

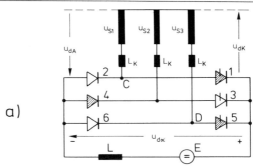

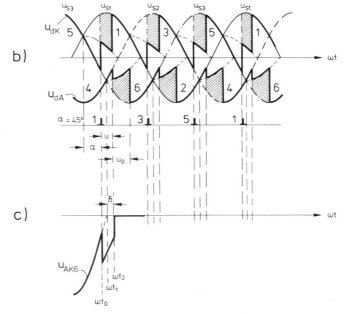

Bild 5.3-12
Spontane Zündverzögerung der Dioden durch die Kommutierung der Thyristoren bei $\alpha+u>60°$.
Im Bild $\alpha=45°$, $u=30°$.
a) Schaltung
b) Teilspannungen u_{dK} und u_{da}
c) Anoden-Kathoden-Spannung der Diode 6: u_{AK6}

das Potential $\frac{1}{2} \cdot (u_{s1} + u_{s3})$, die Kathode der Diode 6 befindet sich also während der Kommutierungsdauer u auf diesem Potential gegenüber dem Mittelpunkt des Transformers. Ihre Anode ist, da die Diode 4 leitet, auf dem Potential der Phasenspannung u_{s2}. Bild 5.3–12c zeigt die Anoden-Kathoden-Spannung der Diode 6. Bis ωt_0 ist u_{AK} als Differenz von u_{s2} und u_{s3} gegeben, da Diode 4 leitet. Dabei liegt u_{s2} an der Anode, u_{s3} an der Kathode, u_{AK} ist also negativ. Wenn Thyristor 1 nicht bei ωt_0 gezündet würde und die Kommutierung 3 → 1 nicht über ωt_1 hinausdauern würde, bekäme Diode 6 bei ωt_1 positive Spannung und die Kommutierung 4 → 6 könnte beginnen. So aber wird u_{AK} der Diode 6 bei ωt_0 wieder stärker negativ, da an die Kathode die Spannung $\frac{1}{2} \cdot (u_{s1} + u_{s3})$ zugeschaltet wird. Erst nach Aufhören der Kommutierung 3 → 1 bekommt Diode 6 positive Spannung und kann zu leiten beginnen. Man spricht daher von einer «spontanen Zündverzögerung» (Winkel δ in Bild 5.3–12c).

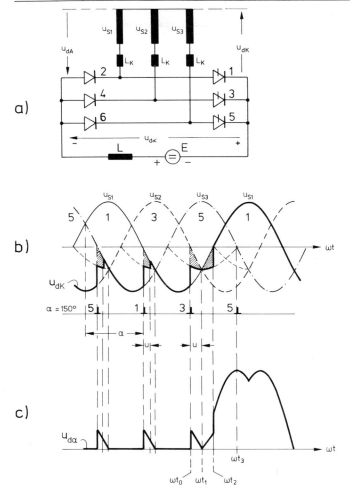

Bild 5.3-13
Versagen des Kommutierungsvorganges, wenn $u > 180° - \alpha$
a) **Schaltung**
b) **Teilspannung** u_{dK}
c) **Brückenspannung** $u_{d\alpha}$

Bei Steuerwinkeln $60° < \alpha < 60° + u_0$ überschneiden sich die Kommutierungen beider Brückenseiten zeitweise, so dass vorübergehend 4 Ventile Strom führen. Dadurch wird der Transformator 3phasig kurzgeschlossen, die Gleichspannung ist Null. Für Steuerwinkel $60° + u < \alpha < 180° - u_0$ erfolgen die Kommutierungen wieder unabhängig voneinander.

Diese besonderen Eigenschaften der Kommutierung bei der halbgesteuerten Drehstrombrücke sind wohl für das Verständnis der Vorgänge interessant, ihr Einfluss auf den Mittelwert der Ausgangsspannung ist aber so gering, dass er in der Praxis nicht berücksichtigt werden muss.

5.3.4.2 Minimale Ausgangsspannung infolge der Kommutierung
Die von der halbgesteuerten Drehstrombrücke abgegebene Gleichspannung kann nur dann Null werden, wenn das Thyristor-M3-

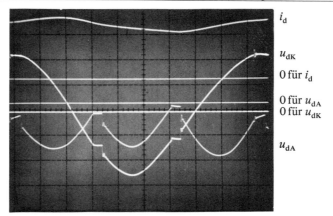

Bild 5.3-14
Oszillogramm eines Kippvorganges bei einer halbgesteuerten DB, Verlauf von u_{dK}, u_{dA} und i_d, $\alpha = 170°$, induktive Last mit Spannungsquelle

System eine gleich grosse, aber negative Spannung abgibt wie das Dioden-M3-System. Hierzu ist ein Steuerwinkel $\alpha = 180°$ nötig.
Wie bereits in Abschnitt 5.3.2 begründet, kann dieser Steuerwinkel ohne Einschränkung bei ohmscher Last eingestellt werden. Wenn sich aber im Lastkreis eine Gleichspannungsquelle befindet (E in Bild 5.3-13a), fliesst der Strom so lange durch einen Thyristor, bis der Folgethyristor gezündet wird. Es kann daher zum Kippen des Thyristor-M3-Systemes kommen, wie beim Wechselrichterbetrieb. Alles in Band 1, Abschnitt 7.3.2 Gesagte gilt auch hier. Bild 5.3-13 zeigt den Verlauf der Spannungen u_{dK} und $u_{d\alpha}$ bei richtigem Ablauf der Kommutierung und beim Versagen der Kommutierung, das zum Kippen führt. Um das Bild möglichst übersichtlich zu halten, ist u_{dA} nicht gezeichnet. Es ist angenommen, dass durch Erhöhung des Laststromes die Kommutierung des Stromes von Thyristor 1 auf Thyristor 3 (Beginn bei ωt_0) länger dauert als bis zum Phasenschnittpunkt, so dass es bei ωt_1 zu einer Rückkommutierung von Thyristor 3 auf Thyristor 1 kommt, wodurch nun u_{s1} durchgeschaltet wird und die Gleichspannung $u_{d\alpha}$ nicht Null, sondern stark positiv wird (Differenz $u_{s1} - u_{s2}$ bis ωt_3, dann $u_{s1} - u_{s3}$). Im Oszillogramm Bild 5.3-14 sind die Grössen u_{dK}, u_{dA} und i_d nach Kippen des Thyristorteiles im stationären Zustand zu sehen. Der Strom i_d setzt sich aus dem durch E und $u_{d\alpha}$ bedingten Teil zusammen und ist daher ein Gleichstrom mit überlagerter Wechselstromkomponente.
Um trotz der Beschränkung des Steuerwinkels die Ausgangsspannung Null zu erhalten, kann man den Thyristorteil mit einer entsprechend höheren Spannung speisen (Bild 5.3-15), so dass $u_{dK} = -u_{dA}$ und damit $u_{d\alpha}$ gleich Null wird bei maximal zulässigem Steuerwinkel α. u_s zu u_{s*} muss so bemessen werden, dass gilt:

$$| U_{dKo} \cdot \cos \alpha_{max} | \geq | U_{dA} |$$

$$| k_o \cdot U_s \cdot \cos \alpha_{max} | \geq | k_o \cdot U_s^* |$$

$$\frac{U_s^*}{U_s} \leq \cos \alpha_{max}$$

Brückenschaltungen am 3-Phasen-Netz

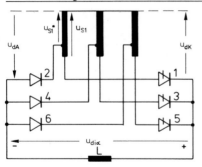

Bild 5.3-15
Schaltung zum Erreichen der Ausgangsspannung Null ($U_{di\alpha}=0$) durch Erhöhen der Speisespannung für den Thyristorteil

u_s^* = Phasenspannungen für Diodenteil
u_s = Phasenspannungen für Thyristorteil

Auf einen Transformator mit Anzapfungen kann man verzichten, wenn die Ausgangsspannung Null nicht gefordert wird, wie zum Beispiel bei Speisung des Feldes einer Gleichstrommaschine. Bei Ankerspeisung wird jedoch die Restspannung meistens zu gross sein, um ohne Überstrom anfahren zu können.

5.3.5 Die Steuerkennlinie

Die Ausgangsspannung setzt sich aus der Summe der von den beiden Teilsystemen abgegebenen Spannungen zusammen. Man kann daher schreiben:

$$U_{di\alpha} = \frac{U_{dio}}{2} + \frac{U_{dio}}{2} \cdot \cos \alpha$$

wenn das Dioden- und das Thyristorsystem gleich grosse Speisespannung haben. Damit ergibt sich:

$$\frac{U_{di\alpha}}{U_{dio}} = \frac{1}{2} (1 + \cos \alpha)$$

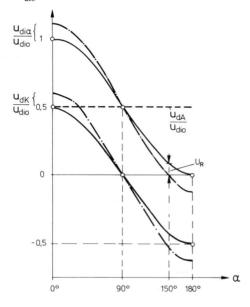

Bild 5.3-16
Kennlinien $U_{di\alpha} = f(\alpha)$
a) für $U_s = U_s^*$: ausgezogene Kurven
b) für $U_s > U_s^*$: strichpunktierte Kurven

U_{dA}: vom Diodenteil abgegebene Spannung
U_{dK}: vom Thyristorteil abgegebene Spannung
U_R = Restspannung bei $\alpha_{max} = 150°$, wenn $U_s^* = U_s$

Brückenschaltungen am 3-Phasen-Netz

Diese Beziehung gilt unabhängig von der Belastungsart, also für induktive und ohmsche Last, da bei induktiver Last während des Freilaufbetriebes die Ausgangsspannung auch annähernd Null ist. Bild 5.3–16 zeigt den Verlauf der bezogenen Spannungen $U_{di\alpha}/U_{dio}$ und U_{dk}/U_{dio} in Funktion von α, und zwar voll ausgezogene Kurven: $U_s = U_s^*$, also Dioden- und Thyristorteil mit gleicher Speisespannung betrieben, strichpunktierte Kurven: $U_s > U_s^*$. Strichliert gezeichnet ist der Verlauf U_{dA}/U_{dio}. Er ist unabhängig von α.

5.3.6 Die Netzseite

5.3.6.1 Verlauf der Netzströme

Aus den ventilseitigen Wicklungsströmen, die bei der Transformerschaltung Stern/Stern identisch mit den Netzströmen sind, wenn man den Magnetisierungsstrom vernachlässigt, lassen sich die Besonderheiten der halbgesteuerten Drehstrombrücke in bezug auf die Netzseite gut erkennen. Es sind dies: Oberschwingungsspektrum und Steuerblindleistung (Grundlegendes über Blindleistung bei Stromrichtern siehe Band 1, Abschnitt 8.5).

Daher soll zuerst ein Leiterstrom (i_{L1}) bei verschiedenen Steuerwinkeln α dargestellt werden (Bild 5.3–17).

Bei $\alpha = 0°$ ist der Leiter-(Netz-)Strom genau gleich wie bei der vollgesteuerten Drehstrombrücke, bei $\alpha = 60°$ wie bei einer 3-Puls-Schaltung. Durch das Verschieben der Stromblöcke des Thyristorteiles gegenüber jenen des Diodenteiles (für i_{L1}: Verschieben von i_1 gegenüber i_2) ergibt sich im Bereich $0° < \alpha < 60°$ eine mit steigendem α immer kleiner werdende Stromlücke, bis bei $\alpha = 60°$ der Leiterstrom

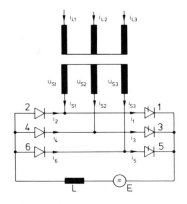
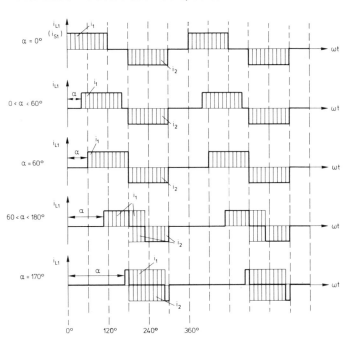

Bild 5.3-17
Leiterstrom einer halbgesteuerten DB (ohne Berücksichtigung der Kommutierung)

Links: Schaltung
Rechts: Verlauf des Leiterstromes i_{Li} sowie der Ventilströme i_1 und i_2 bei verschiedenen Steuerwinkeln α ($i_{L1} = i_{S1} = i_1 - i_2$)
Last: Gleichspannungsquelle und Induktivität
Annahme: Strom konstant, unabhängig von α

i_{L1} direkt vom positiven auf negativen Wert übergeht, wie bei einer M3-Schaltung. Aus dieser Änderung der Form der Stromblöcke kann schon geschlossen werden, dass die Oberschwingungen sich auch mit dem Steuerwinkel ändern. Darauf wird im nächsten Abschnitt noch näher eingegangen. Ab $\alpha > 60°$ ergibt sich Freilaufbetrieb, wodurch der Stromblock i_{L1} immer mehr verkürzt wird gegenüber dem Thyristorstromblock i_1 bzw. Diodenstromblock i_2. Der Netzstrom i_{L1} ist im Bild 5.3-17 durch starke Konturen hervorgehoben.

Im weiteren lässt sich dieser Darstellung eines Leiterstromes entnehmen, dass bei der halbgesteuerten Drehstrombrücke eine Verringerung der Steuerblindleistung erreicht werden muss gegenüber der vollgesteuerten Drehstrombrücke, da die Diodenströme immer in Phase zur Netzspannung sind (Stromblock i_2 symmetrisch zu u_{s1}), also nur der gesteuerte Thyristorteil Steuerblindleistung aufnimmt. Er liefert die halbe Leistung der gesamten Ausgangsleistung der halbgesteuerten Drehstrombrücke, daher wird auch die Steuerblindleistung auf die Hälfte zurückgehen gegenüber jener einer vollgesteuerten Drehstrombrücke, bei der ja die Stromblöcke beider Teilsysteme sich proportional α nacheilend gegenüber der Netzspannung verschieben.

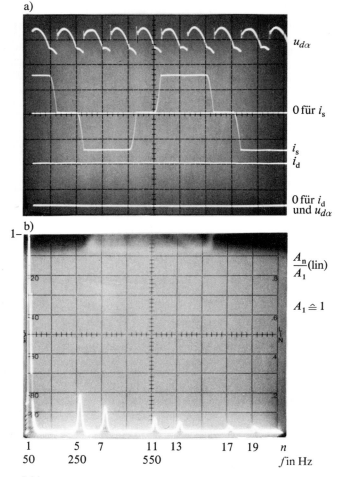

Bild 5.3-18
halbgesteuerte DB, $\alpha = 0°$, induktive Last
a) Gleichspannung $u_{d\alpha}$, Strangstrom i_s und Gleichstrom i_d (1 Teilung $\hat{=} 60°$)
b) Frequenzspektrum des Strangstromes i_s (1 Teilung $\hat{=} 100\,\text{Hz}$)

5.3.6.2 Die Oberschwingungen des Netzstromes

Wie bereits erwähnt, sind die Oberschwingungen des Netzstromes einer halbgesteuerten Drehstrombrücke (wie bei allen unsymmetrisch gesteuerten Schaltungen) vom Steuerwinkel α abhängig. Für $\alpha = 0°$ entspricht der Netzstrom dem einer 6pulsigen Schaltung. Es treten daher auch nur Oberschwingungen der Ordnungszahlen $n = k \cdot 6 \pm 1$, also $n = 5, 7, 11, 13$ usw. auf. Ihre Amplituden nehmen umgekehrt proportional zu n ab. Bild 5.3–18a zeigt $u_{d\alpha}$, i_s und i_d bei induktiver Last und $\alpha = 0°$. Darunter ist das mit einem Spektrum-Analyzer erhaltene Oszillogramm des Frequenzspektrums des Strangstromes i_s dargestellt. Frequenzen und Amplituden entsprechen einer 6pulsigen Schaltung.

Bei $\alpha = 60°$ entspricht der Netzstrom dem einer 3pulsigen Schaltung (Bild 5.3–19). Es treten daher auch alle Oberschwingungen einer 3pulsigen Schaltung auf, $n = k \cdot 3 \pm 1$, also $n = 2, 4, 5, 7$ usw. Besonders störend beim Einsatz der halbgesteuerten Drehstrombrücke ist der hohe Wert des Stromes doppelter Netzfrequenz, der bei $\alpha = 60°$ ca. 30%, bei $\alpha = 90°$ (Bild 5.3–20) aber 75% der Grundwelle beträgt. Er verbietet es, Stromrichter grosser Leistung in dieser Schaltung zu

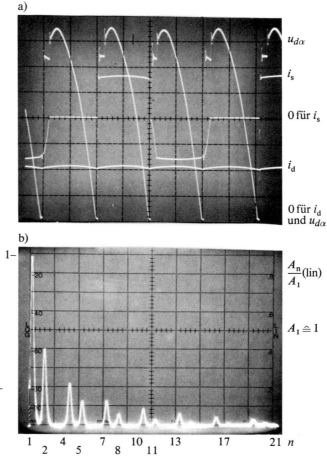

Bild 5.3-19
Halbgesteuerte DB, $\alpha = 60°$, induktive Last
a) wie bei 5.3-18
b)

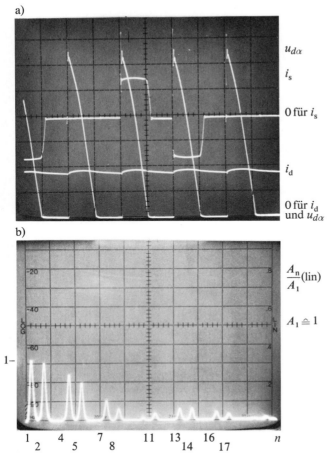

Bild 5.3-20
Halbgesteuerte DB, $\alpha = 90°$, induktive Last mit Spannungsquelle
a) wie bei 5.3-18
b)

betreiben. Bild 5.3–21 schliesslich zeigt die entsprechenden Grössen bei einem Steuerwinkel $\alpha = 150°$.

Zusammenfassend soll noch einmal festgehalten werden, dass sich bei der halbgesteuerten Drehstrombrücke im Gegensatz zur vollgesteuerten mit dem Steuerwinkel veränderliche Oberschwingungsspektren des Netzstromes ergeben. Dies ist eine Eigenschaft aller unsymmetrisch gesteuerten Stromrichter sowie solcher mit Freilaufzweigen. Auf letztere wird in einem späteren Kapitel noch eingegangen.

5.3.6.3 Steuerblindleistung

Es wurde bereits darauf hingewiesen und begründet, dass die halbgesteuerte Drehstrombrücke im Maximum nur die Hälfte der Steuerblindleistung benötigt, die eine vollgesteuerte Drehstrombrücke gleicher Gleichstromleistung benötigen würde. Da bei $\alpha = 90°$ die Steuerblindleistung ihr Maximum erreicht, bezieht die halbgesteuerte Drehstrombrücke ihre grösste Blindleistung bei halber Ausgangsspannung und nicht bei Ausgangsspannung Null, wie die vollgesteuerte. Es ergibt sich daher das in Bild 5.3-22 dargestellte Diagramm. In ihm

Brückenschaltungen am 3-Phasen-Netz

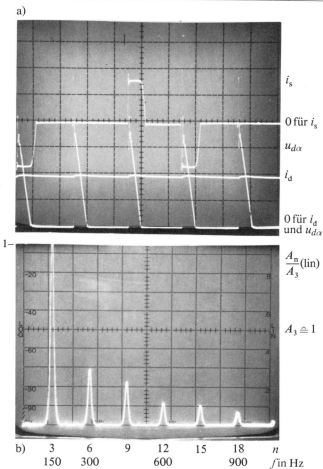

Bild 5.3-21
Halbgesteuerter DB, $\alpha = 150°$, induktive Last mit Spannungsquelle
a) wie bei 5.3-18
b)

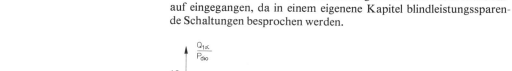

sind die Kommutierungsblindleistung und die Begrenzung des Steuerwinkels auf $\alpha < 180°$ nicht berücksichtigt. Hier wird weiter nicht darauf eingegangen, da in einem eigenen Kapitel blindleistungssparende Schaltungen besprochen werden.

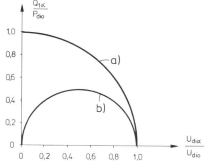

Bild 5.3-22
Bezogene Steuerblindleistung der Grundschwingung $Q_{1\alpha}/P_{dio}$ in Funktion der bezogenen Gleichspannung $U_{d\alpha}/U_{dio}$
a) Vollgesteuerte DB
b) Halbgesteuerte DB
$P_{dio} = U_{dio} \cdot I_{dN}$ (Gleichstrom-Nennleistung)

5.3.7 Zusammenfassung

In dieser Zusammenfassung sollen stichwortartig die Vor- und Nachteile der halbgesteuerten Drehstrombrücke gegenüber der vollgesteuerten aufgezählt werden:
Vorteile:
- nur halbe Leistung muss mit Thyristoren umgesetzt werden, Preisreduktion
- Maximal nur halbe (Steuer-)Blindleistung wird dem Netz entnommen (je nach Steuerwinkel α, siehe Bild 5.3-22)
- nur 3 Impulse, keine Doppelimpulse sind zur Steuerung nötig.

Nachteile:
- Der Mittelwert der abgegebenen Gleichspannung hat nur positive Polarität. Negative Gleichspannung und daher auch Wechselrichterbetrieb ist nicht möglich.
- Ab $\alpha = 60°$ ($u_{d\alpha} = 0,75 \cdot u_{do}$) ist die Schaltung 3pulsig.
- Gleichspannung Null ist nur durch Vergrössern der Speisespannung des Thyristorteiles oder durch eine zusätzliche Freilaufdiode möglich. (Schaltungen mit Freilaufdioden werden in einem späteren Abschnitt behandelt.)
- Die Oberschwingungen des Netzstromes sind in Frequenz und Amplitude vom Steuerwinkel abhängig. Besonders störend ist der grosse Betrag der 2. Harmonischen des Netzstromes sowie der 3. Harmonischen der Gleichspannung.
- Die einfache Messung des Gleichstromes durch Erfassen zweier Strangströme mittels Wechselstromwandler, wie sie bei der vollgesteuerten Drehstrombrücke gemacht werden kann, ist hier nicht mehr möglich, wenn Aussteuerungsbereich und Last so sind, dass innerer Freilaufbetrieb auftritt. Die Ströme in den Freilaufkreisen werden ja bei Messung der Strangströme nicht erfasst. Es muss dann der Gleichstrom gemessen werden, wozu wesentlich teurere Gleichstromwandler nötig sind.

Da der Preisgewinn infolge Einsparung von Thyristoren durch den Mehrpreis einer grossen Gleichstromdrossel (wegen der 3pulsigen Welligkeit der Gleichspannung) zu einem guten Teil wieder wettgemacht wird, bleibt als Vorteil die Einsparung von Steuerblindleistung. Daher hat man die halbgesteuerte Drehstrombrücke hauptsächlich zur Speisung von grossen Antrieben, insbesondere in «Sammelschienenschaltung» eingesetzt. Man versteht darunter eine Schaltung, bei der die Anker mehrerer fremderregter Gleichstrommotoren eine gemeinsame Speisung haben, die als Sammelschiene bezeichnet wird. Wegen der vielen Nachteile und wegen des Preisrückganges für Thyristoren wird diese Schaltung heute nur noch selten verwendet. Einsparung an Steuerblindleistung lässt sich durch Folgesteuerung von vollgesteuerten Drehstrombrücken auf einfache Weise erreichen. Auf diese Schaltung wird in einem späteren Kapitel eingegangen.

6. Zweipuls-Brückenschaltungen (B2)

6.1 Ungesteuerte B2-Schaltung

6.1.1 Entwicklung der B2-Schaltung

In der bisher behandelten M2-Schaltung waren die Anoden der Ventile mit den Sekundärwicklungen des Transformers verbunden. Im Gleichrichterbetrieb stellten die beiden miteinander verbundenen Kathoden den positiven Pol, der Transformer-Mittelpunkt den negativen Pol der abgegebenen Gleichspannung dar (Kathodenschaltung).

Man kann aber die Ventile auch so in den Kreis einschalten, dass die Kathoden an die Wicklungen des Transformers angeschlossen sind, während ihre Anoden miteinander verbunden werden. Dann bilden im Gleichrichterbetrieb der Transformer-Mittelpunkt den positiven Pol und die gemeinsamen Anoden den negativen Pol der Ausgangsspannung (Anodenschaltung). In beiden Fällen wird nur eine Hälfte der gesamten treibenden Wechselspannung $U_{s1} - U_{s2}$ zur Gleichspannungsbildung ausgenützt. Durch die Serieschaltung von 2 M2-Schaltungen kann aber die gesamte treibende Wechselspannung zur Gleichspannungsbildung herangezogen werden (Bild 6.1–1a).

Da die beiden Mittelpunkte M1 und M2 der Transformerwicklungen

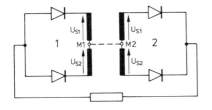

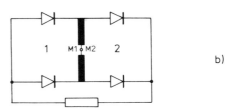

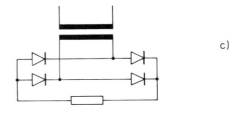

Bild 6.1-1
Entstehung der B2-Schaltung
a) Serieschaltung von zwei M2-Schaltungen (Teilsysteme 1 und 2)
b) Zusammenfassung beider Transformerwicklungen zu einer Wicklung
c) Gebräuchliche Darstellung der B2-Schaltung

auf Potential Null liegen, kann man sie miteinander verbinden, ohne dass sich an der Wirkungsweise der beiden Schaltungen etwas ändert. Wählt man die Spannungen U_{s1} und U_{s2} der beiden M2-Schaltungen gleich gross, so lassen sich die beiden Transformerwicklungen durch eine beiden Systemen gemeinsame Wicklung ersetzen. Damit ergibt sich die Schaltung nach den Bildern 6.1–1b, c. Sie wird 2-Puls-Brückenschaltung, kurz B2-Schaltung genannt.

6.1.2 Grundsätzliches Verhalten

Die Arbeitsweise einer B2-Schaltung soll zunächst an einer Diodenbrücke (ungesteuerte B2) mit ohmscher Last beschrieben werden (Bild 6.1–2).

Von ωt_0 bis ωt_1 ist u_{s1} positiv, u_{s2} negativ (Bezugspunkt M). Es leiten daher Ventil 1 im Kathoden-M2-System und Ventil 4 im Anoden-M2-System. Der Strom fliesst von Punkt U über Diode 1, die Last und über Diode 4 zurück nach V. (Bild 6.1–3a)

Es sind also zwei in Serie liegende Ventile an der Stromführung beteiligt, was ja aus der Serieschaltung der beiden M2-Systeme hervorgeht.

Von ωt_1 bis ωt_2 ist u_{s1} negativ, u_{s2} positiv. Es leiten daher das Ventil 3 im Kathodensystem und das Ventil 2 im Anodensystem. Der Strom fliesst von V über Diode 3, die Last und über Diode 2 zurück nach U. (Bild 6.1–3b)

Damit ergeben sich die im Bild 6.1–2 dargestellten Verläufe der Teilspannungen u_{diK}, u_{diA} sowie der Brückenspannung $u_{di} = u_{diK} - u_{diA}$.

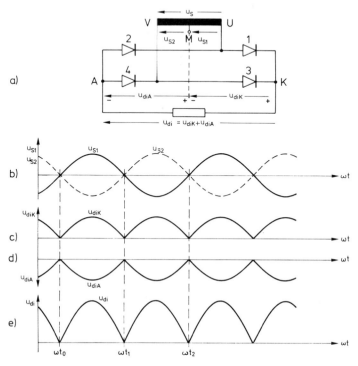

Bild 6.1-2
Gleichspannungsbildung bei der ungesteuerten B2-Schaltung
a) Schaltung
b) Phasenspannungen u_{s1}, u_{s2}
c) Gleichspannung des Teilsystems 1: u_{diK}
d) Gleichspannung des Teilsystems 2: u_{diA}
e) Ausgangsspannung der Brücke ($u_{di} = u_{diK} - u_{diA}$)

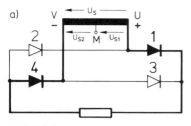 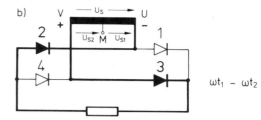

Bild 6.1-3
Strompfade während einer Netzperiode
a) Von $\omega t_0 - \omega t_1$
b) Von $\omega t_1 - \omega t_2$ } (Bild 6.1-2)

Gleichspannung:

Der arithmetische Mittelwert der abgegebenen Gleichspannung ist demnach doppelt so gross, wie jener einer M2-Schaltung:

$$U_{di} = 2 \cdot 0{,}9 \cdot U_{s1} = 0{,}9 \cdot U_s$$

Eine B2-Schaltung am 220-V-Netz betrieben, wird also eine ideelle Gleichspannung von 220 V · 0,9 = 198 V liefern.

Gleichstrom:

Beim Übergang von einer M2-Schaltung auf eine B2-Schaltung lässt sich der Strom in den Ventilen nicht erhöhen, da die Brückenschaltung ja eine Serieschaltung zweier Mittelpunktschaltungen ist. Die Stromflussdauer der Ventile ist ebenfalls gleich wie in der M2-Schaltung.

Gleichstromleistung: ($P_{di} = U_{di} \cdot I_{dN}$)

Da U_{di} doppelt so gross ist, der Strom aber gleich bleibt, erhöht sich die Gleichstromleistung auf das Doppelte einer M2-Schaltung.

Sperrspannung der Thyristoren:

Wie aus den Bildern 6.1-3 zu ersehen ist, bleibt die Sperrspannung der Thyristoren gleich gross wie in der Mittelpunktschaltung. Für die B2-Schaltung gilt also auch:

$$\hat{U}_r = \sqrt{2} \cdot U_s \quad (U_s = U_{s1} + U_{s2})$$

In den Berechnungstabellen für Gleichrichterschaltungen wird meistens nicht der absolute Wert der maximal auftretenden Sperrspannung $\hat{U}_r$ angegeben, sondern das Verhältnis $\hat{U}_r$ zu U_{di}. Man findet für die M2-Schaltung, wie bereits berechnet:

$$U_{di} = \frac{2}{\pi} \cdot U_{s1} \cdot \sqrt{2}$$

$$\hat{U}_r = 2 \cdot \sqrt{2} \cdot U_{s1} = \sqrt{2} \cdot U_s$$

somit: $\quad \dfrac{\hat{U}_r}{U_{di}} = 3{,}14$

Für die B2-Schaltung sind die entsprechenden Werte:

$$U_{di}(B2) = 2 \cdot U_{di}(M2)$$

$$\hat{U}_r(B2) = \hat{U}_r(M2) = \sqrt{2} \cdot U_s$$

Damit wird:

$$\frac{\hat{U}_r}{U_{di}} = \frac{\hat{U}_r(M2)}{2 \cdot U_{di}(M2)} = \frac{1}{2} \cdot \frac{\hat{U}_r}{U_{di}}(M2) = \frac{\pi}{2} = 1{,}57$$

Das Verhältnis $\hat{U}_r$ zu U_{di} ist für die B2-Schaltung deshalb nur halb so gross wie für die M2-Schaltung, weil der Wert der Sperrspannung pro Ventil in beiden Schaltungen gleich ist, die Ausgangsspannung U_{di} der B2-Schaltung aber doppelt so gross ist wie die der M2-Schaltung.

Ein Thyristor wird also strom- und spannungsmässig in der M2- und B2-Schaltung gleich beansprucht, weil U_{di} (M2) = ½ · U_{di} (B2). Die in ihm umgesetzte Leistung bleibt auch gleich, da ja die Gleichstromleistung P_{di} auf den doppelten Wert ansteigt, aber auch die Zahl der Thyristoren bei der B2-Schaltung doppelt so gross ist.

Pulszahl der Schaltung:

Wie aus Bild 6.1-2 zu ersehen ist, bleibt beim Übergang von der M2- auf die B2-Schaltung die Pulszahl gleich: $p = 2$. Beim Übergang von der M3- auf die Brückenschaltung erhöht sich die Pulszahl von 3 auf 6. Diesen Vorteil erhält man also beim Übergang von der M2- auf die B2-Schaltung nicht.

Transformer:

Da bei der Brückenschaltung in der Sekundärwicklung Strom während der positiven und negativen Halbwelle fliesst, wird der Transformer besser ausgenützt als in einer M2-Schaltung. Daher ist das Verhältnis P_t/P_{di} besser. (Die Berechnung der Transformertypenleistung P_t erfolgt im nächsten Kapitel).

$$\frac{P_t}{P_{di}} = 1,34 \,(M2) \rightarrow 1,11 \,(B2)$$

P_t = Trafo-Typenleistung
P_{di} = $U_{di} \cdot I_{dN}$ = Ideelle Gleichstromleistung

Es ist kein Mittelpunkt nötig. Daher ist kein Transformer nötig, wenn die vom speisenden Netz zur Verfügung gestellte Spannung eine Gleichspannung der Höhe ergibt, die für den Verbraucher passt.

Wenn kein Transformer verwendet wird, sollten jedoch, wie bereits bei der Drehstrombrücke erwähnt, (Kommutierungs-)Längsdrosseln vorgesehen werden, um die Netzrückwirkungen durch die Kommutierung herabsetzen und die Anstiegsgeschwindigkeit des Kommutierungsstromes zu begrenzen.

Als wesentlicher Vorteil der B2-Schaltung gegenüber der M2-Schaltung bleibt die Verkleinerung des Transformers im Verhältnis 1,34:1,11 und die Möglichkeit, keinen Transformer verwenden zu müssen, wenn er zur Spannungsanpassung oder Potentialtrennung nicht benötigt wird.

6.2 Vollgesteuerte B2-Schaltung

6.2.1 Anpassung der Impulse

Werden anstatt der Dioden Thyristoren eingesetzt, so erhält man die vollgesteuerte B2-Schaltung. Zur Steuerung der Thyristoren genügt ein 2p-Steuersatz, der zwei Impulse im Abstand von 180° liefert. Doppelimpulse wie bei der DB-Schaltung sind nicht nötig (Bild 6.2-1). Die Impulsanpassung ist hier ebenso einfach wie bei der M2-Schaltung, denn die beiden Ventile, die gleichzeitig leiten müssen, können denselben Impuls erhalten, also zum Beispiel die Thyristoren 1 und 4

Zweipuls-Brückenschaltungen (B2)

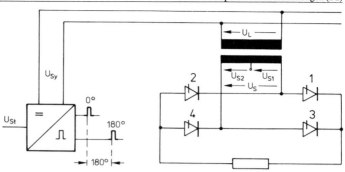

Bild 6.2-1
Vollgesteuerte B2-Schaltung mit 2p-Steuersatz

U_{sy} Synchronisierspannung
U_{st} Steuergleichspannung

den Impuls 0°, die Thyristoren 2 und 3 den Impuls 180° oder umgekehrt, je nach Phasenlage der Synchronisierspannung U_{sy} des Steuersatzes zur Spannung U_s des Stromrichter-Transformators.

6.2.2 Bildung der Gleichspannung

Bildung der Gleichspannung ohne Berücksichtigung der Kommutierung

Anhand des Bildes 6.2-2 sei zuerst die Ausgangsgleichspannung ohne Berücksichtigung der Kommutierung aus den Spannungen u_{s1} und u_{s2} bzw. aus der Spannung u_s konstruiert. Wie aus Bild 6.2-2d zu ersehen ist, tritt bei ohmscher Last für jeden Steuerwinkel $\alpha > 0°$ Lückbetrieb auf, genauso wie bei der M2-Schaltung ($\alpha_{krit.} = 0°$). Im Gegensatz dazu steigt beim Übergang von der M3- auf die DB-Schaltung $\alpha_{krit.}$ von 30° auf 60° an. Bild 6.2-3 zeigt dem Bild 6.2-2d entsprechende Oszillogramme.

Bei induktiver Last (Bild 6.2-2e) entstehen für jeden Steuerwinkel $\alpha > 0°$ negative Spannungswinkelflächen. Bei $\alpha = 90°$ sind die positiven und negativen Flächen gleich, so dass der Mittelwert der Ausgangsspannung Null wird; es gilt daher, wie in Band 1, Abschnitt 4.2.6 abgeleitet, auch hier:

$U_{di\alpha} = U_{dio} \cdot \cos\alpha$, wobei für die B2-Schaltung gilt:

$U_{dio} = 0{,}9\, U_s$

Von $\alpha = 0°$ bis 90° ist die Ausgangsspannung positiv (Gleichrichterbetrieb), von $\alpha = 90°$ bis 180° ist sie negativ (Wechselrichterbetrieb). Auch hier ist der Steuerwinkel $\alpha = 180°$ in der Praxis nicht einstellbar, da sonst der Wechselrichter kippt, wie bereits im Band 1, Kapitel 8, «Wechselrichterbetrieb», besprochen wurde und auch aus dem folgenden Abschnitt zu ersehen ist.

Bildung der Gleichspannung mit Berücksichtigung der Kommutierung

Die Kommutierung des Stromes von einem Thyristor auf den andern erfolgt in den beiden Hälften der Brücke, also in den beiden M2-Systemen gleichzeitig. Wie aus Bild 6.2-4d zu ersehen ist, kommutiert der Strom zum Zeitpunkt ωt_4 in der rechten Hälfte der Brücke von Thyristor 1 auf Thyristor 3 und in der linken Hälfte von Thyristor 4 auf

Zweipuls-Brückenschaltungen (B2)

Thyristor 2. Es bilden sich also zwei Kommutierungskreise, wie sie im Bild 6.2–5b eingetragen sind.

Vor der Kommutierung im Zeitabschnitt $\omega t_2 - \omega t_4$ sind die Thyristoren 1 und 4 leitend. Dadurch nimmt der Punkt A das Potential des Punktes V, der Punkt K das Potential des Punktes U an. Im Zeitpunkt ωt_3 wird V positiv, U negativ (Bild 6.2–5a). Wegen der aktiven Last wird aber der Strom durch die Thyristoren 1 und 4 weiterhin aufrechterhalten. Am Thyristor 3 steht daher ab diesem Zeitpunkt die Spannung u_s als positive Anoden-Kathoden-Spannung an, denn der Punkt V (+) ist mit seiner Anode, der Punkt U (−) über den leitenden

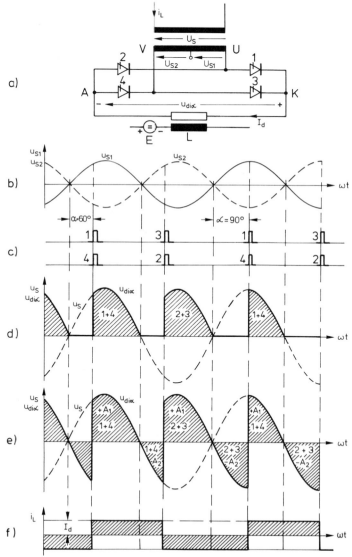

Bild 6.2-2
Bildung der Gleichspannung $u_{di\alpha}$ und Netzstrom i_L (ohne Berücksichtigung der Kommutierung)
a) Schaltung
b) Phasenspannung u_{s1}, u_{s2}
c) Impulse
d) $u_{di\alpha}$ bei ohmscher Last
e) $u_{di\alpha}$ bei induktiver Last mit Spannungsquelle
f) Netzstrom (Übersetzung 1:1)

Zweipuls-Brückenschaltungen (B2)

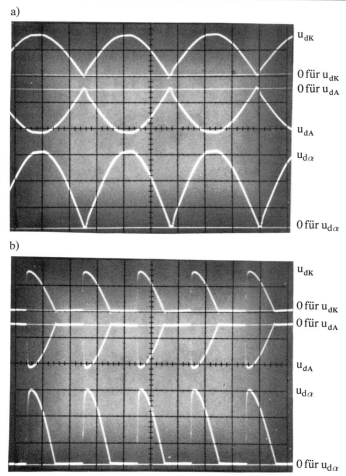

Bild 6.2-3
Bildung der Brückenspannung $u_{d\alpha}$ aus den Teilspannungen u_{dk} und $_{dA}$ der beiden M2-Systeme.
Ohmsche Last a) $\alpha = 0°$;
b) $\alpha = 90°$
(60°/Teilung)

Thyristor 1 mit seiner Kathode verbunden. Ebenso erhält Thyristor 2 die Spannung u_s als positive Anoden–Kathoden-Spannung. Die Thyristoren 2 und 3 können daher im Zeitpunkt ωt_4 gezündet werden.

Während der Kommutierung (Bild 6.2-5b) sind alle 4 Thyristoren leitend. Es bilden sich zwei Kurzschlusskreise. In einem, der die Thyristoren 1 und 3 enthält, fliesst der Kurzschlussstrom i_{K1} so, dass er Thyristor 1 entgegen der Richtung des Laststromes durchfliesst. Thyristor 1 sperrt daher, wenn i_{K1} die Höhe des Laststromes erreicht. Im anderen Kurzschlusskreis treibt dieselbe Spannung u_s den Kurzschlussstrom i_{K2} über die Thyristoren 2 und 4. Er fliesst durch Thyristor 4 entgegen der Richtung des Laststromes, wodurch Thyristor 4 genauso wie Thyristor 1 gesperrt wird. Um das Bild nicht zu überladen, ist der Laststrom nicht eingezeichnet. Damit nimmt sowohl der Punkt K als auch der Punkt A während der Kommutierung das Potential Null gegenüber M an, da die Kommutierungsinduktivitäten (Streuinduktivitäten des Transformators) ja einen induktiven Spannungsteiler

Zweipuls-Brückenschaltungen (B2)

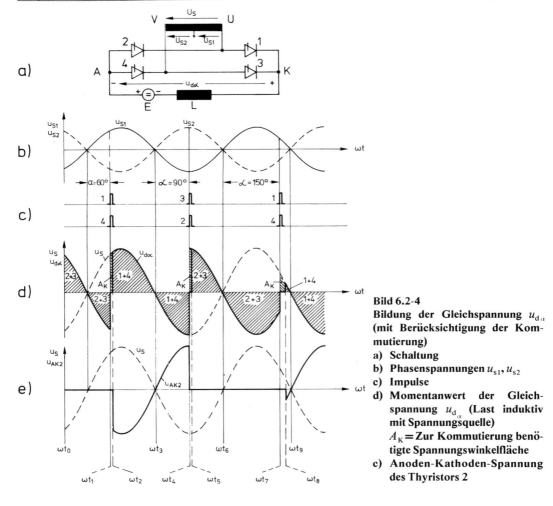

Bild 6.2-4
Bildung der Gleichspannung $u_{d\alpha}$ (mit Berücksichtigung der Kommutierung)
a) Schaltung
b) Phasenspannungen u_{s1}, u_{s2}
c) Impulse
d) Momentanwert der Gleichspannung $u_{d\alpha}$ (Last induktiv mit Spannungsquelle)
A_K = Zur Kommutierung benötigte Spannungswinkelfläche
c) Anoden-Kathoden-Spannung des Thyristors 2

bilden, der die Spannung u_s halbiert. Die Ausgangsspannung ist also, wie bei der M2-Schaltung, während der Kommutierungszeit Null.
Nach der Kommutierung (Bild 6.2-5c) sind die Thyristoren 2 und 3 allein leitend und legen wieder positive Spannung an die Last (K+, A-). Die Kommutierung verursacht auch hier eine induktive Spannungsänderung $D_x = A_K/\pi$, die im Gleichrichterbetrieb (0°<α<90°) einen Spannungsabfall bewirkt (Bild 6.2-4, $\omega t_1 - \omega t_2$), im Wechselrichterbetrieb (90°<α<180°) aber einen Spannungszuwachs bringt. (Bild 6.2-4, $\omega t_7 - \omega t_8$). Der Mittelwert der Brückenspannung ergibt sich daher aus der Beziehung:

$$U_{d\alpha} = U_{di\alpha} \pm D_x = U_{di\alpha} \pm A_k/\pi$$

Die bezogene induktive Spannungsänderung $d_x = D_x/U_{dio}$ ist gleich gross wie bei der M2-Schaltung, da U_{dio} (B2) = 2 · U_{dio} (M2), aber

Zweipuls-Brückenschaltungen (B2)

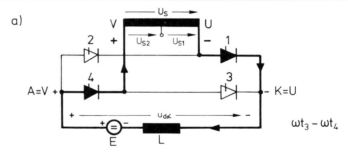

$\omega t_3 - \omega t_4$

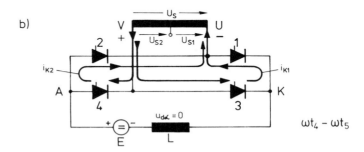

$\omega t_4 - \omega t_5$

Bild 6.2-5
Kommutierungsvorgang
a) Strompfad vor der Kommutierung ($\omega t_3 - \omega t_4$)
b) Strompfad während der Kommutierung ($\omega t_4 - \omega t_5$)
c) Strompfad nach der Kommutierung ($\omega t_5 - \omega t_7$)

$\omega t_5 - \omega t_6$

auch $U_s = 2\,U_{s1}$ ist. (Vergleiche Bild 4.3-1.) In der Tabelle 6–2 findet man daher wieder für $d_{xt1}/e_{xt1} = 0{,}707$.

Werden die Impulse zu weit zurück geschoben, so kommt es wegen der aktiven Last (E) zum Wechselrichter-Kippen. Die Oszillogramme in Bild 6.2-6 zeigen dies. In Bild 6.2-6a sind die Grössen $u_{d\alpha}$, i_{s1} und i_d bei $\alpha = 170°$ knapp vor dem Kippen aufgezeichnet. Da die Last eine Spannungsquelle und eine grosse Induktivität (Feld einer Gleichstrommaschine) enthält, fliesst i_d als nahezu ideal geglätteter Gleichstrom und i_{s1} entsprechend als trapezförmiger Wechselstrom. Nach dem Kippen (Bild 6.2-6b) entspricht $u_{d\alpha}$ der Wechselspannung u_s mit Ausnahme jener Zeitabschnitte, in denen der Kommutierungsvorgang $1 \to 3$ und $4 \to 2$ wohl beginnt ($u_{d\alpha} = 0$ V), aber im Phasenschnittpunkt noch nicht beendet ist, so dass es zur Rückkommutierung und damit

Zweipuls-Brückenschaltungen (B2)

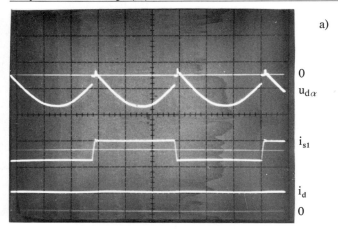

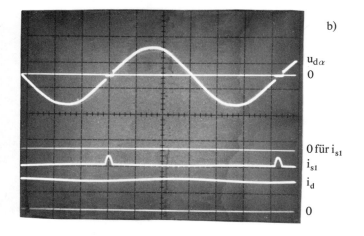

Bild 6.2-6
Kippen einer vollgesteuerten B2-Schaltung im Wechselrichterbetrieb.
Last: Spannungsquelle und grosse Induktivität
a) Knapp vor dem Kippen $\alpha = 170°$
b) Nach dem Kippen $\alpha = 175°$

$u_{d\alpha}$ Momentanwert der Gleichspannung
i_{s1} Momentanwert eines Strangstromes
i_d Momentanwert des Gleichstromes

zum Kippen kommt. Der Strom i_{s1} wird daher nie Null, i_d fliesst als Gleichstrom mit der durch u_s bewirkten Wechselstromkomponente. Die Phasenverschiebung zwischen u_d ($=u_s$) und der Wechselstromkomponente von i_d ist durch die Zeitkonstante des Lastkreises gegeben.

6.2.3 Der Stromrichtertransformer

In der Schaltung nach Bild 6.2-7 sind die in den folgenden Oszillogrammen dargestellten bzw. bei der Berechnung vorkommenden Grössen eingetragen. Das Oszillogramm Bild 6.2-8 zeigt den Verlauf der Gleichspannung $u_{d\alpha}$ sowie der Ströme i_1, i_2, i_{s1}, i_{s2}, i_d, i_L bei induktiver Last und Spannungsquelle E. (Siehe auch Bild 6.2-2f.)

Daraus berechnen sich:

Effektivwert eines Ventilstromes:

$$I_v^2 = \frac{1}{2\pi} \cdot I_d^2 \cdot \pi = \frac{1}{2} I_d^2$$

$$I_v = I_d \cdot \frac{1}{2} \sqrt{2} = 0{,}707\, I_d$$

Effektivwert eines Strangstromes:

$$I_s^2 = \frac{1}{2\pi} \cdot 2\, I_d^2 \cdot \pi = I_d^2$$

$$I_s = I_d$$

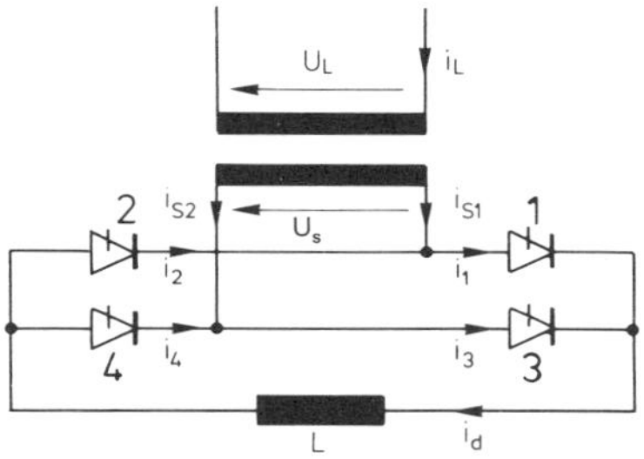

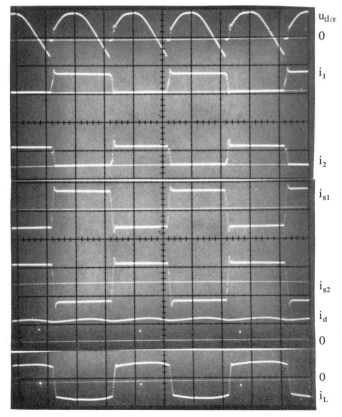

Bild 6.2-7
Grössen einer B2-Schaltung

U_L Netzspannung
U_s Sekundärspannung des Transformers
i_L Netzstrom
i_{s1}, i_{s2} Strangströme $(i_{s1} = i_{s2})$
i_1 bis i_4 Ventilströme
i_d Gleichstrom

Bild 6.2-8
Oszillogramm der Gleichspannung $u_{d,r}$ sowie der Ströme einer vollgesteuerten B2-Schaltung bei induktiver Last. Bezeichnung der Grössen siehe Legenden zu Bild 6.2-7.

Die ventilseitige Scheinleistung ist daher:

$P_{tv} = I_s \cdot U_s = I_d \cdot U_s (I_d = I_{dN})$

Da $U_s = 1,11 \cdot U_{dio}$ ist, kann man schreiben:

$P_{tv} = 1,11 \cdot U_{dio} \cdot I_{dN} = 1,11 \cdot P_{dio}$

Für die M2-Schaltung ergab sich dagegen ein Wert:

$P_{tv} = 1,57 \cdot P_{dio}$

Da der Leiterstrom i_L, wenn man den Magnetisierungsstrom vernachlässigt, dem Strangstrom i_s entspricht, gilt auch für die netzseitige Wicklungsscheinleistung:

$P_{t1} = 1,11 \, P_{dio}$

Dieser Wert ist für die M2- und B2-Schaltung gleich. Damit wird die Typenleistung:

$P_t = 1,11 \cdot P_{dio}$

Bei der M2-Schaltung ist $P_t = 1,34 \, P_{dio}$, so dass sich eine Verkleinerung des Transformers im Verhältnis $1,34$ zu $1,11 = 1,2$ ergibt, wenn man die B2- anstatt der M2-Schaltung verwendet.
Bei der selten vorkommenden rein ohmschen Belastung ist die Transformertypenleistung etwas höher. ($1,48 \, P_{dio}$ für M2-, $1,23 \, P_{dio}$ für die B2-Schaltung).
Die Netzentnahmeleistung ist bei beiden Schaltungen gleich:

$P_L = 1,11 \cdot P_{dio}$

Wenn anstatt einer Induktivität eine Kapazität (Glättungskondensator) als Last angeschlossen ist, so wird der Strom in der Transformerwicklung mit zunehmender Kapazität immer mehr die Form eines Impulses annehmen. Damit wird sich bei gleichem Mittelwert der Effektivwert stark vergrössern, was eine entsprechende Erhöhung der Typenleistung des Transformators zur Folge hat. Mit Ausnahme sehr kleiner Gleichrichter für Netzgeräte ($P_{dio} < 1$ kW) werden daher nie Glättungskondensatoren ohne vorgeschaltete Induktivitäten verwendet.

6.2.4 Netzrückwirkungen

Generell ist zu sagen, dass die Netzrückwirkungen bei der B2-Schaltung denen der M2-Schaltung entsprechen, denn die Pulszahl und damit auch die Stromform wird ja durch den Übergang von M2 auf B2 nicht geändert. Es gilt also alles in Abschnitt 4.6 Gesagte. Einige Oszillogramme sollen das belegen.
Bild 6.2-9 zeigt $u_{d\alpha}$, i_d und i_L bei ohmscher Last, $\alpha = 0°$. Der Vergleich mit Bild 4.6-1a, in dem diese Grössen der M2-Schaltung unter gleichen Bedingungen zu sehen sind, lässt vollkommene Übereinstimmung erkennen. Der Netzstrom enthält in beiden Fällen keine Oberschwingungen. Bei induktiver Last ergeben sich die Bilder 6.2-10a und b. Der zeitliche Verlauf der Grössen sowie das Spektrum des Netzstromes stimmen auch mit jenen der M2-Schaltung überein (Bild 4.6-2a, b).

Zweipuls-Brückenschaltungen (B2)

Während bei der M2-Schaltung in den Bildern 4.6–2c und d der Sonderfall dargestellt ist, dass durch Sättigungserscheinungen trotz in-

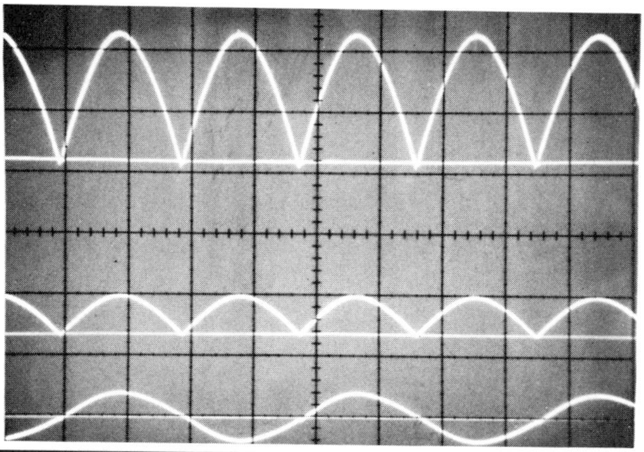

Bild 6.2-9
Vollgesteuerte B2-Schaltung
Ohmsche Last, $\alpha = 0°$
Verlauf der Grössen $u_{d\alpha}$, i_d und i_L

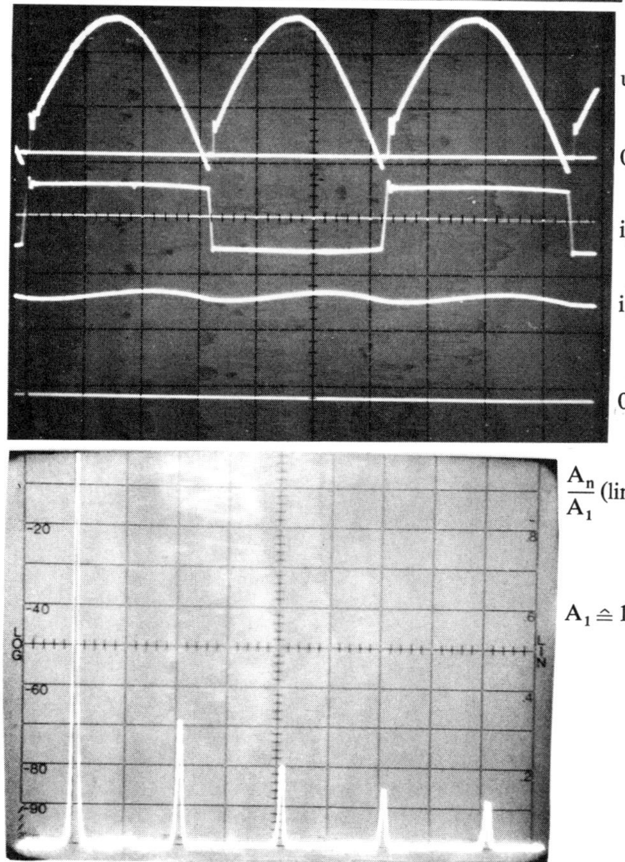

Bild 6.2-10
Vollgesteuerte B2-Schaltung
Induktive Last, $\alpha = 5°$
a) Verlauf der Grössen $u_{d\alpha}$, i_s und i_d
b) Frequenzspektrum des Netzstromes i_L.

161

Zweipuls-Brückenschaltungen (B2)

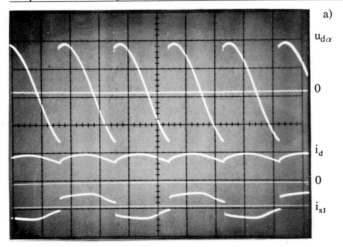

a) $u_{d\alpha}$, i_d, i_{s1}

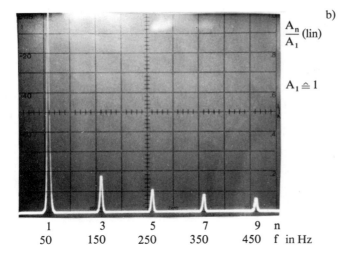

b) $\dfrac{A_n}{A_1}$ (lin)

$A_1 \triangleq 1$

n	1	3	5	7	9
f in Hz	50	150	250	350	450

Bild 6.2-11
Dargestellte Grössen, wie in Bild 6.2-10, jedoch induktive Last ohne Spannungsquelle, $\alpha = 80°$

duktiver Last ein sinusförmiger Netzstrom fliesst, zeigt Bild 6.2–10 die entsprechenden Grössen bei einer Induktivität ohne Sättigungserscheinungen. Der Oberschwingungsgehalt des Netzstromes ist entsprechend dem rechteckförmigen Strom i_1 grösser. Bei der hier zur Messung verwendeten Induktivität liess sich, wie das Bild 6.2–11 zeigt, ohne zusätzliche Spannungsquelle im Lastkreis ein maximaler Steuerwinkel $\alpha = 80°$ im stationären Betrieb einstellen. Im Oszillogramm Bild 6.2–12 sind die Grössen $u_{d\alpha}$, i_s und i_d bei induktiver Last mit Spannungsquelle dargestellt. Der Vergleich der Frequenzspektren (Bilder b) 6.2-10, 11, 12, 13) zeigt, dass der Oberschwingungsgehalt unabhängig vom Steuerwinkel α ist. Dies trifft für alle symmetrisch vollgesteuerten Schaltungen zu, jedoch nur für diese.

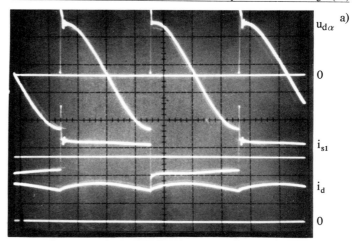

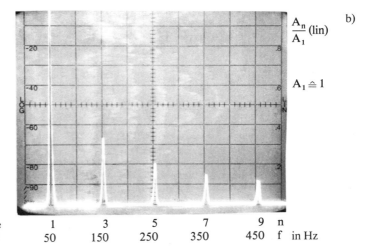

Bild 6.2-12
Wie Bild 6.2-10, jedoch induktive Last mit Spannungsquelle, $\alpha = 90°$

6.2.5 Zusammenfassung

Zusammenfassend kann gesagt werden, dass der Hauptvorteil der B2-Schaltung gegenüber der M2-Schaltung in der Strombelastung der Sekundärwicklung des Transformators und der dadurch möglichen Verkleinerung des Transformators liegt. Die pro Thyristor umgesetzte Gleichstromleistung ist in beiden Schaltungen gleich.

Im folgenden sind die wichtigsten Kennwerte der vollgesteuerten B2-Schaltung in Tabellen zusammengefasst. Tabelle 6–1 enthält allgemeine Angaben, Tabelle 6–2 die Kennwerte der Spannungen, Tabelle 6–3 jene des Gleichstromes und der Ventilströme. In Tabelle 6–4 schliesslich sind die wichtigsten Grössen der Wechselstromseite angegeben.

Zweipuls-Brückenschaltungen (B2)

1	Schaltbild		
2	Pulszahl	p	2
3	Kommutierungszahl	q	2
4	Anzahl paralleler Kommutierungsgruppen	g	1
5	Anzahl serieller Kommutierungsgruppen	s	2

Tabelle 6-1   Allgemeines

1	Gleichrichtungsfaktor	$\dfrac{U_{dio}}{U_{vo}} = k_o$	0,9
2	Maximaler Wert der Sperrspannung	$\dfrac{\hat{U}_r}{U_{dio}}$	1,57
3	Gleichspannungs-Oberschwingungen 3.1 Frequenz der 1. Oberschwingung 3.2 Welligkeit bei $\alpha = 0°$	f_{ld} $\dfrac{U_{wd}}{U_{dio}} = \sigma_u$	$2f$ 48,3%
4	Induktiver bezogener Gleich-spannungsabfall bei Nennstrom, verursacht durch den Transformer	$\dfrac{d_{xtl}}{e_{xtl}}$	0,707
5	Steuerbereich für $\dfrac{U_{di\alpha}}{U_{dio}} = 1 \ldots 0$ bei ohmscher Last bei induktiver Last (reiner Gleich-strom)	α α	$0° \ldots 180°$ $0° \ldots 90°$
6	Steuerkennlinie Gleich- und Wechselrichter-betrieb möglich	wie M2	

Tabelle 6-2
Gleichspannung, Sperrspannung, Steuerkennlinien (Die Grössen 1 bis 4 sind unabhängig von der Belastungsart)

Zweipuls-Brückenschaltungen (B2)

U_{dio}	Arithmetischer Mittelwert der Gleichspannung bei $\alpha = 0°$ unter idealisierten Bedingungen (ideelle Leerlaufgleichspannung)
U_{vo}	Effektivwert der sekundärseitigen Phasenspannung des Transformers im Leerlauf
k_o	Gleichrichtungsfaktor $= \dfrac{U_{dio}}{U_s}$
$\hat{U}_r$	Scheitelwert der Sperr- und Blockierspannung
f	Frequenz der Speisespannung (Netzfrequenz)
f_{ld}	Frequenz der ersten Oberschwingung der Gleichspannung
U_{Wd}	Gesamt-Effektivwert der Spannungs-Oberschwingungen $U_{Wd} = \sqrt{\Sigma\, U_{nd}^2}$; $n = k \cdot p$; $k = 1, 2\ldots$
σ_u	Spannungswelligkeit $\dfrac{U_{Wd}}{U_{dio}} \cdot 100$ in %
d_{xtl}	Induktiver, durch den Transformer verursachter Gleichspannungsabfall bei Nennstrom, in % von U_{dio}
e_{xtl}	Induktiver Anteil der Kurzschluss-Spannung des Transformers bei Nennstrom, in % von U_{dio}

Erklärung der in Tabelle 6.2 verwendeten Kurzzeichen

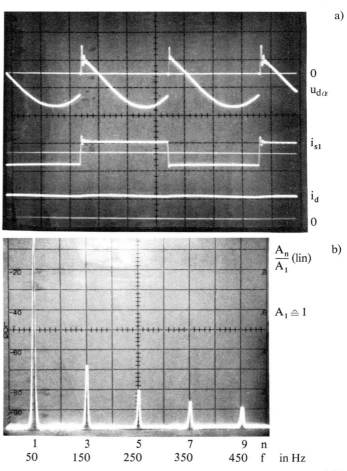

Bild 6.2-13
Wie Bild 6.2-12, jedoch $\alpha = 150°$

Zweipuls-Brückenschaltungen (B2)

0	Effektivwert des Strangstromes I_s	$\dfrac{I_s}{I_d}$	1
1	Effektivwert des Ventilstromes I_v	$\dfrac{I_v}{I_d}$	0,707
2	Mittelwert des Ventilstromes I_a	$\dfrac{I_a}{I_d}$	0,5
3	Formfaktor k_f (Verhältnis des Effektivwertes zum Mittelwert)	$\dfrac{I_v}{I_a}$	$\sqrt{2}$
4	Scheitelwert des Ventilstromes $\hat{I}_a$	$\dfrac{\hat{I}_a}{I_d}$	1
5	Stromflussdauer	ωt_T	$180° = \pi$
6	Kritischer Steuerwinkel (ohmsche Last)	α_{Krit}	0°

Tabelle 6-3
Gleichstrom, Ventilströme, Strangströme (0...5 Induktive Last, Strom nicht lückend, vollkommen geglättet)

0	Transformerschaltung		Iio
1	Schaltung nach Bild in Tabelle 6–1		
2	*Ströme* (bei Transformer-Übersetzung $U_L : U_{vo} = 1$) 2.1 Kurvenform des Netzstromes $i_L = i_{s1}$ 2.2 Netz-(Leiter)Strom 2.3 Netzseitiger Wicklungsstrom entspricht Leiterstrom	I_L/I_d	Bild 6.2–12a und 6.2–2f 1
3	*Leistungen* (Scheinleistungen) 3.1 Netzseitige Wicklungsleistung des Transformers 3.2 Ventilseitige Wicklungsleistung des Transformers 3.3 Mittlere Nennleistung (Bauleistung) des Transformers (Typenleistung) 3.4 Netzentnahmeleistung ($P_{dio} = U_{dio} \cdot I_{dN}$)	P_{tI}/P_{dio} P_{tv}/P_{dio} P_t/P_{dio} P_L/P_{dio}	1,11 1,11 1,11 1,11
4	Leistungsfaktor $\lambda = \dfrac{P}{S} = \dfrac{P_{dio}}{P_L}$ bei $\alpha = 0°$ P = Wirkleistung $P_{dio} = U_{dio} \cdot I_{dN}$ S = Scheinleistung P_L	λ	$\dfrac{1}{1,11} = 0,9$ für alle 2p-Schaltungen

Tabelle 6-4 Wechselstromseite

6.3 Halbgesteuerte B2-Schaltungen (B2H)

6.3.1 Arten und Bezeichnungen

Aus der vollgesteuerten B2-Schaltung lassen sich zwei Arten von halbgesteuerten Brücken ableiten:

Durch Serieschalten einer gesteuerten und einer ungesteuerten M2-Schaltung erhält man die «symmetrisch halbgesteuerte B2-Schaltung». Man setzt entweder im Anoden- oder Kathodensystem oder, wie man sagt, im Minus- oder Pluspol der vollgesteuerten Brücke anstatt Thyristoren Dioden ein. Ihr Aufbau entspricht also jenem der halbgesteuerten DB-Schaltung, die in Abschnitt 5.3 besprochen wurde.

Diese Schaltung nennt man auch «einpolig halbgesteuert». Wenn dabei die Kathoden der steuerbaren Ventile einen Gleichstromanschluss bilden, erhält das Schaltungskurzzeichen den Zusatz K: B2HK (Bild 6.3-1a). Bilden die Anoden der steuerbaren Ventile einen Gleichstromanschluss, so ist das Kurzzeichen B2HA. In der Praxis hat sich anstatt «einpolig halbgesteuert» mehr die Bezeichnung «symmetrisch halbgesteuert» eingeführt. Diese Bezeichnung bringt zum Ausdruck, dass in dieser Schaltung die Leitdauer der Dioden und Thyristoren, unabhängig vom Steuerwinkel, gleich gross, also symmetrisch, ist.

Die zweite Variante erhält man, indem man in einem Zweigpaar die Thyristoren durch Dioden ersetzt. Dadurch ergibt sich ohne Mehraufwand ein Freilaufkreis, der nur aus Dioden besteht, wodurch diese Variante vorteilhafter wird. Diese Anordnung ist nur bei der zweipulsigen Brückenschaltung, nicht aber bei der Drehstrombrücke möglich. Daher gibt es dort nur die symmetrisch halbgesteuerte Ausführung. Da die Leitdauer der Thyristoren und Dioden in dieser Anordnung verschieden ist, nennt man sie «asymmetrisch halbgesteuerte B2-Schaltung» (Bild 6.3-1b). Weil die beiden Ventile eines Zweigpaares gesteuert, die des anderen ungesteuert sind, ist die genormte Bezeichnung dieser Anordnung «zweipaargesteuert», Kurzzeichen B2HZ.

Bild 6.3-1
Aufbau halbgesteuerter B2-Schaltungen
a) Einpolig oder symmetrisch halbgesteuerte B2. Kurzzeichen: B2 HK
b) Zweigpaargesteuerte B2 oder asymmetrisch halbgesteuerte B2. Kurzzeichen: B2 HZ

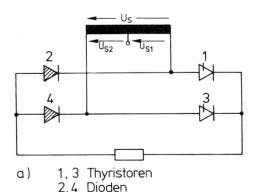

a) 1, 3 Thyristoren
    2, 4 Dioden

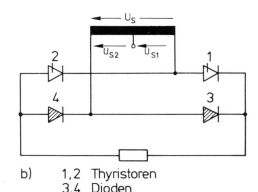

b) 1, 2 Thyristoren
    3, 4 Dioden

Zweipuls-Brückenschaltungen (B2)

6.3.2 Symmetrisch halbgesteuerte B2-Schaltung

Diese Variante ergibt sich aus der Serieschaltung zweier M2-Schaltungen, von denen die eine gesteuert, die andere ungesteuert ist. Man nennt diese Schaltung daher auch einpolig gesteuerte B2. Bild 6.3-2 zeigt die Entwicklung dieser Schaltung aus zwei M2-Schaltungen.

Wie man aus dem Verlauf der Spannungen und Ströme in Bild 6.3-3 und dem Oszillogramm Bild 6.3-6 entnehmen kann, ist die Arbeitsweise analog der halbgesteuerten B6-Schaltung. Der Freilaufzweig wird durch den beim Spannungsnulldurchgang gerade stromführenden Thyristor und die dazu in Serie geschaltete Diode gebildet. Zündet man bei ωt_1 den Thyristor 1, so fliesst der Strom durch Thyristor 1 und Diode 4 bis zum Phasenschnittpunkt ωt_2 (Bild 6.3-4a). Hier wechselt die Polarität der Spannung U_s, Punkt U wird negativ, Punkt V positiv. Der Strom fliesst trotzdem wegen der induktiven Last weiter über Thyristor 1 und Diode 4. Dadurch erhält Diode 2 über die leitende Diode 4 positive Anoden-Kathoden-Spannung, denn ihre Anode ist mit V, ihre Kathode mit U verbunden (Bild 6.3-4b). Diode 2 wird also leitend, und dadurch entsteht ein Kurzschlussstrom i_K, dessen treibende Spannung U_s ist, der von V in Gegenrichtung durch Diode 4 und in Flussrichtung durch Diode 2 nach U fliesst. Diode 4 wird dadurch gelöscht, und der Laststrom kommutiert auf Diode 2. Er fliesst nun über Thyristor 1 und Diode 2, die einen Freilaufzweig bilden. Die Ausgangsspannung ist daher ungefähr Null, es fliesst kein Netzstrom (Bild 6.3-4c). Bei ωt_3 wird Thyristor 3 gezündet. Er hat positive Anoden-

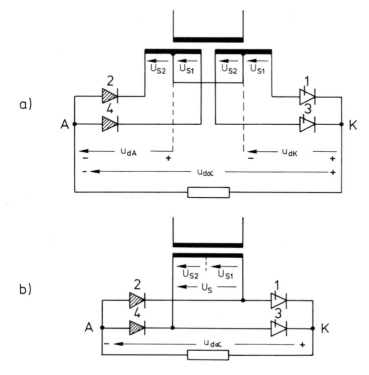

Bild 6.3-2
Symmetrisch halbgesteuerte B2-Schaltung als Serieschaltung zweier M2-Schaltungen
a) mit getrennten Sekundärwicklungen
b) mit gemeinsamer Sekundärwicklung

Zweipuls-Brückenschaltungen (B2)

Kathoden-Spannung, da über Thyristor 1 das Potential des Punktes U an seine Kathode geschaltet wird und seine Anode mit V verbunden ist. Dadurch entsteht ein Kurzschlussstrom über die Thyristoren 1 und 3 der zum Löschen des Thyristors 1 und zur Kommutierung des Stromes von Thyristor 1 auf Thyristor 3 führt (Bild 6.3-4d). Bis zum Phasenschnittpunkt bei ωt_4 fliesst der Laststrom über Thyristor 3 und Diode 2 (Bild 6.3-4e). Es fliesst wieder Netzstrom. Bei ωt_4 kehrt die

Bild 6.3-3
Spannungs- und Stromverläufe bei einer symmetrisch halbgesteuerten B2-Schaltung (ohne Berücksichtigung der Kommutierung gezeichnet)

$u_{S1} \cdot u_{S2}$ Phasenspannungen
$u_S = u_{S1} - u_{S2}$
$u_{di\alpha}$ Ausgangsspannung der Brücke
$i_1 \ldots i_4$ Ventilströme
i_d Laststrom
i_1 Netzstrom

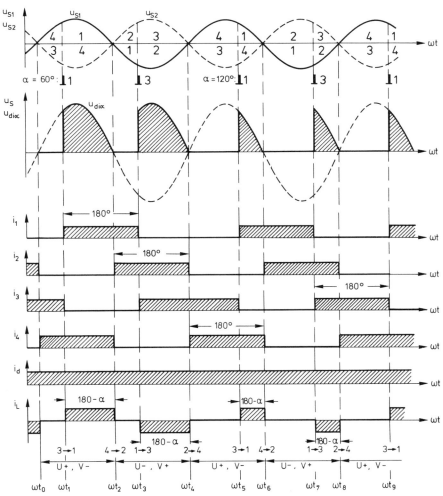

Zweipuls-Brückenschaltungen (B2)

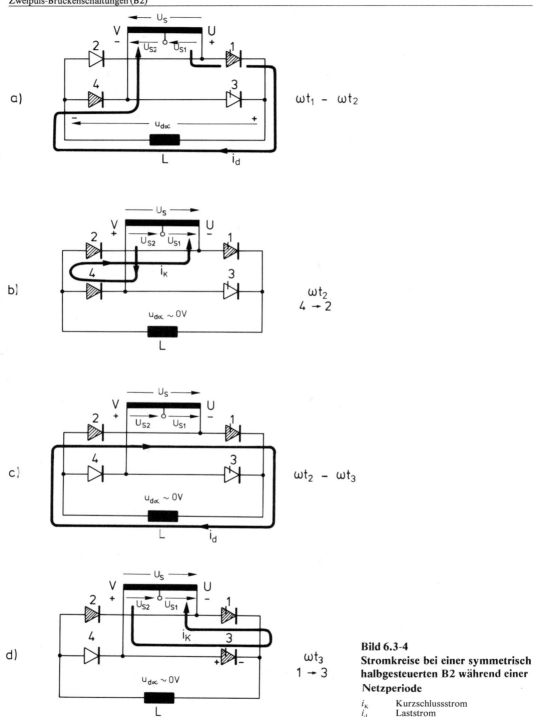

Bild 6.3-4
Stromkreise bei einer symmetrisch halbgesteuerten B2 während einer Netzperiode

i_K Kurzschlussstrom
i_d Laststrom

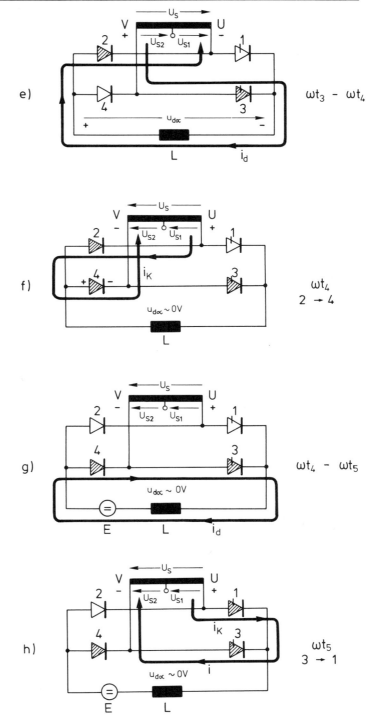

Zweipuls-Brückenschaltungen (B2)

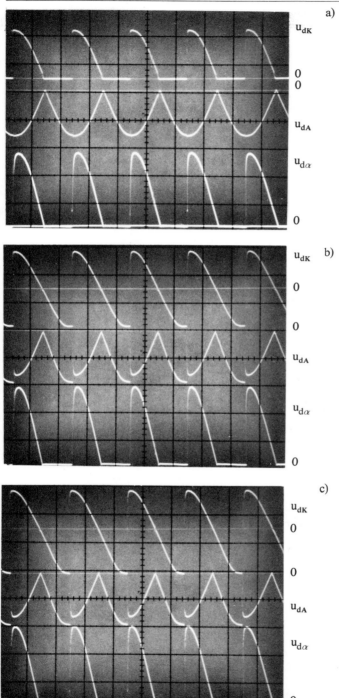

Bild 6.3-5
Verlauf der Teilspannung u_{dK}, u_{dA}, sowie der Brückenspannung $u_{d\alpha}$ bei einer symmetrisch halbgesteuerten B2

$\alpha = 90°$, 1 Teilung $\triangleq 90°$
a) Lastwiderstände zwischen A–M und B–M (Bild 6.3.–3). Jedes M2-System arbeitet auf eigenen Lastwiderstand
b) Lastwiderstand über der Brücke (A–K)
c) Induktive Last über der Brücke (A–K)

Polarität der Spannung U_s um. Dadurch erhält Diode 4 positive Anoden-Kathoden-Spannung, wird leitend, was einen Kurzschlussstrom i_K zur Folge hat, der Thyristor 2 löscht (Bild 6.3-4f). Der Laststrom kommutiert von Diode 2 auf Diode 4. Er fliesst als Freilaufstrom über den aus Thyristor 3 und Diode 4 gebildeten Freilaufzweig (Bild 6.3-4g), bis bei ωt_5 wieder Thyristor 1 gezündet wird, was zur Kommutierung des Laststromes von Thyristor 3 auf Thyristor 1 führt (Bild 6.3-4h), womit der Ausgangszustand erreicht ist, bei dem Thyristor 1 und Diode 4 Strom führen (Bild 6.3-4a).

Es lassen sich folgende Eigenschaften dieser Schaltung feststellen:

- Die Stromführungsdauer aller Ventile ist im stationären Betrieb 180°, bei aktiver Last unabhängig vom Steuerwinkel (Bild 6.3-6c). Daher kommt die Bezeichnung «symmetrisch» halbgesteuerte B2. Dynamisch, das heisst, beim Verschieben der Impulse können längere oder kürzere Stromführungen auftreten, z. B. fliesst i_3 in Bild 6.3-3 von ωt_3 bis ωt_5 also 180° + 60° = 240° lang, da Thyristor 1 erst bei $\alpha = 120°$ gezündet wird.
- Zwischen Phasenschnittpunkt und Zünden eines Thyristors fliesst der Laststrom über einen Freilaufkreis, der aus einem Thyristor und einer Diode besteht. Es sind zwei Freilaufkreise vorhanden: Thyristor 1 + Diode 2 und Thyristor 3 + Diode 4 (Bild 6.3-4c und 4g). Es kann daher bei Vorhandensein einer aktiven Last zum Kippen des im Wechselrichter arbeitenden M2-Systems kommen, das die Thyristoren 1 und 3 enthält, wie dies bei der halbgesteuerten Drehstrombrücke bereits erklärt wurde.
- Während der Laststrom im Freilaufkreis fliesst, ist das Netz nicht mehr mit der Last verbunden, es fliesst also kein Netzstrom. Daraus ergibt sich eine Stromflussdauer für den Netzstrom i_L von $180° - \alpha$ (Bild 6.3-6d). Die Stromblöcke sind also verkürzt gegenüber einer vollgesteuerten B2, was eine Reduktion der Blindleistung und der Stromoberschwingungen höherer Frequenz bewirkt.
- Die Ausgangsspannung ist während der Freilaufzeit annähernd Null (Bild 6.3-6a, c).

Bild 6.3-6
Verlauf der Spannungen und Ströme bei einer symmetrisch halbgesteuerten B2
$\alpha = 90°$, 1 Teilung $\hat{=}$ 90°
a) **Spannungen** u_{dk}, u_{dA} **und** $u_{d\alpha}$

Diese Grössen sind unabhängig von der Art der Belastung

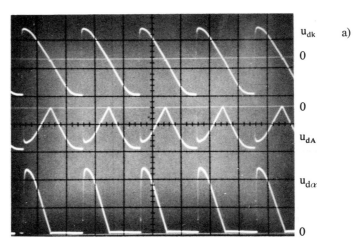

a) u_{dk}

u_{dA}

$u_{d\alpha}$

Zweipuls-Brückenschaltungen (B2)

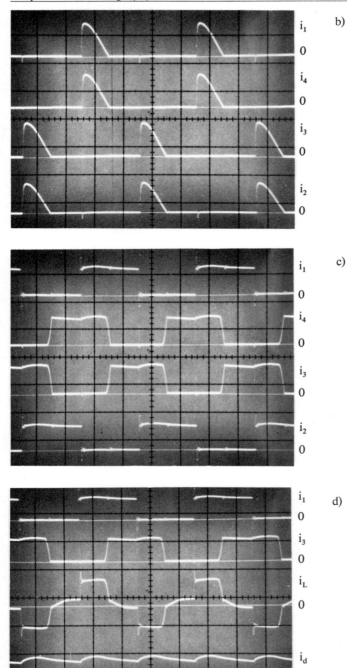

b) **Ventilströme bei ohmscher Last**
c) **Ventilströme bei induktiver Last mit Spannungsquelle (aktiver Last)**
d) **Ventilströme i_1, i_3 sowie Netzstrom i_L und Gleichstrom i_d bei induktiver Last mit Spannungsquelle (aktiver Last)**

- Die beiden M2-Systeme kommutieren nicht mehr gleichzeitig wie bei der vollgesteuerten B2. Die Auswirkung der Kommutierung auf Strom und Spannung ist aber genau gleich. (Siehe z. B. Bild 6.3–6a: U_{dA}.)
- Der arithmetische Mittelwert der Ausgangsspannung setzt sich aus der Differenz der Teilspannungen der beiden M2-Systeme zusammen (Bild 6.3–5).

Für das gesteuerte System gilt: $U_{dK} = U_{dKo} \cdot \cos\alpha$
Für das ungesteuerte System gilt: $U_{dA} = -U_{dKo}$

Damit wird:
$$U_{di\alpha} = U_{dKo} \cdot \cos\alpha + U_{dKo}$$
$$U_{di\alpha} = U_{dKo}(1 + \cos\alpha)$$
$$U_{di\alpha} = \tfrac{1}{2} U_{dio}(1 + \cos\alpha)$$

Wegen der Freilaufkreise ist der Verlauf der Ausgangsspannung und damit auch der arithmetische Mittelwert unabhängig von der Art der Belastung (Bild 6.3–5b, c).

Ist die Last ohmisch, so hören die Thyristoren im Phasenschnittpunkt auf zu leiten. Die Ausgangsspannung bleibt Null, bis der nächste Thyristor gezündet wird. Ist die Last aktiv, so fliesst vom Phasenschnittpunkt bis zum Zünden des nächsten Thyristors ein Freilaufstrom; damit wird die Ausgangsspannung gleich dem Spannungsabfall über der Serieschaltung Diode–Thyristor, der in der Grössenordnung von 1…2 V liegt.

Die Steuerkennlinie, die den Verlauf von $U_{di\alpha}$ in Funktion von α zeigt, entspricht genau jener einer halbgesteuerten Drehstrombrücke, die ja auch hier eine symmetrisch halbgesteuerte Schaltung ist (Bild 5.3–16). Da auch hier die Gefahr des Wechselrichterkippens besteht, kann bei Vorhandensein einer aktiven Last (Spannungsquelle E), die den Strom weiterfliessen lässt, bis der nächste Thyristor gezündet wird, die Ausgangsspannung $U_{d\alpha} = 0$ V nicht erreicht werden, denn das verlangt $\alpha = 180°$.

Gerade dies ist ein Hauptnachteil der symmetrisch halbgesteuerten gegenüber der asymmetrisch halbgesteuerten B2-Schaltung, die ihrerseits (fast) alle Vorteile der symmetrisch halbgesteuerten B2 auch hat. Um das Wechselrichterkippen zu vermeiden, müsste man eine zusätzliche Freilaufdiode über die Last schalten. Dies erreicht man bei der Ventilanordnung der asymmetrischen B2 ohne zusätzlichen Aufwand. Daher ist in der Leistungselektronik die symmetrisch halbgesteuerte B2 kaum zu finden. Sie wird bisweilen zur Gleichrichtung kleiner Leistungen (z. B. in Netzgeräten) eingesetzt, weil in der B2HK-Schaltung die Thyristoren auf einen gemeinsamen Kühlkörper montiert und ohne Impulsübertrager angesteuert werden können.

6.3.3 Asymmetrisch halbgesteuerte B2-Schaltung

Bei einer Zwei-Puls-Brückenschaltung lässt sich eine halbgesteuerte Brücke auch so aufbauen, dass ohne Mehraufwand ein Freilaufkreis über Dioden entsteht. Die Anordnung der Ventile ist aus Bild 6.3–1b zu ersehen. Sie kann nur bei einer Zwei-Puls-Brücke, nicht aber bei einer Drehstrombrücke gemacht werden. Daher gibt es auch keine asymmetrisch, sondern nur eine symmetrisch halbgesteuerte Drehstrombrückenschaltung. Wie bereits erwähnt, beziehen sich die Begrif-

Zweipuls-Brückenschaltungen (B2)

fe symmetrisch und asymmetrisch auf die Leitdauer der Thyristoren und Dioden. Bei einer symmetrisch halbgesteuerten Brücke ist die Leitdauer der Thyristoren und Dioden gleich, während bei einer asymmetrisch halbgesteuerten Brücke die Thyristoren und Dioden verschieden lange leiten.

Bildung der Gleichspannung

Bild 6.3-7 zeigt die Bildung der Gleichspannung $U_{di\alpha}$ bei verschiedenen Steuerwinkeln. Darunter sind die in den einzelnen Zeitabschnitten leitenden Ventile sowie die an der Kommutierung des Stromes beteiligten Ventile angegeben, während Bild 6.3-8 die zugehörigen Strompfade während einer Netzperiode zeigt.

Wird bei ωt_1 Thyristor 1 gezündet, so fliesst der Strom bis zum Phasenschnittpunkt, also von ωt_1 bis ωt_2 über Thyristor 1 und Diode 4 (Bild 6.3-8a). Im Phasenschnittpunkt (ωt_2) ändert sich die Polarität der Phasenspannung U_s. Damit wird die Kathode der Diode 3 negativ, da ja über den leitenden Thyristor 1 der negative Pol von U_s an sie durchgeschaltet wird (Bild 6.3-8b). Es fliesst ein Kurzschlussstrom von V über Diode 3 in Gegenrichtung durch Thyristor 1 nach U, der

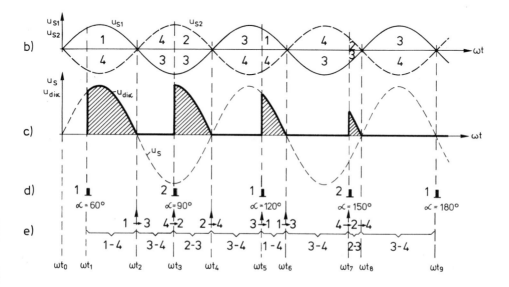

Bild 6.3-7

Spannungsverlauf und Leitschema für eine asymmetrisch halbgesteuerte B2-Schaltung (ohne Berücksichtigung der Kommutierung)

u_{S1}, u_{S2} Phasenspannungen
$u_S = u_{S1} - u_{S2}$
$u_{di\alpha}$ Ausgangsspannung der Brücke

a) Schaltung
b) Phasenspannungen
c) Momentanwert der Ausgangsspannung
d) Impulse
e) Leitschema

die Kommutierung des Laststromes I_d von Thyristor 1 auf Diode 3 bewirkt. Daher sind nun von ωt_2 bis ωt_3 die beiden Dioden 3 und 4 leitend. Es ergibt sich also ein Freilaufkreis über die Dioden 3 und 4 (Bild 6.3–8c), bis bei ωt_3 Thyristor 2 gezündet wird. Dies hat zur Folge, dass der Laststrom von Diode 4 auf Thyristor 2 kommutiert (Bild 6.3–8d).

Im Abschnitt ωt_3 bis ωt_4 sind Thyristor 2 und Diode 3 leitend (Bild 6.3–8e). Im Phasenschnittpunkt bei ωt_4 erhält Diode 4 positive Spannung. Sie wird dadurch leitend, was durch den einsetzenden Kurzschlussstrom das Löschen des Thyristors 2 zur Folge hat (Bild 6.3–8f). Damit fliesst im Abschnitt $\omega t_4 - \omega t_5$ (Bild 6.3–8g) wieder ein Freilaufstrom, und zwar über denselben von den Dioden 3 und 4 gebildeten Freilaufkreis, bis durch Zünden des Thyristors 1 bei ωt_5 Diode 3 gelöscht wird. Im Unterschied zur symmetrisch halbgesteuerten B2 gibt es hier nur einen Freilaufkreis, der zudem nur aus Dioden besteht. Die Thyristoren werden, ganz unabhängig vom eingestellten Steuerwinkel, schon stromlos, wenn ihre Phasenspannung negativ wird. Es vergehen daher beim Betrieb am 50-Hz-Netz immer 10 ms, bis sie wieder positive Spannung sperren müssen. Ein Wechselrichterkippen kann daher nicht mehr auftreten, so dass Ausgangsspannung Null ohne weitere Massnahmen möglich ist, da ein Zündwinkel $\alpha = 180°$ eingestellt werden darf.

Aus der soeben besprochenen Funktionsweise der asymmetrisch halbgesteuerten B2-Schaltung ergeben sich die in Bild 6.3–9 dargestellten Verläufe der Spannungen und Ströme. Die Bilder 6.3–10, a, b, c zeigen

Bild 6.3-8
Stromkreis während einer Netzperiode

i_K Kurzschlussstrom
i_d Laststrom

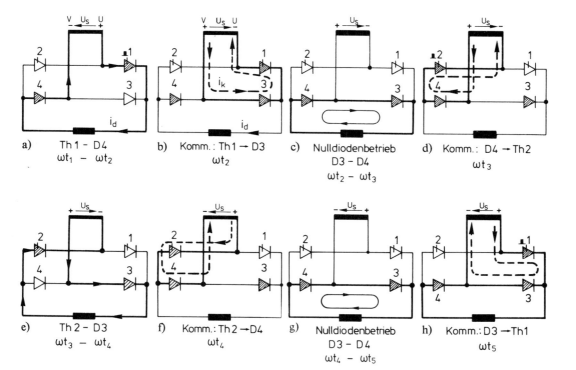

a) Th 1 – D4
$\omega t_1 - \omega t_2$

b) Komm.: Th 1 → D3
ωt_2

c) Nulldiodenbetrieb
D3 – D4
$\omega t_2 - \omega t_3$

d) Komm.: D4 → Th 2
ωt_3

e) Th 2 – D3
$\omega t_3 - \omega t_4$

f) Komm.: Th 2 → D4
ωt_4

g) Nulldiodenbetrieb
D3 – D4
$\omega t_4 - \omega t_5$

h) Komm.: D3 → Th 1
ωt_5

Zweipuls-Brückenschaltungen (B2)

eine Eigenheit jeder halbgesteuerten Stromrichterschaltung in bezug auf die durch die verursachten Oberschwingungen des Netzstromes. Wie man daraus entnehmen kann, ändert sich das Oberschwingungsspektrum abhängig vom Steuerwinkel α, während es bei einer symmetrisch gesteuerten Schaltung gleich bleibt. Dies liegt daran, dass sich dort die Form der Ventilströme durch die Aussteuerung nicht ändert. Da der Freilaufkreis nur aus Dioden besteht, ergeben sich folgende Vorteile einer asymmetrisch halbgesteuerten B2 gegenüber einer symmetrisch halbgesteuerten B2:

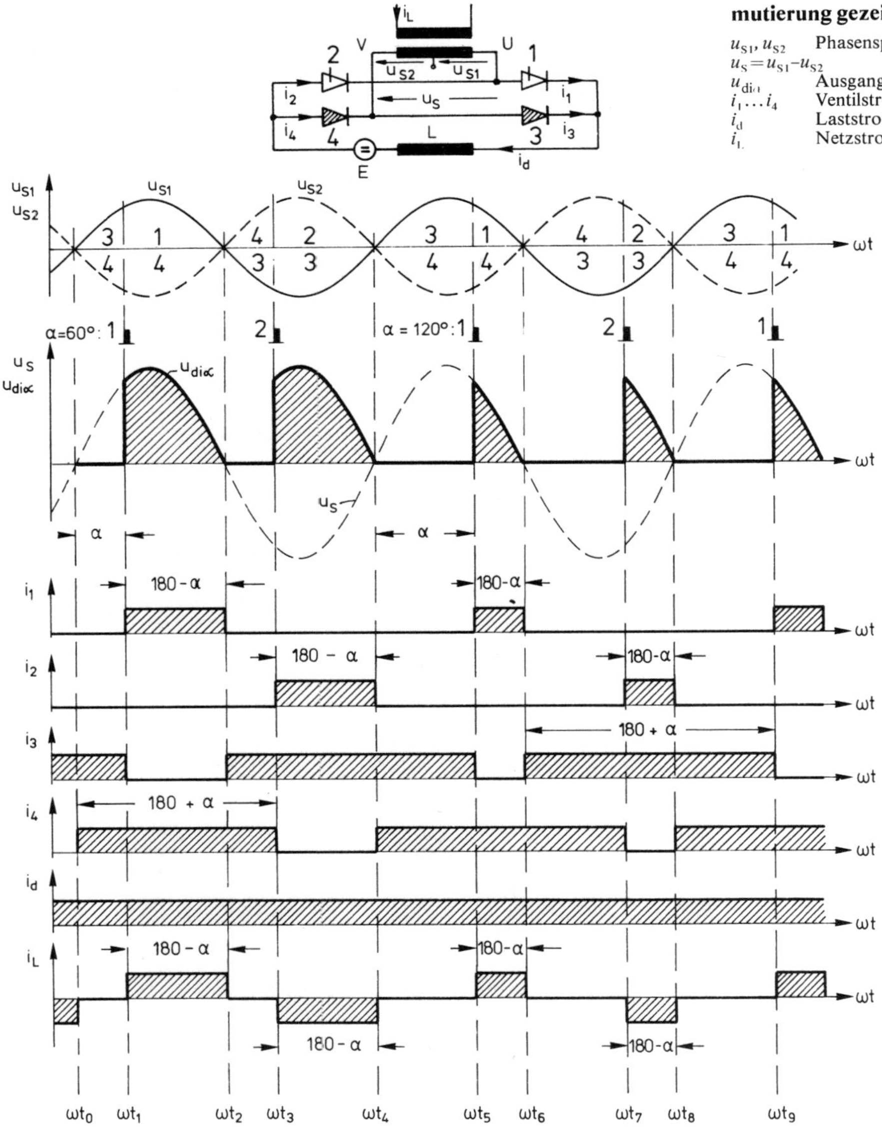

Bild 6.3-9
Verlauf der Spannungen und Ströme bei einer asymmetrisch halbgesteuerten B2
(ohne Berücksichtigung der Kommutierung gezeichnet)

u_{S1}, u_{S2} Phasenspannungen
$u_S = u_{S1} - u_{S2}$
$u_{di\alpha}$ Ausgangsspannung der Brücke
$i_1 \ldots i_4$ Ventilströme
i_d Laststrom
i_L Netzstrom

Zweipuls-Brückenschaltungen (B2)

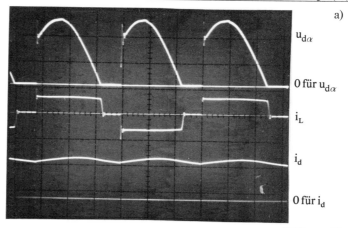

a)

1 Teilung ≙ 60°

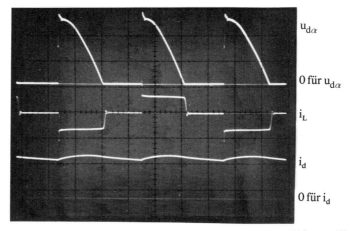

b)

1 Teilung ≙ 60°

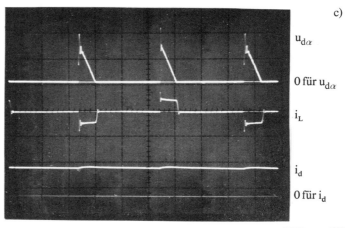

c)

Bild 6.3-10
Asymmetrisch halbgesteuerte B2
Verlauf der Ausgangsspannung $u_{d\alpha}$
des Netzstromes
i_L und des Gleichstromes i_d
a) $\alpha = 30°$
b) $\alpha = 90°$
c) $\alpha = 150°$
induktive Last mit Spannungsquelle

1 Teilung ≙ 60°

179

Zweipuls-Brückenschaltungen (B2)

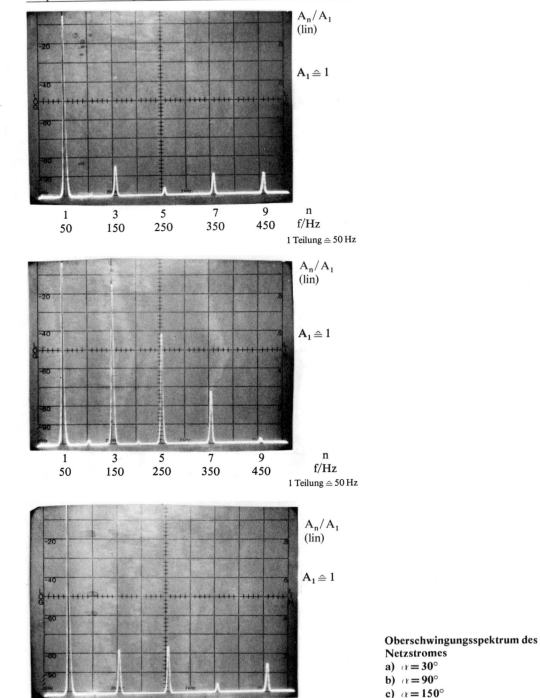

Oberschwingungsspektrum des Netzstromes
a) $\alpha = 30°$
b) $\alpha = 90°$
c) $\alpha = 150°$
induktive Last mit Spannungsquelle

- Entlastung der Thyristoren beim Anfahren, da Leitdauer der Dioden $180° + \alpha$. Die thermische Belastung der Dioden ist dadurch grösser als jene der Thyristoren, jedoch nicht proportional zum Leitdauerverhältnis, da einerseits der Spannungsabfall über einer Diode kleiner als über einem Thyristor ist. (Bei $I_d = 1000$ A: $U_D = 0{,}9$ V ... $1{,}0$ V gegen $U_{Th} = 1{,}2$ V ... $1{,}6$ V.)

  Andererseits ist bei Dioden eine höhere Sperrschichttemperatur als bei Thyristoren zulässig ($\vartheta_{J\ max} = 145°C$ ... $150°C$ für Dioden, $120°C$ ... $125°C$ für Thyristoren.)
- Einfache Steuermöglichkeit bei Folgeschaltung mehrerer Brücken, wie sie insbesondere bei Thyristorlokomotiven zum Einsatz kommt
- Keine Kippgefahr, daher auch Ausgangsspannung Null möglich.

6.3.4 Vergleich der B2-Schaltungen

– Kommutierung

Vollgesteuerte B2: (1)

Es finden immer gleichzeitig zwei Kommutierungen statt (im Anoden- und im Kathodensystem).

Symmetrisch halbgesteuerte B2: (2)

Die Kommutierungen sind nie gleichzeitig. Bei Polaritätswechsel der Speisespannung kommutiert der Laststrom auf einen Freilaufzweig. Es gibt zwei Freilaufzweige. Jeder besteht aus einem Thyristor und einer Diode.

Unsymmetrisch halbgesteuerte B2: (3)

Auch hier finden nie zwei Kommutierungen gleichzeitig statt. Bei Polaritätswechsel der Speisespannung kommutiert der Laststrom auf den Freilaufzweig. Es gibt nur einen Freilaufzweig. Er enthält nur Dioden.

– Aufwand an Ventilen

(1) Alle Ventile Thyristoren
(2) und (3) Die Hälfte der Ventile Thyristoren, die andere Hälfte Dioden; also Einsparung von Thyristoren.

– Leitdauer der Ventile

(1) und (2) $180°$
(3)   Thyristoren: $180° - \alpha$, Dioden: $180° + \alpha$

– Blindleistung

(1) Bei $= 90°$ ist die gesamte Leistung Blindleistung.
(2) und (3) Maximale Blindleistung halb so gross wie bei (1), also «blindleistungssparende Schaltung».

Zweipuls-Brückenschaltungen (B2)

− Ausgangsspannung

(1) $U_{di\alpha} = U_{dio} \cdot \cos\alpha$, kann also positiv und negativ sein, Wechselrichterbetrieb möglich.

(2) und (3) $U_{di\alpha} = \frac{1}{2} U_{dio} (1 + \cos\alpha)$, kann also nur positiv sein, kein Wechselrichterbetrieb möglich.

− Einsatzgebiete

(1) Wenn Wechselrichterbetrieb verlangt wird.

(2) Nur bei sehr kleinen Leistungen, wo gemeinsamer Kühlkörper für die Thyristoren und dadurch möglicher einfacherer Zündkreis (keine Impulsübertrager) Preisvorteil bringt.

(3) Überall, wo kein Wechselrichterbetrieb gefordert wird; weitaus am häufigsten eingesetzte B2-Schaltung.

7. Zwölf- und höherpulsige Schaltungen

Zwölfpulsige Stromrichterschaltung, bestehend aus zwei in Serie geschalteten Drehstrombrücken (B6.2).

Eine Erhöhung der Pulszahl kann durch drei verschiedene Verfahren erreicht werden:

– Erhöhung der Phasenzahl des Stromrichter-Transformers und dadurch Übergang von der M3-Schaltung auf M6- bzw. M12-Schaltung. Von dieser Möglichkeit wird jedoch bei Einsatz von Halbleiterventilen nicht Gebrauch gemacht, da die Ausnützung des Transformers und der Ventile mit steigender Pulszahl abnimmt (Stromführungsdauer eines Ventils $t_F = 2\pi/p$)

– Phasenversetzte Serieschaltung von Kommutierungsgruppen.
Durch diese Massnahme entstand, wie in Kapitel 5 beschrieben, die Drehstrombrücke als Serieschaltung zweier um 60° phasenversetzter M3-Schaltungen. Wendet man dieses Prinzip auf zwei um 30° phasenversetzte Drehstrombrücken an, so erhält man, wie anschliessend gezeigt, eine 12-Puls-Schaltung. Die Stromführungsdauer der Ventile

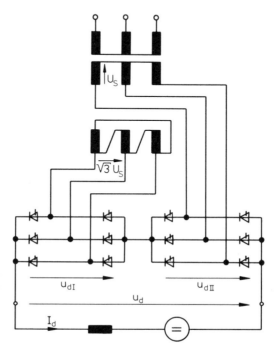

Bild 7.1-1
Zwölfpulsige Stromrichterschaltung, bestehend aus zwei in Serie geschalteten Drehstrombrücken (B6.2).

u_{dI}, u_{dII}: Gleichspannung der beiden Drehstrombrücken $u_d = u_{dI} + u_{dII}$

bleibt aber unverändert, wie in einer M3-Schaltung (120°), die Ausgangsspannung verdoppelt sich bei gleichbleibender Spannungsbeanspruchung der Ventile.

- Phasenversetzte Parallelschaltung von Kommutierungs-Gruppen (Saugdrossel-Schaltung).

Der Vorteil dieser Schaltung besteht darin, bei gleichzeitiger Verdoppelung der Pulszahl einen doppelt so grossen Strom zu erhalten. Die Parallelschaltung von zwei um 180° phasenversetzten M3-Systemen ergibt eine sechspulsige Saugdrosselschaltung, die Parallelschaltung von zwei um 30° phasenversetzten Drehstrombrücken liefert eine 12pulsige Saugdrosselschaltung.

7.1 Zwölfpulsige Schaltungen

12pulsige Schaltungen lassen sich, wie bereits erwähnt, auf einfache Art durch Serie- oder Parallelschalten von zwei Drehstrombrücken erreichen, die über einen Transformator mit zwei Sekundärwicklungen geeigneter Schaltgruppen (z.B. Y_{y6} und Y_{d5}, also 30° Phasenverschiebung der Sekundärspannungssysteme) gespeist werden.

7.1.1 Reihenschaltung von zwei Drehstrombrücken

Wenn eine hohe Gleichspannung gefordert wird, die eine Reihenschaltung von Ventilen verlangen würde, gelangt man ohne Mehraufwand zu einer Erhöhung der Pulszahl von $p = 6$ auf $p = 12$, wenn man zwei Drehstrombrücken, deren Anspeisungen um 30° versetzt sind, in Serie schaltet. (Bild 7.1-1) Das hiefür vorgeschlagene Schaltungskurzzeichen ist B6.2.

Die von den beiden Drehstrombrücken abgegebenen, um 30° phasen-

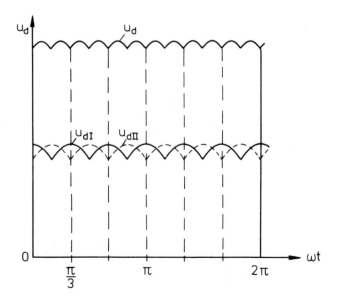

Bild 7.1-2
Verlauf der Gleichspannungs-Momentanwerte der B6.2-Reihenschaltung bei Vollaussteuerung

u_{dI}, u_{dII}: Momentanwerte der Brückenspannungen
$u_d = u_{dI} + u_{dII}$ Momentanwert der Summen-Gleichspannung

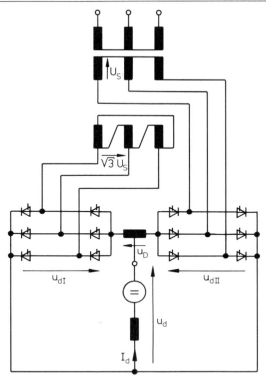

Bild 7.1-3
Zwölfpulsige Stromrichterschaltung, bestehend aus zwei parallel geschalteten Drehstrombrücken (Zwölfpuls-Saugdrosselschaltung)

verschobenen Teilspannungen u_{dI} und u_{dII} addieren sich zur 12pulsigen Gesamtspannung entsprechen Bild 7.1–2. Die Spannungswelligkeit bei Vollaussteuerung beträgt nur mehr 1,03%. Entsprechend gering kann der Aufwand zur Glättung des Gleichstroms sein. In den meisten Fällen ist keine Gleichstromdrossel nötig.

Da die beiden Drehstrombrücken eine um 30° versetzte Speisespannung erhalten, genügt es nicht, jede Drehstrombrücke mit den entsprechenden Doppelimpulsen zu zünden. Damit ein Strom fliessen kann, müssen ja 2 Thyristoren der Drehstrombrücke I und 2 Thyristoren der Drehstrombrücke II gleichzeitig gezündet werden. Dies wird dadurch erreicht, dass jeder Thyristor seine eigenen Doppelimpulse und zusätzlich die Doppelimpulse des entsprechenden Thyristors des anderen Systems, also insgesamt 4 Impulse im Abstand von 30° erhält. Dazu ist eine Impulslogik nötig, die jedoch keinen grossen Mehraufwand bedeutet.

7.1.2 Parallelschaltung von zwei Drehstrombrücken

Wenn ein hoher Gleichstrom gefordert wird, der eine Parallelschaltung von Thyristoren verlangen würde, gelangt man durch eine Parallelschaltung zweier um 30° versetzter Drehstrombrücken nach Bild 7.1-3 zu einer Erhöhung der Pulszahl von $p = 6$ auf $p = 12$. Da die parallel arbeitenden Stromrichter verschiedene Augenblickswerte der Gleich-

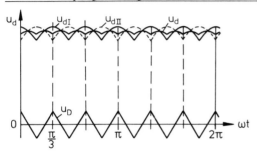

Bild 7.1-4
Verlauf der Spannungsmomentanwerte einer Zwölfpuls-Saugdrosselschaltung bei Vollaussteuerung

u_{dI}, u_{dII}: Momentanwerte der Brückenspannungen

$u_d + u_{dI} + u_{dII}$ Momentanwerte der Ausgangsspannungen

u_D Momentanwert der Saugdrosselspannung

spannungen u_{dI} und u_{dII} liefern, muss eine Induktivität, die sogenannte Saugdrossel, diese Spannungsunterschiede aufnehmen. Eine direkte Parallelschaltung ist daher nicht zulässig. Nach Bild 7.1-3 gilt:

Spannung über der Drossel: $\quad u_D = u_{dI} - u_{dII}$

Spannung über der Last: $\quad u_d = u_{dI} - \dfrac{u_{dI}}{2} + \dfrac{u_{dII}}{2}$

oder: $\quad u_d = \dfrac{u_{dI} + u_{dII}}{2}$

Die an der Saugdrossel anliegende Spannung hat, wie Bild 7.1-4 zeigt, sechsfache Netzfrequenz. Jede Wicklungshälfte führt den halben Gleichstrom. Werden die beiden Teilwicklungen der Drossel so angeschlossen, dass sich die Gleichstromdurchflutungen aufheben, so ergibt sich eine reine Wechselstrommagnetisierung und damit die geringste Baugrösse der Saugdrossel.

Solche Schaltungen werden heute vorwiegend in der Elektrolyse oder bei Schmelzöfen eingesetzt, wo bei relativ niederer Spannung (einige 100 V) sehr hohe Ströme (bis zu 20 kA) verlangt werden.

7.1.3 Weitere Möglichkeit der Phasenversetzung

Die zur Erreichung einer Zwölfpulsschaltung nötige Phasenversetzung der beiden Systeme um 30° kann, wie bisher angenommen, durch Speisung der einen Drehstrombrücke über eine in ⊥ geschaltete Sekundärwicklung, während die andere Drehstrombrücke an eine im △ geschaltete Sekundärwicklung angeschlossen ist, erreicht werden.

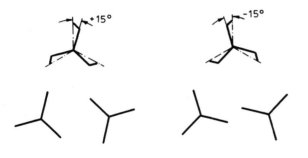

Bild 7.1-5
Verwendung zweier gleichartiger Transformer mit 15°-Schwenkzipfel auf der Netzseite zur Erzielung einer Zwölfpulsschaltung.

Die Strangspannungen müssen sich dann wie $1:\sqrt{3}$ verhalten (siehe Bilder 7.1-1 und 7.1-3).

Will man den dadurch entstehenden Nachteil 2, verschiedene Transformertypen in einer Anlage zu haben, vermeiden, so lässt sich die nötige Phasendrehung mit 2 Transformatoren völlig gleicher Bauart mit Schwenkzipfeln erreichen. Zweckmässig werden die Transformatoren nach Bild 7.1-5 geschaltet. Die gewünschte Phasenverschiebung von 30° ergibt sich dadurch, dass der eine Transformer mit Drehfeldrichtung links, der andere mit Drehfeldrichtung rechts an das Netz angeschlossen wird. Die Transformer werden durch die Schwenkzipfel in ihrer Bauleistung nur wenig grösser.

Grundsätzlich kann die gewünschte Phasendrehung auch mit einem einzigen Transformer erreicht werden. Es müssen dann, wie Bild 7.1-6 zeigt, alle ventilseitigen Wicklungen mit Schwenkzipfeln versehen werden. Der Aufbau des Transformers wird aber dann durch die vielen Verbindungen kompliziert. Daher findet man solche Ausführungen selten.

7.1.4 Zusammenfassung

Die Erhöhung der Pulszahl von $p = 6$ auf $p = 12$ ist in der Praxis besonders bei Stromrichtern grosser Leistung oft wünschenswert, um einerseits eine Gleichspannung mit sehr geringem Oberschwingungsgehalt zu haben und andererseits die Netzbelastung durch Stromoberschwingungen klein zu halten. Nach dem allgemein gültigen Gesetz der Ordnungszahl der Netzoberschwingungen $n = k \cdot p \pm 1$ treten bei einer 12p-Schaltung nur Oberwellenströme der Ordnungszahlen $n = 11, 13, 23, 25$ usw. auf. Es fehlen also die 5. und 7. Harmonische der Drehstrombrückenschaltung, da sie in den beiden Drehstrombrücken, die um 30° versetzt angespeist werden, um 180° phasenverschoben sind.

Wie aus Bild 7.1-7 zu ersehen ist, gibt die Summe der Einzelströme der beiden um 30° phasenversetzt arbeitenden Drehstrombrückenschaltungen (a+b) einen Netzstrom c, der wesentlich besser sinusförmig ist. Der Grundschwingungsgehalt dieses Netzstroms ist daher nahezu 1.

Trotz der 12pulsigen Welligkeit der Gleichspannung leiten die Thyristoren in diesen hier besprochenen Schaltungen 120°. Sie und die Transformerwicklungen sind also genauso gut ausgenützt, wie in der Drehstrombrücken-Schaltung. Bei Serieschaltung von zwei Drehstrombrücken (Abschnitt 7.1.1) hat die Ausgangsspannung, bei Paral-

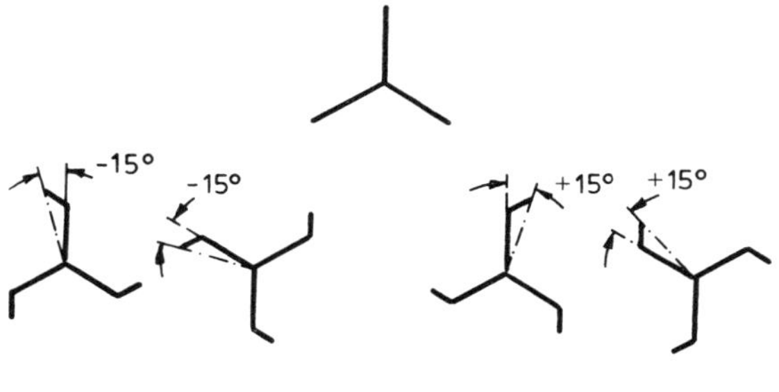

Bild 7.1-6:
Verwendung eines einzigen Transformers mit 15°-Schwenkzipfel auf der Sekundärseite zum Aufbau einer Zwölfpulsschaltung

Zwölf- und höherpulsige Schaltungen

			Serie-schaltung	Parallel-schaltung
	Schaltung nach Bild		7.1–1	7.1–3
1	Gleichrichtungsfaktor	$\dfrac{U_{dio}}{U_s}$	4,68	2,34
2	Maximale Sperrspannung	$\dfrac{\hat{U}_r}{U_{dio}}$	0,52	1,05
3	Gleichspannungs-Oberschwingungen 3.1 Frequenz der 1. Oberschwingung	f_{1d}	$12 \cdot f$	$12 \cdot f$
	3.2 Welligkeit bei $\alpha = 0°$	$\dfrac{U_{wd}}{U_{dio}}$	1,03 %	1,03 %
4	Induktiver bezogener Gleichspannungsabfall	$\dfrac{d_{xtl}}{e_{xtl}}$	0,5	0,5
5	Effektivwert des Ventilstroms	$\dfrac{I_v}{I_d}$	0,58	0,29
6	Mittelwert des Ventilstroms	$\dfrac{I_a}{I_d}$	0,33	0,17
7	Formfaktor	k_f	$\sqrt{3}$	$\sqrt{3}$
8	Stromflussdauer	t_T	120°	120°
9	Transformer 9.1 Ströme: – Kurvenform des Netzstroms		Bild 7.1–7	
	– Netzstrom	$\dfrac{I_L}{I_d}$	0,82	0,82
	– Strangstrom (Sekundär)	$\dfrac{I_s}{I_d}$	0,82	0,41
	9.2 Leistungen: – Primärleistung	$\dfrac{P_{tL}}{P_{dio}}$	1,01	1,01
	– Sekundärleistung	$\dfrac{P_{tv}}{P_{dio}}$	1,05	1,05
	– Typenleistung	$\dfrac{P_t}{P_{dio}}$	1,03	1,03
10	Leistungsfaktor λ	$\dfrac{P_{dio}}{P_L}$	0,99	0,99

Tabelle 7.1-1 Kennwerte der Zwölfpulsschaltungen

Zwölf- und höherpulsige Schaltungen

lelschaltung von zwei Drehstrombrücken (Abschnitt 7.1.2) hat der Ausgangsstrom den doppelten Wert einer einzelnen Drehstrombrücken-Schaltung. In der Tabelle 7.1-1 sind die wichtigsten Kennwerte zusammengefasst.

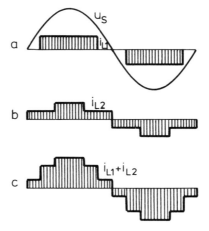

Bild 7.1-7
Zusammensetzung des Netzstroms eines zwölfpulsigen Stromrichters (c) aus den Netzströmen zweier sechspulsiger Stromrichter mit um 30° unterschiedlichen Schaltungswinkeln (a und b)

7.2 Höherpulsige Schaltungen

Mit Zipfel- oder Polygonwicklungen auf der Netzseite des Stromrichtertransformers ist es möglich, Stromrichter mit noch höherer Puls-

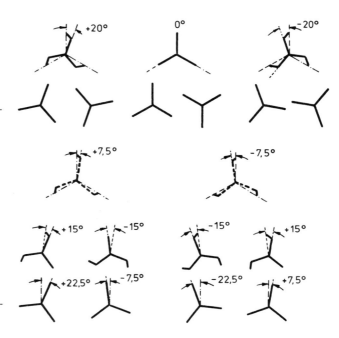

Bild 7.2-1
Transformer für 18pulsigen Stromrichter

Bild 7.2-2
Transformer für 24pulsigen Betrieb

zahl aufzubauen, z. B. 18pulsige nach Bild 7.2–1 oder 24pulsige nach Bild 7.2–2. Im letzteren Fall erfolgte die Schwenkung durch kleine vorgeschaltete Spartransformatoren. Es können dann die vier Haupttransformer gleich ausgeführt werden. An jeden der vier Transformatoren wird eine Drehstrombrücke angeschlossen, während je zwei dieser Transformer an einen Schwenktransformator mit $\pm 7{,}5°$ Schwenkung angeschlossen sind, so dass sich insgesamt ein 24pulsiger Betrieb ergibt. Eine weitere Erhöhung der Pulszahl ist nicht zweckmässig, da die Anforderungen an die Sinusform der Netzspannung, die Symmetrie des Aufbaus, die Genauigkeit der Impulsabstände der Steuerimpulse der einzelnen Stromrichter um so grösser werden, je höher die Pulszahl des Stromrichters sein soll. Es ist daher in der Praxis kaum angebracht, die Pulszahl auch grösster Stromrichter höher als $p = 24$ zu wählen.

8. Schaltungen zur Verminderung der Steuerblindleistung

Wie in Band 1 «Grundlagen und Messtechnik» Kapitel 8 dargelegt, bezieht ein Stromrichter Blindleistung. Der grösste Anteil der gesamten Blindleistung, die sich aus Kommutierungs-, Steuer- und Oberschwingungs-Blindleistung zusammensetzt, ist die Steuerblindleistung. Es ist daher, insbesondere bei Stromrichtern grosser Leistung, von Interesse, diesen Anteil durch geeignete Schaltungen herabzusetzen. Als solche wurden genannt:

- *Mittelpunktschaltungen mit zusätzlichen Freilaufdioden (Nullanoden)*
- *Halbgesteuerte Brückenschaltungen*
- *Folgesteuerungen*
- *Sektorsteuerungen (An- und Abschnittsteuerung)*

8.1 Mittelpunktschaltungen mit Freilaufdioden

Um bei Mittelpunktschaltungen durch einen Freilaufzweig eine blindleistungssparende Schaltung zu erhalten, muss eine zusätzliche Diode parallel zur Last vorgesehen werden, die den Strom weiterführen kann, wenn die Thyristoren gesperrt sind. Freilaufdioden haben nur dann eine Wirkung, wenn die Last des Stromrichters so beschaffen ist, dass ohne sie negative Spannung durchgeschaltet werden kann. (Induktive Last und Last mit Gegenspannung). Da sie erst für Steuerwinkel $\alpha > \alpha_{krit}$ wirksam werden, sind sie in Zweipulsschaltungen am wirkungsvollsten. Ihre prinzipielle Arbeitsweise soll daher an einer M2-Schaltung besprochen werden.

8.1.1 M2-Schaltung mit Freilaufdiode

Bild 8.1-1 zeigt die Schaltung sowie den Verlauf der Spannungen und Ströme. Solange die von einem Thyristor an die Last durchgeschaltete Spannung positiv ist, sperrt die Freilaufdiode. (Abschnitte $\omega t_1 \ldots \omega t_2$ und $\omega t_3 \ldots \omega t_4$). Sobald aber eine Phasenspannung negativ wird, z.B. u_{s1} bei ωt_2, kehrt die Polarität der Ausgangsspannung $u_{di\alpha}$ um (Polaritätszeichen in Klammern), die Diode wird leitend. Dadurch entsteht ein Kurzschlussstrom i_K (Bild 8.1-2a), getrieben von u_{s1}, der die Diode D in Vorwärtsrichtung, den Thyristor 1 aber in Rückwärtsrichtung durchfliesst und so diesen löscht. Durch die Abnahme des Thyristorstromes, i_1, der ja bisher gleich dem Strom I_d war, entsteht an der In-

Schaltungen zur Verminderung der Steuerblindleistung

duktivität L eine Spannung, die dieser Abnahme entgegenwirkt (Polaritäten in Klammern), was zur Kommutierung des Laststromes I_d auf die Freilaufdiode führt. Von ωt_2 bis ωt_3, also bis zum Zünden des Thyristors 2, fliesst der Laststrom als Freilaufstrom (i_F) über die Diode D weiter. Wegen der Verluste würde er nach einer e-Funktion, deren Zeitkonstante durch das Verhältnis L/R der Drossel bestimmt wird,

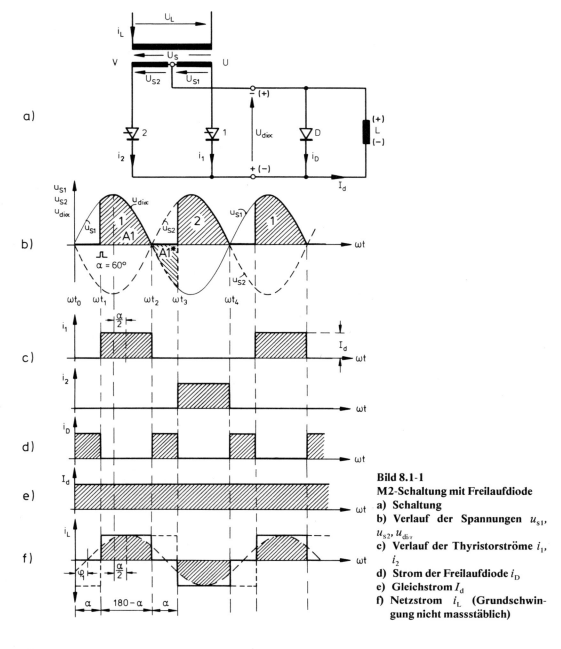

Bild 8.1-1
M2-Schaltung mit Freilaufdiode
a) Schaltung
b) Verlauf der Spannungen u_{s1}, u_{s2}, $u_{di\alpha}$
c) Verlauf der Thyristorströme i_1, i_2
d) Strom der Freilaufdiode i_D
e) Gleichstrom I_d
f) Netzstrom i_L (Grundschwingung nicht massstäblich)

abklingen. In der relativ kurzen Zeit von $t_2 \ldots t_3$ (60° = 3,3 ms bei $f =$ 50 Hz) bleibt der Laststrom praktisch konstant, wie auch aus dem Bild 8.1-3 zu ersehen ist. Durch Zünden des Thyristors 2 bei ωt_3, entsteht ein Kurzschlussstrom (i_K in Bild 8.1-2c), der über Thyristor 2 und die Freilaufdiode fliesst und so gerichtet ist, dass dadurch der Laststrom I_d von der Freilaufdiode auf den Thyristor 2 kommutiert. (Bild 8.1-2b bei ωt_3). Solange die Freilaufdiode leitet, ist das Netz nicht mehr mit der Last verbunden, es fliesst kein Leiterstrom i_L. Dadurch wird der dem Netz entnommene Stromblock gegenüber jenem bei Betrieb der M2-Schaltung ohne Freilaufdiode gestrichelt in Bild 8.1-1f) um den Winkel α verkürzt, so dass die Symmetrielinien der Spannung u_{s1} und

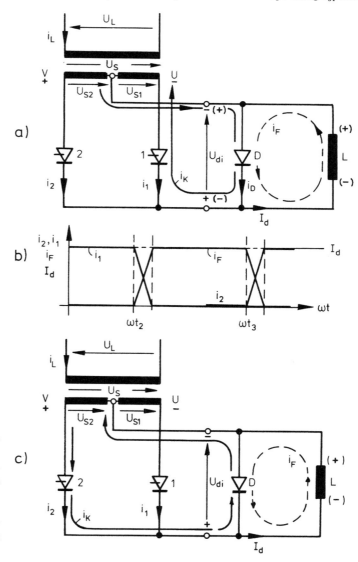

Bild 8.1-2
Kommutierungskreise und Freilaufkreis
a) Kommutierung des Laststromes von Thyristor 1 auf die Diode D
b) Verlauf der Ströme
c) Kommutierung des Laststromes vom Freilaufkreis auf den Thyristor 2

des Stromes i_1 und damit i_L nur noch eine Phasenverschiebung von $\alpha/2$ anstatt α haben. Dies entspricht einer Blindleistungseinsparung, denn $\varphi_1 \triangleq \alpha/2$. ($\varphi_1$ = Phasenverschiebung der Grundwelle i_{L1} gegenüber der Netzspannung $U_s \triangleq U_L$).

Bild 8.1-3 zeigt Spannungen und Ströme einer M2-Schaltung bei induktiver Last, und zwar: Bild 8.1-3a: M2-Schaltung ohne Freilaufdiode, Ausgangsspannung $u_{d\alpha}$, Thyristorströme i_1, i_2 und Gleichstrom i_d.

Bild 8.1-3b: M2-Schaltung mit Freilaufdiode bei gleichem Steuerwinkel wie in a), $u_{d\alpha}$, i_1, i_2, i_D, i_L. Man sieht, dass keine negative Spannungszeitflächen mehr auftreten, die Thyristoren beim Nulldurchgang der Phasenspannung aufhören zu leiten und dass der Netzstrom während der Leitdauer der Freilaufdiode Null wird. Der leichte Anstieg bzw. Abfall des Netzstromes wird durch den Magnetisierungsstrom des Transformers hervorgerufen, der stark in Erscheinung tritt, wenn der Laststrom relativ klein ist.

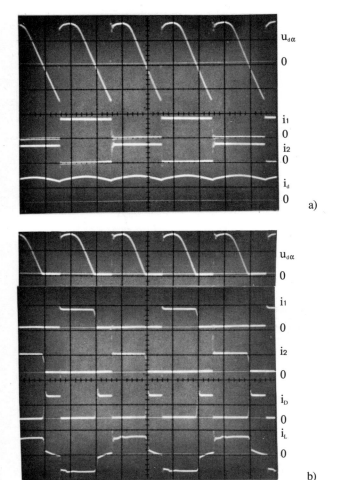

Bild 8.1-3
Oszillogramme von Grössen einer M2-Schaltung bei induktiver Last, $\alpha = 60°$
a) ohne Freilaufdiode
b) mit Freilaufdiode

$u_{d\alpha}$ Ausgangsspannung
i_1 Strom durch Thyristor 1
i_2 Strom durch Thyristor 2
i_D Strom durch Freilaufdiode
i_d Laststrom
i_L Leiter-(Netz-)Strom

Schaltungen zur Verminderung der Steuerblindleistung

Bild 8.1-4 zeigt die resultierende Blindleistungsfunktion. Kurve 1 zeigt den einer vollgesteuerten Schaltung im Gleichrichterbetrieb entsprechenden Viertelkreis (ohne Berücksichtigung der Kommutierung), Kurve 2 jenen einer vollgesteuerten Schaltung mit Freilaufdiode, ebenfalls ohne Berücksichtigung der Kommutierung, Kurve 3 zeigt zusätzlich den Einfluss der Kommutierungs-Blindleistung ($u_o = 30°$). Aus dem Verlauf von i_L, der nun Stromlücken zeigt und sich daher wesentlich besser einer Sinusform nähert als bei direktem Übergang von positiven zu negativen Stromblöcken (ohne Freilaufdiode), kann man auch schliessen, dass die Oberschwingungen ebenfalls reduziert werden. Eine Schaltung, bei der durch Verkürzen des Netzstromes Blindleistung gespart wird, bringt praktisch immer auch eine Verbesserung in bezug auf die Oberschwingungsbelastung des Netzes.

Wie man aus Bild 8.1-1b ersieht, lassen sich durch Einschalten einer Freilaufdiode die sonst in der M2-Schaltung auftretenden hohen Wechselspannungsanteile der Gleichspannung durch Wegfallen der negativen Spannungszeitflächen (A1*) verringern.

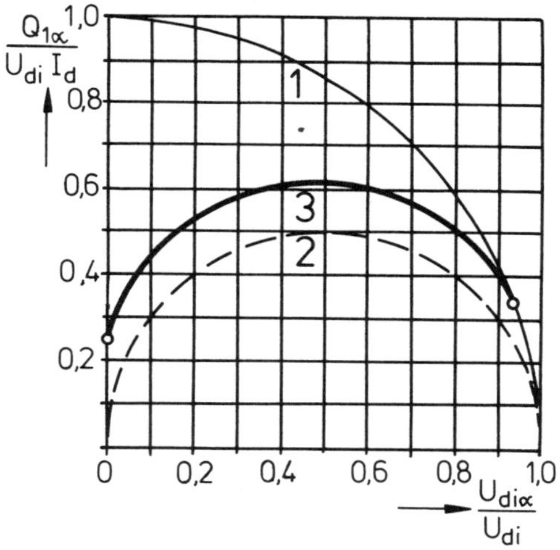

Bild 8.1-4
Blindleistungsfunktionen $\dfrac{Q_1 \alpha}{P_{di}}$

$Q_{1\alpha}$ Bindleistung der Grundwelle beim Steuerwinkel α
$P_{di} = U_{di} I_{dN}$ Ideelle Gleichstromleistung
Kurve 1: Ohne Freilaufdiode
Kurve 2: Mit Freilaufdiode
1 und 2 ohne Einfluss der Kommutierung, Kurve 3 entspricht Kurve 2, jedoch mit Berücksichtigung der Kommutierungsblindleistung ($u_o = 30°$).

Eine zur Erreichung eines nichtlückenden Stromes notwendige Glättungsdrossel kann daher wesentlich (ca. 50%) kleiner werden.
Der Wirkungsbereich einer Freilaufdiode nimmt mit zunehmender Pulszahl des Stromrichters ab, denn sie hat ja nur für Steuerwinkel $\alpha > \alpha_{krit}$ Einfluss. Daher sind Schaltungen mit Freilaufdioden in der Praxis kaum bei 3- und höherpulsigen Schaltungen zu finden. Ebenso nimmt der Wirkungsbereich ab, wenn die Belastung aus einer Induktivität und Gegenspannung besteht, da es hier immer einen Bereich gibt, in dem der Strom lückt, die Ausgangsspannung aber nicht negativ wird. Eine Freilaufdiode bietet aber auch bei kleiner Gegenspannung und grossem Zündwinkel, also beim Anfahren von Gleichstrommotoren, Vorteile.

Abschliessend sollen die Einflüsse einer Freilaufdiode zusammengestellt werden:
– Geringere Blindleistungsaufnahme.

- Geringere Welligkeit der Ausgangsspannung. Eine Glättungsdrossel kann wesentlich kleiner sein.
- Geringere Welligkeit des Netzstromes, daher geringere Verzerrungs-Blindleistung.
- Bei grossen Zündwinkeln werden die Thyristoren und der Transformer entlastet.
- Der Laststrom kann immer im Freilaufkreis abklingen. Es kann also keine Überspannung, z.B. durch Abschalten, entstehen.
- Steuerbereich und Kennlinie sind bei induktiver Last wie bei ohmischer Last.
- Da keine negativen Spannungen vom Stromrichter abgegeben werden können, ist kein Wechselrichterbetrieb möglich.

Wie man daraus ersieht, bietet der Einsatz einer Freilaufdiode in Anwendungsfällen, in denen kein Wechselrichterbetrieb gefordert wird, wesentliche Vorteile. Durch Verwendung eines Thyristors anstatt einer Diode als Freilaufventil wäre auch Wechselrichterbetrieb möglich, jedoch haben solche Schaltungen mit gesteuertem Freilaufkreis heute keine Bedeutung.

8.2 Halbgesteuerte Brückenschaltungen

Eine Freilaufwirkung lässt sich ohne zusätzlichen Ventilaufwand durch eine unsymmetrische Steuerung von Brückenschaltungen erreichen, wobei der Fall, dass eine Hälfte der Brücke ungesteuert betrieben wird ($\alpha = 0°$) und daher mit Dioden bestückt werden kann, besondere Bedeutung hat und «Halbgesteuerte Brückenschaltung» genannt wird.

Diese Schaltungen wurden bereits eingehend in den Abschnitten 5.3 «Halbgesteuerte Drehstrombrücke» und 6.3 «Halbgesteuerte B2-Schaltungen» beschrieben. Es wurde bei der Besprechung der halbgesteuerten Drehstrombrückenschaltung schon darauf hingewiesen, dass dort die sehr unerwünschten, für $p = 3$ charakteristischen Oberschwingungen mit gerader Ordnungszahl (2, 4, 8, 10) auftreten, dass also dort eine unangenehme Erscheinung mit den Vorteilen der Halbsteuerung verbunden ist, die aber bei den 2-Puls-Brückenschaltungen nicht auftritt. Während die halbgesteuerte Drehstrombrückenschaltung 3 Freilaufkreise bildet, hat die entsprechende symmetrisch halbgesteuerte B2-Schaltung zwei Freilaufkreise, die asymmetrisch halbgesteuerte B2 jedoch nur einen, der zudem nur aus Dioden gebildet wird. In ihrem Blindleistungsverhalten sind alle diese Schaltungen gleich. Die Blindleistungseinsparung entsteht, wie bei zusätzlichen Freilaufdioden, dadurch, dass kein Netzstrom fliesst, wenn der Laststrom im Freilaufkreis fliesst, wodurch eine Verkürzung des Netzstromblockes auftritt.

8.3 Folgesteuerungen (Folgeschaltungen)

Bei allen Stromrichtern, in denen zur Erzielung der gewünschten Gleichspannung eine Reihenschaltung von Ventilen erforderlich ist, lässt sich ohne grossen Mehraufwand eine beachtliche Einsparung an Steuerblindleistung erreichen, wenn man mehrere Teilstromrichter in Reihe schaltet und unsymmetrisch aussteuert.

Schaltungen zur Verminderung der Steuerblindleistung

8.3.1 Diothyr-Schaltung (Zu- und Gegenschaltung)

Eine Zwischenstellung zwischen den halbgesteuerten- und den anschliessend behandelten Folgeschaltungen von zwei in Serie geschalteten vollgesteuerten Stromrichtern nimmt die Reihenschaltung eines voll- und eines ungesteuerten Stromrichters in Brückenschaltung nach Bild 8.3-1 ein. Die Gleichspannung U_d ergibt sich hier

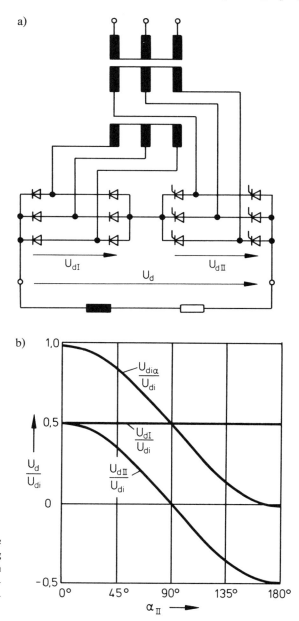

Bild 8.3-1
Schaltbild a) und Steuerkennlinie b) der Zu- und Gegenschaltung einer voll- und einer ungesteuerten Drehstrombrücke (Diothyr-Schaltung). Die Wechselrichterbegrenzung ist nicht berücksichtigt.

197

als Summe des konstanten Anteiles U_{dI}, den der ungesteuerte Stromrichter liefert, und des durch Aussteuerung verstellbaren Anteiles U_{dII} der vollgesteuerten Drehstrombrücke. Da der steuerbare Stromrichter im Gleich- und Wechselrichterbetrieb arbeiten kann, ist die gesamte Spannung

$$U_d = U_{d\alpha} = U_{dI} \pm U_{dII}$$

zwischen Null und dem Maximalwert $U_{dI} + U_{dII}$ einstellbar, wenn beide Stromrichter den gleichen Höchstwert $U_d/2$ beitragen und der Wechselrichter-Grenzwinkel nicht berücksichtigt wird. Daher wird diese Schaltung auch «Zu- und Gegenschaltung» genannt. Um trotz der notwendigen WR-Grenzlage $\alpha_{WR} < 180°$ Ausgangsspannung Null zu erreichen, kann der gesteuerte Stromrichter mit einer entsprechend höheren Wechselspannung gespeist werden.

Das gegenüber der Serieschaltung von zwei vollgesteuerten Stromrichtern, die mit gleichen Zündwinkeln, also symmetrisch ausgesteuert werden, günstigere Blindleistungsverhalten ergibt sich daraus, dass der ungesteuerte Stromrichter stets ohne Steuerblindleistung arbeitet. Gegenüber der halbgesteuerten B6-Schaltung hat diese Anordnung den Vorteil, dass die Ausgangsspannung im gesamten Steuerbereich 6pulsig bleibt und damit auch im Netzstrom keine Oberschwingungen gerader Ordnungszahl auftreten. Aufgrund dieser Eigenschaften ist die Zu- und Gegenschaltung der halbgesteuerten Drehstrombrücke trotz des erhöhten Aufwandes an Transformer und Ventilen vorzuziehen.

8.3.2 Folgeschaltung vollgesteuerter Stromrichter

Während bei der Zu- und Gegenschaltung ein Teilstromrichter immer auf $\alpha = 0°$ ausgesteuert wird, also ungesteuert bleibt, werden bei den Folgesteuerungen mehrere (bei Industrieanwendungen meistens zwei) vollgesteuerte Stromrichter in Serie geschaltet und hintereinander (in Folge) ausgesteuert.

Eine Stromrichteranlage, die nach dem Folgesteuerungsprinzip gesteuert wird, unterscheidet sich äusserlich von einer gewöhnlichen Serieschaltung zweier Stromrichter nicht; der wesentliche Unterschied zwischen diesen beiden Systemen ist nur in der Art der Steuerung zu finden.

Für die erforderliche Ausgangsspannung $\pm U_{d\alpha}$ werden die zwei Stromrichter I und II, von denen jeder maximal die Spannungen $\pm U_{do}/2$ erzeugen kann, wie folgt gesteuert (Bild 8.3-2):

- Während z.B. Stromrichter I zuerst voll im Wechselrichterbetrieb bleibt ($-U_{do}/2$), wird der andere Stromrichter (II) vom Wechselrichter- auf Gleichrichterbetrieb gesteuert (von $-U_{do}/2$ auf $+U_{do}/2$). Die Ausgangsspannung, als Summe dieser beiden Teilspannungen, ändert sich dadurch von $-U_{do}$ auf 0.
- Dann wird Stromrichter I von $-U_{do}/2$ auf $+U_{do}/2$ gesteuert, während Stromrichter II voll ausgesteuert bleibt und die Spannung $+U_{do}/2$ erzeugt; die Ausgangsspannung ändert sich dadurch zwischen 0 und $+U_{do}$.

Schaltungen zur Verminderung der Steuerblindleistung

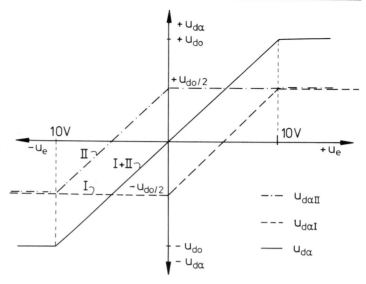

**Bild 8.3-2
Steuerkennlinie einer aus 2 vollgesteuerten Stromrichtern bestehenden Folgeschaltung**

$U_{d,I}$ Ausgangsspannung des Stromrichters I   ---
$U_{d,II}$ Ausgangsspannung des Stromrichters II   .—.—.
U_{d} Totale Ausgangsspannung
U_e Steuerspannung (Ausgangsspannung des Stromreglers)

Man sieht, dass bei allen möglichen Ausgangsspannungen einer der beiden Teilstromrichter voll ausgesteuert bleibt. Mit dieser Folgesteuerung erreicht man volle Aussteuerung der beiden Teilstromrichter nicht nur bei $+U_{do}$ oder $-U_{do}$, sondern auch bei Spannung Null. Der Verlauf des Blindleistungsbedarfes der Stromrichteranlage ist demnach viel günstiger, was insbesondere beim Anfahren von Motoren in Erscheinung tritt. Zudem verursachen Systemfolge-Schaltungen viel kleinere Blindleistungssprünge (Bild 8.3-3).

Diese beiden Vorteile der Folgesteuerung wirken sich auch günstig auf die durch die Blindlaststösse verursachten Spannungsschwankungen aus, die dadurch kleiner gehalten werden können.

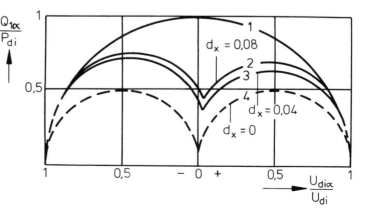

**Bild 8.3-3
Blindleistungsfunktion einer aus 2 vollgesteuerten Stromrichtern bestehenden Folgeschaltung**

Kurve 1 ohne Folgeschaltung, beide Systeme mit gleichem Steuerwinkel ausgesteuert ($d_x = 0$)
Kurven 2...4:   Mit Folgeschaltung
Kurve 4:   Ohne Berücksichtigung der Kommutierung ($d_x = 0$)
Kurve 2, 3:   Mit Berücksichtigung der Kommutierung bei verschiedenem d_x

Schaltungen zur Verminderung der Steuerblindleistung

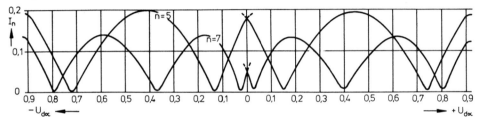

Dadurch, dass die beiden Teilstromrichter nicht mit gleichem Steuerwinkel ausgesteuert werden, ergibt sich zwangsläufig, dass die Stromoberschwingungen dieser Einheiten nicht die gleiche Phasenlage aufweisen. Durch ihre geometrische Addition im Stromrichtertransformator entstehen im Netz Maxima und Minima von Oberschwingungsströmen in Funktion der Aussteuerung, was bei einer symmetrischen Steuerung nicht der Fall ist.

Diese Maxima und Minima der verschiedenen Oberschwingungsströme treten nicht bei gleichen Ausgangsspannungen auf: Bringt z.B. eine bestimmte Spannung ein Maximum für die 5. Oberschwingung, so wird durch die gleiche Spannung die 7. Oberschwingung stark unterdrückt (Bild 8.3-4). Im Durchschnitt werden nicht nur sämtliche Oberschwingungen ungefähr auf die Hälfte reduziert, sondern die quadratische Summe aller Oberschwingungsströme (diese Summe ist für die Spannungsverzerrung des Netzes verantwortlich) ist fast jederzeit kleiner als diejenige einer 12pulsigen Schaltung, wenn die beiden Teilstromrichter Drehstrombrücken sind.

Untersuchungen haben gezeigt, dass eine bessere Reduktion der Oberschwingungsströme erzielt wird, wenn die zwei Sekundärwicklungen des Gleichrichtertransformators die gleiche Schaltgruppe haben (6pulsige Folgesteuerung).

In bezug auf die Impulssteuerung der beiden Stromrichter verlangt eine Folgeschaltung von zwei vollgesteuerten Stromrichtern einen etwas erhöhten Aufwand. Einerseits muss eine Kennlinienverschie-

Bild 8.3-4
Netzstrom-Oberschwingungen eines Stromrichters mit zwei folgegesteuerten Drehstrombrücken

n Ordnungszahl der Oberschwingungen
I_n Oberschwingungsströme, bezogen auf den Grundschwingungsstrom
$U_{d/i}$ Gleichrichter-Ausgangsspannung, bezogen auf die ideelle Leerlauf-Gleichspannung

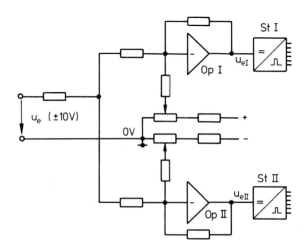

Bild 8.3-5
Schaltung zur Kennlinienverschiebung

U_e Ausgangsspannung des Reglers
U_{eI} Steuerspannung des Steuersatz St_I
U_{eII} Steuerspannung des Steuersatzes St_{II}
Op Operationsverstärker

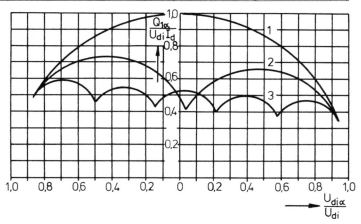

Bild 8.3-6
Blindleistungsfunktionen für 2- und 5fache Folgesteuerung ($u_o = 30°$)

Kurve 1: Ohne Folgesteuerung
Kurve 2: Zweifach-Folgesteuerung
Kurve 3: Fünffach-Folgesteuerung

bung stattfinden, das heisst, die vom vorgeschalteten Regler kommende Steuerspannung muss in die für die beiden Stromrichter notwendigen, entsprechend verschobenen Steuerspannungen umgeformt werden, was durch eine Schaltung nach Bild 8.3-5 erreicht werden kann. Im weiteren muss eine Impulslogik dafür sorgen, dass die 4 Thyristoren, die in Serie liegen, aber mit verschiedenen Zündwinkeln arbeiten, gleichzeitig einen Gate-Impuls bekommen, damit überhaupt ein Stromfluss zustande kommt. Es genügt also nicht, nur die für jede Drehstrombrücke notwendigen Doppelimpulse zu geben.

Wie bereits erwähnt, lassen sich Folgeschaltungen auch mit mehr als zwei Stromrichtern in Serie betreiben. Teilt man z.B. den gesamten Gleichspannungsbereich auf 5 Teilstromrichter auf, so erhält man die in Bild 8.3-6 dargestellten Blindleistungsfunktionen. Wie man sieht, wird der Gewinn bei Berücksichtigung der realen Verhältnisse, die durch die Kommutierung gegeben sind, immer kleiner. Man geht daher in der Praxis kaum über eine Vierfach-Folgesteuerung hinaus.

8.3.3 Folgeschaltung halbgesteuerter Stromrichter

Ganz besondere Bedeutung hat eine Vierfach-Folgesteuerung von asymmetrisch halbgesteuerten B2-Schaltungen, in einer Anordnung nach Bild 8.3-7a auf Thyristorlokomotiven, erlangt. Gegenüber einer Zweifach-Folgesteuerung besteht der Mehraufwand nur in 2 Thyristoren. Trotzdem erreicht man in bezug auf die Netzrückwirkungen ein Verhalten, wie es eine Vierfach-Folgesteuerung zeigt. Man nennt diese Schaltung auch «Quasi-Vierfach-Folgesteuerung», weil die Brücke II nie durchgesteuert, sondern über die Thyristoren nur geschaltet wird. Bei Bahnen ist wegen des im Vergleich zur Industrie meist schwachen Netzes eine Herabsetzung der Blindleistungsaufnahme und der Oberschwingungen ganz besonders wichtig, weil diese eine zusätzliche Belastung der Unterwerke und Leitungen mit sich bringen. Darüber hinaus verursachen die Oberschwingungen auch elektromagnetische Beeinflussungen anderer Systeme, wie z.B. Fernmeldesysteme und Gleisstromkreise der Sicherungsanlagen. Für die Grösse der mittelfrequenten Störströme (im kHz-Bereich) ist die Steilheit des

Schaltungen zur Verminderung der Steuerblindleistung

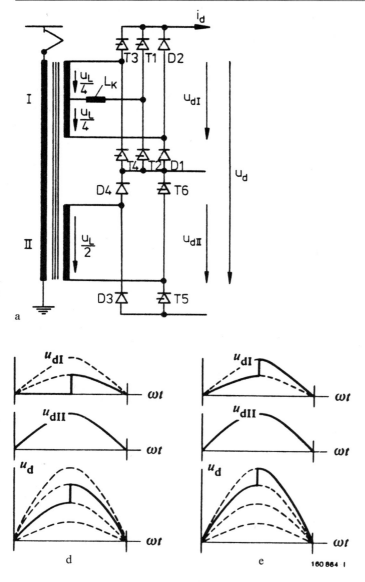
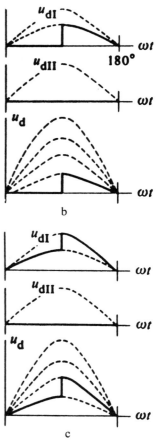

Bild 8.3-7
Vierstufige Stromrichter-Sparschaltung mit Zusatz-Kommutierungsdrossel
a) Schaltbild
b) Gleichspannungsverlauf in der 1. Spannungsstufe
c) Gleichspannungsverlauf in der 2. Spannungsstufe
d) Gleichspannungsverlauf in der 3. Spannungsstufe
e) Gleichspannungsverlauf in der 4. Spannungsstufe

I   Sekundärwicklungs-Stromrichterbrücken-System I
II Sekundärwicklungs-Stromrichterbrücken-System II
L_K Zusatz-Kommutierungsdrossel
u_d Gesamte Gleichspannung
u_{dI} Teilspannung an Brücke I
u_{dII} Teilspannung an Brücke II

Kommutierungsstromes von wesentlicher Bedeutung. Die steilste Stromflanke entsteht im Bereich des Maximalwertes der Netzspannung, also bei $\alpha = 90°$. Daher findet in dieser Anordnung nach Bild 8.3-7a eine zusätzliche Kommutierungsdrossel L_K Verwendung. Sie kann in dieser Schaltung so angeordnet werden, dass nur bei Teilaussteuerung die Kommutierung verlangsamt wird, sie aber bei Vollaussteuerung praktisch keinen Einfluss hat. Die Spannungssteuerung von $u_d = 0$ bis $u_d = u_{dmax}$ ist den Bildern 8.3-7b...e und 8.3-8b...e zu entnehmen.

Schaltungen zur Verminderung der Steuerblindleistung

Stufe 1 *(Bilder 8.3-7b und 8.3-8b)*

Die Numerierung der Bilder 8.3-8 beginnt mit 8.3-8b, damit die zusammengehörigen Bilder 8.3-7 und 8.3-8 mit demselben Buchstaben bezeichnet sind. Bild 8.3-8b stellt also den Strompfad für die 1. Spannungsstufe dar, deren Ausgangsspannungen in Bild 8.3-7b zu sehen sind.

In der 1. Spannungsstufe von $U_d = 0$ bis ¼ $U_{d\,max}$ ist die Brücke II gesperrt. Der Laststrom fliesst über die Dioden D3 und und D4 dieser Brücke II. In Brücke I sind während der positiven Halbwelle Diode D1 und Thyristor T1, während der negativen Halbwelle Thyristor T2 und Diode D2 leitend. In Bild 8.3-8b ist der Strompfad während der positiven Halbwelle eingetragen. Die Ausgangsspannung erreicht maximal ¼ U_d.

Man erkennt, dass die asymmetrisch halbgesteuerte B2 sich ganz besonders gut für eine Folgesteuerung eignet, weil die Dioden jeder Teilbrücke den Strom jederzeit führen können ohne aufwendige Impulslogik.

Stufe 2 *(Bilder 8.3-7c und 8.3-8c)*

Brücke II bleibt weiterhin gesperrt. In Brücke I leiten während der positiven Halbwelle Diode D1 und Thyristor 1 (T1 bei $\alpha = 0°$), bis Thyristor 3 gezündet wird und so $U_{L/2}$ als treibende Spannung wirksam wird. Während der negativen Halbwelle leiten Diode D2 und Thyristor T2, bis Thyristor T4 gezündet wird. Die Ausgangsspannung ändert sich von ¼ U_d bis ½ U_d.

Bild 8.3-8
Strompfade während der positiven Halbwelle in den Spannungsstufen 1 bis 4
b) Spannungsstufe 1
c) Spannungsstufe 2

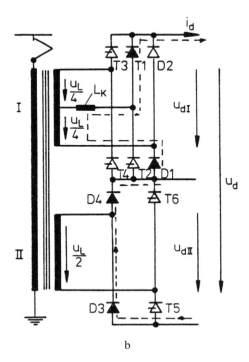
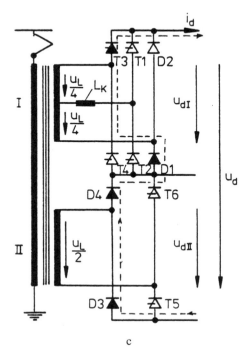

b

c

Schaltungen zur Verminderung der Steuerblindleistung

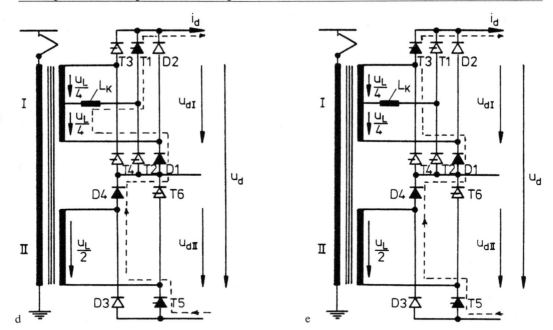

Stufe 3 (Bilder 8.3-7d und 8.3-8d)

Bei Vollaussteuerung der Brücke I am Ende der Stufe 2 erreicht die Ausgangsspannung den Wert $U_d/2$. Diese lässt sich aber auch durch Freigabe der Brücke II erreichen, die ja nicht gesteuert, sondern über die Thyristoren T5 und T6 gesperrt oder freigegeben wird, wobei die Impulse bei $\alpha = 0°$ stehen. Am Ende der Stufe 2 wird Brücke I gesperrt, dafür Brücke II freigegeben. Der Strom kann während dieses Umschaltens über die Dioden D1 ... D4 weiter fliessen. Durch neuerliches Aufsteuern der Brücke I, wie in Stufe 1, ergibt sich eine Ausgangsspannung von $½ U_d$ bis $¾ U_d$. In Brücke II fliesst nun der Strom während der positiven Halbwelle über Thyristor T5 und Diode D4.

Stufe 4 (Bilder 8.3-7e und 8.3-8e)

Diese Stufe entspricht Stufe 2 in bezug auf Brücke I. Brücke II liefert jedoch die Spannung $½ U_d$. Dadurch lässt sich die Ausgangsspannung von $¾ U_d$ bis U_d ändern.

Wie man sieht, wird bei jedem Aussteuerungsgrad nur $¼$ der gesamten Spannung gesteuert. Entsprechend gehen auch die Steuerblindleistung, die Stromoberschwingungen und die elektromagnetischen Beeinflussungen auf Werte zurück, die auch den bei elektrischen Bahnen gestellten Bedingungen genügen.

Bild 8.3-9 zeigt Ausgangsspannung, Laststrom und Netzstrom (von oben nach unten) bei Serieschaltung zweier asymmetrisch halbgesteuerter B2-Schaltungen, und zwar:

a) ohne Folgeschaltung, das heisst beide Brücken mit gleichem Steuerwinkel ausgesteuert ($\alpha_I = \alpha_{II}$),

b) mit Folgeschaltung, wobei der Aussteuerungsgrad so gewählt wur-

Bild 8.3-8
Strompfade während der positiven Halbwelle in den Spannungsstufen 1–4
d) Spannungsstufe 3
e) Spannungsstufe 4

Die an der Stromführung beteiligten Ventile sind voll schwarz gezeichnet.

de, dass derselbe Mittelwert der Ausgangsspannung und damit derselbe Strom abgegeben wird wie in a. In beiden Fällen ist $U_{d\alpha} = 60$ V, $I_d = 1,5$ A. Bei der Folgesteuerung ist die Brücke I voll ausgesteuert ($\alpha_I = 0$), während die Brücke II mit $\alpha_{II} = 130°$ arbeitet. Der Vergleich der Netzströme zeigt in a) eine dem Steuerwinkel $\alpha/2$ entsprechende Verschiebung des Stromblockes, während in b) deutlich zu sehen ist, der von der Brücke I bezogene Netzstrom in Phase zur Netzspannung fliesst und nur der beim Zünden der Brücke II zusätzlich fliessende Strom entsprechend α_{II} phasenverschoben zur Netzspannung ist. Im weiteren ist noch sehr gut zu bemerken, dass die Welligkeit des Gleichstromes i_d bei der Schaltung mit Folgesteuerung geringer ist, als ohne, was sich unmittelbar aus dem Vergleich der Ausgangsspannungen $u_{d\alpha}$ ergibt.

8.4 Sektorsteuerung (An- und Abschnittsteuerung)

Die bisher behandelten Verfahren zur Einsparung von Steuerblindleistung beruhen darauf, entweder den Netzstromblock zu verkürzen durch Bildung von Freilaufkreisen oder die gesamte Leistung auf mehrere in Serie geschaltete Stromrichter aufzuteilen und diese so zu steu-

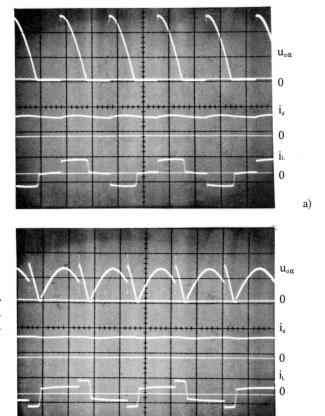

Bild 8.3-9
Oszillogramme von Grössen einer Serienschaltung von 2 asymmetrischen halbgesteuerten B2-Schaltungen
a) ohne Folgesteuerung
   ($\alpha_I = \alpha_{II}$)
b) mit Folgesteuerung

$u_{d\alpha}$ Ausgangsspannung
i_d Laststrom
i_L Netzstrom
In beiden Fällen ist $U_{d\alpha} = 60$ V, $I_d = 1,5$ A

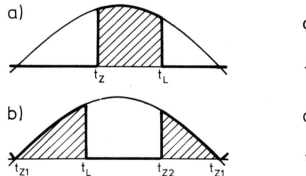
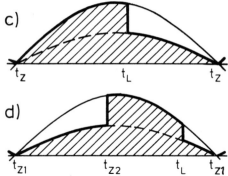

Bild 8.4-1
Mögliche Gleichspannungsänderung mit einer löschbaren Schaltung
a) Zündzeitpunkt t_Z für Hauptventil variabel, Löschzeitpunkt t_L variabel oder konstant
b) erster Zündzeitpunkt t_{Z1} konstant, Löschzeitpunkt t_L und zweiter Zündzeitpunkt t_{Z2} variabel
c) Spannung an zwei Folgebrücken, Löschzeitpunkt t_L variabel
d) Spannung an zwei Folgebrücken, zweiter Zündzeitpunkt t_{Z2} variabel, erster Zündzeitpunkt t_{Z1} und Löschzeitpunkt t_L konstant.

ern, dass immer nur 1 Teilstromrichter Steuerblindleistung bezieht, während die anderen voll ausgesteuert sind (Folgeschaltung). Mit all diesen Verfahren lässt sich wohl die Steuerblindleistung erheblich herabsetzen, es gelingt aber nicht, sie vollkommen zu vermeiden, weil sich bei diesen Schaltungen Strom und Spannung nur bei $\alpha = 0°$ in Phase befinden, wenn man von der Kommutierung absieht.

Besteht aber die Möglichkeit, in einer Stromrichterschaltung die Thyristoren nicht nur zu einem beliebigen Zeitpunkt der positiven Halbwelle ein-, sondern auch auszuschalten, also zu löschen, so lässt sich die Gleichspannung, wie in Bild 8.4-1 dargestellt, mit «Abschnitt»-Steuerung verändern. Aus der Halbschwingung lassen sich Spannungssektoren herausschneiden, weshalb dieses Verfahren auch «Sektorsteuerung» genannt wird. In Bild 8.4-1a ist ein Sektor dargestellt, den man erhält, wenn man den Thyristor bei t_{z1} über sein Gate zündet und den Stromfluss durch eine zusätzliche Einrichtung «zwangsweise» bei t_L löscht (Zwangskommutierung). Durch Verändern der Sektorbreite lässt sich der Mittelwert der abgegebenen Gleichspannung stetig steuern. Eine andere Möglichkeit der Sektorsteuerung ist in Bild 8.4-1b zu sehen. Hier werden 2 Sektoren aus der Sinushalbwelle herausgeschnitten. Der Thyristor wird immer bei $\alpha = 0°$ (t_{z1}) gezündet, dann bei t_L gelöscht und bei t_{z2} wieder gezündet. Er leitet dann, bis bei t_{z1} durch Zünden des nächsten Thyristors eine natürliche Kommutierung des Stromes auf das neu gezündete Ventil erfolgt. Hier ist also t_{z1} konstant, t_L und t_{z2} variabel.

Man sieht, dass durch eine solche Steuerung der Stromblock symmetrisch zur Spannung gelegt und damit sowohl die Steuer- als auch die Kommutierungs-Blindleistung vermieden werden kann, ja sogar ein Voreilen des Stromes gegenüber der Spannung zu erreichen ist und so der Stromrichter kapazitive Blindleistung liefern kann. Man erreicht durch entsprechende Steuerung eine Stützung des Netzes.

Das periodische Abschalten des Thyristorstromes ist bei induktiver Last nur dann möglich, wenn der Laststrom im Freilauf über Zusatzdioden oder in einer Schaltung bereits vorhandene Dioden weiter fliessen kann. Daher ist bei 1-Phasen-Stromrichtern hiefür die unsymmetrisch halbgesteuerte B2-Schaltung besonders gut geeignet.

In ziemlich einfacher Weise kann man eine löschbare unsymmetrische Brücke (LUB) nach Bild 8.4-2 mit einem zusätzlichen Löschkondensator C und den beiden Thyristoren T_L aufbauen. Die Löschthyristoren T_L dienen sowohl zur Aufladung des Kondensators als auch zum Löschen der Hauptthyristoren T_1 und T_2, wobei die Kondensatorladung umschwingt. Soll z.B. der Thyristor T_1 gelöscht werden, so wird der Löschthyristor T_{L1} gezündet. Dadurch kann sich der Kondensator C über T_{L1} und T_1 umladen. Es fliesst dabei ein Strom in Gegenrichtung durch T_1, so dass T_1 löscht, wenn dieser Strom den Wert des durch T_1 fliessenden Laststromes erreicht hat. Nach Löschen von T_1 kann der Laststrom über den aus den Dioden D1 und D2 gebildeten Freilaufkreis weiter fliessen, bis T_2 gezündet wird. Nach der Umladung des Kondensators ist die Polarität der Spannung so, dass durch Zünden von T_{L2} der Hauptthyristor T_2 gelöscht werden kann.

Diese einfache Schaltung lässt jedoch die Steuerblindleistung nur zum Teil verringern, weil im Bereich des Scheitelwertes der Sinusspannung zu hohe Überspannungen auftreten. Dagegen kann die Kommutierungsblindleistung ganz vermieden werden, da sie ja nicht dem Netz, sondern dem Kondensator entnommen wird. In der Praxis werden daher etwas aufwendigere Schaltungen, die 2 oder 3 Kondensatoren und zusätzliche Dioden und Thyristoren enthalten, eingesetzt, die dann 2C-LUB oder 3C-LUB genannt werden. Mit ihnen, insbesondere mit letzterer, ist es möglich, eine Löschung der Hauptthyristoren zu jedem Zeitpunkt ohne Auftreten von schädlichen Überspannungen durchzuführen und so Sektoren herauszuschneiden, wie sie in Bild 8.4-1a-b dargestellt sind.

Man erreicht einen günstigen Kompromiss zwischen Aufwand und Ergebnis, wenn man die Folgesteuerung mit der Sektorsteuerung kombiniert, indem man 2 unsymmetrisch halbgesteuerte Brücken in Folgesteuerung betreibt und 1 davon zusätzlich löschbar macht. Damit lassen sich Spannungsausschnitte erreichen, wie sie die Bilder 8.4-1c u. d zeigen.

Obwohl die Sektorsteuerung zunächst zur weiteren (gegenüber der Folgeschaltung) Verminderung der Blindleistung entwickelt wurde, hat die Erfahrung gezeigt, dass hiermit auch eine Reduktion der Stromoberschwingungen erreicht werden kann, so dass die Anforderungen an die Netzrückwirkungen, die von Bahnen gestellt werden müssen, mit vertretbarem Aufwand zu erfüllen sind. Solche Schaltungen finden daher vermehrt Anwendung bei Thyristor-Lokomotiven, die über Gleichstrommotoren angetrieben werden und aus einer Wechselspannungsquelle ($f = 16^2/_3$ Hz oder 50 Hz) gespeist werden.

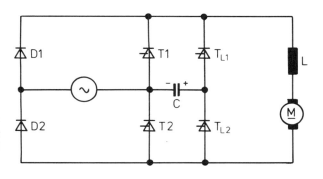

Bild 8.4-2
Einfachste löschbare unsymmetrische Brückenschaltung. Da sie nur 1 Löschkondensator enthält, wird diese Schaltung IC-LUB genannt.

9. Tabellen der Kennwerte und Dimensionierungsbeispiele

9.1 Tabellen der Kennwerte

Die folgenden Tabellen enthalten die zur Dimensionierung eines Stromrichters benötigten Unterlagen für alle heute zur Anwendung kommenden Schaltungen. Aus Tabelle 1 können alle Daten, die sich auf die spannungsmässige Auslegung beziehen, entnommen werden.
Tabelle 2 enthält die für die Ströme massgebenden Kennwerte. In Tabelle 3 sind alle Daten zu finden, die zur Bestimmung des Transformers benötigt werden.

Generell ist zu bemerken, dass dieselben Kennwerte für Dioden- wie für Thyristor-Stromrichter gelten und daher alle in den Tabellen auf Dioden bezogenen Kennwerte gleichermassen Gültigkeit für Thyristoren haben. Die Benützung der Tabellen wird in Abschnitt 9.2 anhand von Beispielen gezeigt. Zuvor jedoch sollen die Anwendungsgebiete der einzelnen Schaltungen, ihre hauptsächlichen Vor- und Nachteile zusammengefasst, dargestellt werden.

– *Einwegschaltung (E)*

Anwendung: Bei kleinsten Leistungen und nur sehr geringen Anforderungen an die Gleichspannungswelligkeit.
Vorteile: Minimaler Aufwand an Ventilen.
Nachteile: Sehr hohe Welligkeit der Gleichspannung, sehr grosse Sperrspannungsbeanspruchung der Ventile, stark erhöhte Bauleistung des Transformators.
Bemerkung: Diese Schaltung wird in der Leistungselektronik nicht verwendet. Man findet sie in einfachen, leistungsschwachen Netzgeräten.

– *Zweipuls-Mittelpunktschaltung (M)*

Anwendung: Hauptsächlich bei kleinen Leistungen (bis etwa 10 kW) bei geringen Anforderungen an die Gleichspannungswelligkeit. Meistens für Feldspeisung.
Vorteile: Geringer Aufwand an Ventilen, einfacher Transformator mit nur wenig erhöhter Bauleistung. Die Ventile können auf gemeinsamen Kühlkörper montiert werden.
Nachteile: Hohe Welligkeit der Gleichspannung, hohe Sperrspannungsbeanspruchung der Ventile.
Bemerkung: Diese Schaltung wurde in Kapitel 4 behandelt.

Tabellen der Kennwerte und Dimensionierungsbeispiele

Schaltung	Einwegschaltung E	Mittelpunktschaltung M	Brückenschaltung B	Sternschaltung S	Drehstrom-Brücken-Sch. DB	Doppelsternschaltung DS	Doppelstern- mit Saugdrossel-Sch. DSS	
primär								1
sekundär								
Ventile								
Schaltungsbezeichnung nach IEC (VDE)	I i0	I i0	I i0	Dz0 Yz5 Dz6 Yz11	Dz0 Yz0 Yd5 Dy5	(F₂)	(G₂)	2
Schaltung des Transformators								3
Kurvenform der Gleichspannung bei ohmscher oder induktiver Belastung								4
Kurvenform der Zweigsperrspannung								5
U_{v0}/U_{di0}	$\frac{\pi}{\sqrt{2}} = 2{,}22$	$\frac{\pi}{2\sqrt{2}} = 1{,}11$	$\frac{\pi}{2\sqrt{2}} = 1{,}11$	$\frac{\pi}{3}\sqrt{\frac{2}{3}} = 0{,}855$	$\frac{\pi}{3\sqrt{2}} = 0{,}741$	$\frac{\pi}{3\sqrt{2}} = 0{,}741$	$\frac{\pi}{3}\sqrt{\frac{2}{3}} = 0{,}855$	6
$\hat{U}_r/U_{di0}$	$\pi = 3{,}14$	$\pi = 3{,}14$	$\frac{\pi}{2} = 1{,}57$	$\frac{2\pi}{3} = 2{,}09$	$\frac{\pi}{3} = 1{,}05$	$\frac{2\pi}{3} = 2{,}09$	$\frac{4\pi}{3\sqrt{3}} = 2{,}42^{\triangle}$	7
d_{xi1}/e_{xi1}	1	0,707	0,707	0,866	0,5	1,5	0,5	8
Pulszahl p	1	2	2	3	6	6	6	9
Welligkeit %	121	48,2	48,2	18,3	4,2	4,2	4,2	10

U_{v0} = Effektivwert der diodenseitigen Leerlaufspannung des Transformators; bei Mittelpunktschaltungen: Strangspannung, bei Brückenschaltungen: verkettete Spannung
U_{di0} = ideelle Leerlaufgleichspannung
U_{di1} = Nenngleichspannung

$\hat{U}_r$ = Scheitelwert der Zweigsperrspannung
d_{xi1} = induktiver Gleichspannungsabfall des Transformators bei Nennstrom
e_{xi1} = induktiver Anteil der Kurzschlußspannung des Transformators
$\triangle$ Wird der Gleichrichter nie im Leerlauf oder mit sehr geringer Last betrieben, so kann anstatt 2,42 mit Faktor 2,09 gerechnet werden

Tabelle 1 Berechnungstabelle für GR-Schaltungen: Spannungen, Pulszahl, Welligkeit

Tabelle 2 Berechnungstabelle für Gleichrichterschaltungen: Stromform, Ströme ohne Berücksichtigung der Überlappung, Stromflussdauer

Schaltung	Einwegschaltung E	Mittelpunktschaltung M	Brückenschaltung B	Sternschaltung S	Drehstrom-Brücken-Schaltung DB	Doppelsternschaltung DS	Doppelstern- mit Saugdrosselschaltung DSS	
primär								1
sekundär								
Dioden								
Schaltungsbezeichnung nach IEC (VDE)	Ii0	–	Ii0	Dd0 Yz5 Dz6 Yz11	Dd0 Yy0 Yd5 Dy5	(Fz)	(Fz) (Gz)	2
Schaltung des Transformators	–	–	–	△ ⋎	△ ⋎ Y	△ *	⋎ △ ⋎+⋎	3
Kurvenform des Sekundärstromes	$\overset{3{,}14 \cdot I_d}{\underset{0}{\overset{I_d}{\rule{0pt}{1.5ex}}}} \;\overset{2\pi}{}$	$1{,}57\,I_d\;\; \overset{I_d}{\underset{0}{\rule{0pt}{1.5ex}}}\overset{2\pi}{}$	$\overset{1{,}57\,I_d}{\underset{0}{\overset{I_d}{\rule{0pt}{1.5ex}}}}\;\overset{2\pi}{}$	$\overset{I_d}{\underset{0}{\rule{0pt}{1.5ex}}}\;\overset{2\pi}{}$	$\overset{I_d}{\underset{0}{\rule{0pt}{1.5ex}}}\;\overset{2\pi}{}$	$\overset{I_d}{\underset{0}{\rule{0pt}{1.5ex}}}\;\overset{2\pi}{}$	$\overset{I_d/2}{\underset{0}{\rule{0pt}{1.5ex}}}\;\overset{2\pi}{}$	4
Stromflussdauer	180°	180°	180°	120°	120°	60°	120°	5
I_ν/I_d	$(1{,}57)^\triangle$	$\times 0{,}707\;(0{,}785)^\triangle$	$1\;(1{,}11)$	$\dfrac{1}{\sqrt{3}}=0{,}577$	$\sqrt{\dfrac{2}{3}}=0{,}817$	$\dfrac{1}{\sqrt{6}}=0{,}408$	$\dfrac{1}{2\sqrt{3}}=0{,}289$	6
I_d/I_d	1	0,5	0,5	0,333	0,333	0,167	0,167	7
$I_{\nu s}/I_d$	2	1	1	$\dfrac{1}{\sqrt{3}}=0{,}577$	$\dfrac{1}{\sqrt{3}}=0{,}577$	1	0,5	8
Kurvenform des Primärstromes	$(1{,}57)^\triangle$	$\times 0{,}707\;(0{,}785)^\triangle$	$1\;(1{,}11)$	$\sqrt{\dfrac{2}{3}}=0{,}471$	$\dfrac{1}{\sqrt{3}}=0{,}577$	$\dfrac{1}{\sqrt{6}}=0{,}408$	$\dfrac{1}{2\sqrt{3}}=0{,}289$	9
I/I_d bei Transformatorübersetzung = 1	$\overset{2{,}14\cdot I_d}{\underset{0}{\overset{I_d}{\rule{0pt}{1.5ex}}}}\;\overset{2\pi}{}$	$\overset{1{,}57\,I_d}{\underset{0}{\overset{I_d}{\rule{0pt}{1.5ex}}}}\;\overset{2\pi}{}$	$\overset{I_d}{\underset{0}{\rule{0pt}{1.5ex}}}\overset{1{,}57\,I_d}{}\overset{2\pi}{}$	$\overset{I_d}{\underset{0}{\rule{0pt}{1.5ex}}}\;\overset{2\pi}{}$	$\overset{I_d}{\underset{0}{\rule{0pt}{1.5ex}}}\overset{2\pi}{}$	$\overset{I_d}{\underset{0}{\rule{0pt}{1.5ex}}}\;\overset{2\pi}{}$	$\overset{I_d}{\underset{0}{\rule{0pt}{1.5ex}}}\;\overset{2\pi}{}$	10
Kurvenform des Netzstromes für S-, DS- und DSS-Schaltungen mit △ auf der Primärseite	$(1{,}21)$	$1\;(1{,}11)$	$1\;(1{,}11)$	$\sqrt{\dfrac{2}{3}}=0{,}471$	$\dfrac{2I_d/\sqrt{3}}{\cdot I_d/\sqrt{3}}$	$\dfrac{I_d}{\sqrt{3}}=0{,}577$	$\dfrac{1}{\sqrt{6}}=0{,}408$	11
				$\dfrac{2I_d/\sqrt{3}}{0{,}817}$				12
$I_{\nu s}/I_d$ bei Transformatorübersetzung = 1	1,21	$1\;(1{,}11)$	$1\;(1{,}11)$	$\sqrt{\dfrac{2}{3}}=0{,}817$	$\sqrt{\dfrac{2}{3}}=0{,}817$	$\sqrt{\dfrac{2}{3}}$ für primär △ $=0{,}817$	$\dfrac{1}{\sqrt{2}}$ für primär △ $=0{,}707$	13
							$\times\dfrac{1}{\sqrt{2}}=0{,}707$	

$I_\nu=$ Effektivwert des sekundären Leiterstromes
$I_d=$ Gleichstrom (Mittelwert)
$I=$ Mittelwert des Diodenstromes

$I_s=$ Scheitelwert des Diodenstromes
$I_\Delta=$ Effektivwert des Diodenstromes
$I=$ Effektivwert des primären Wicklungsstromes

$I_N=$ Effektivwert des Netzstromes
$^\triangle$ Die Klammernwerte gelten ohne Glättungsdrossel

Tabellen der Kennwerte und Dimensionierungsbeispiele

Schaltung	Einwegschaltung E	Mittelpunktschaltung M	Brückenschaltung B	Sternschaltung S	Drehstrom-Brücken-Sch. DB	Doppelstern-schaltung DS	Doppelstern mit Saugdrossel-Sch. DSS	
primär								1
sekundär								
Ventile								
Schaltungsbezeichnung nach IEC (VDE)	1i0	1i0	1i0	Dz0 Yz5 Yz11	Dd0 Yy0 Yd5 Dy5	(F1)	(F2) (G2)	2
Schaltung des Transformators	— —	— —	— —	△ △ △ △ ⋎ ⋎ ⋎ ⋎	△ △ △ △ ⋎ ⋎ ⋎ ⋎	△ ⋇	⋎+⋎ △+⋎	3
P_{L1}/P_{d0}	$(2{,}69)^\triangle$	$\pi\,1{,}11\,(1{,}23)^\triangle$	$1i0$	$\dfrac{\pi}{3}\dfrac{2}{\sqrt{3}}=1{,}21$	$\dfrac{\pi}{3}=1{,}05$	$\dfrac{\pi}{3}\sqrt{\dfrac{3}{2}}=1{,}28$	$\dfrac{\pi}{3}=1{,}05$	4
P_{v1}/P_{d0}	$(3{,}49)^\triangle$	$\pi\pi\,1{,}57\,(1{,}73)^\triangle$	$\pi\,1{,}11\,(1{,}23)^\triangle$	$\dfrac{\pi}{3}\dfrac{2\sqrt{2}}{\sqrt{3}}=1{,}71$	$\dfrac{\pi}{3}=1{,}05$	$\dfrac{\pi}{3}\sqrt{3}=1{,}81$	$\dfrac{\pi}{3}\sqrt{2}=1{,}48$	5
P_{L1}/P_{d0}	$(3{,}09)^\triangle$	$1{,}34\,(1{,}48)^\triangle$	$1{,}11\,(1{,}23)^\triangle$	$1{,}46$	$1{,}05$	$1{,}55$	$1{,}26$	6
P_{L1}/P_{d0}	$(2{,}69)^\triangle$	$1{,}11\,(1{,}23)^\triangle$	$1{,}11\,(1{,}23)^\triangle$	$\dfrac{\pi}{3}\dfrac{2}{\sqrt{3}}=1{,}21$	$\dfrac{\pi}{3}=1{,}05$	$\dfrac{\pi}{3}=1{,}05$	$\dfrac{\pi}{3}=1{,}05$	7

$\pi\ \dfrac{\pi}{2\sqrt{2}}=1{,}11$

$\pi\pi\ \dfrac{\pi}{2}=1{,}57$

P_{L1} = Primärleistung des Transformators bei Nennstrom und Nennspannung
P_{v1} = Sekundärleistung des Transformators bei Nennstrom und Nennspannung
P_{L1} = mittlere Nennleistung bei Nennstrom und Nennspannung
P_{L1} = Netzentnahmeleistung (Nennleistung)
U_{d0} = ideale Leerlaufgleichspannung
I_{d1} = Nenngleichstrom (Mittelwert)
P_{d0} = ideale Gleichstromleistung = $U_{d0} \cdot I_{d1}$
$^\triangle$ Die Klammerwerte gelten ohne Glättungsdrossel

Tabelle 3   Berechnungstabelle für Gleichrichter-Schaltungen: Leistungen

– Zweipuls-Brückenschaltung (B)

Anwendung: In der Industrie, wo ein Dreiphasennetz zur Verfügung steht, nur für kleine Leistungen, meist Feldspeisungen. In der Traktion bei Lokomotiven mit Gleichstrommotoren jedoch bis zu Leistungen von mehreren MW.

Vorteile: Kleinste Sperrspannungsbeanspruchung der Ventile unter allen Einphasenschaltungen, kleinste Bauleistung des Transformers.

Nachteile: Hohe Welligkeit der Gleichspannung (Pulszahl $p = 2$, wie bei M2-Schaltung), Spannungsabfall an den Ventilen doppelt so gross wie in der M2-Schaltung, da 2 Ventile in Serie.

Bemerkung: Diese Schaltung wurde in Kapitel 6 behandelt.

– Dreipuls-Mittelpunktschaltung (M3)

(Sternschaltung S)

Anwendung: Für kleine bis mittlere Leistungen (bis ca. 100 kW), wenn die 3pulsige Welligkeit der Spannung nicht stört.

Vorteile: Die Ventile können auf gemeinsamen Kühlkörpern montiert werden, gute Ausnützung der Ventile, nur 3 Ventile nötig.

Nachteile: Hohe Sperrspannungsbeanspruchung der Ventile. Um Vormagnetisierung des Transformers zu vermeiden, ist Zickzackschaltung auf der Sekundärseite nötig, dadurch erhöhte Bauleistung des Transformers.

Bemerkung: Diese Schaltung wurde in Abschnitt 3.1 behandelt.

– Drehstrom-Brückenschaltung (DB)

Anwendung: Bestens geeignete Schaltung am 3-Phasen-Netz für Gleichspannungen über 300 V. Auch für grosse Leistungen geeignet. Weitaus am häufigsten eingesetzte Stromrichterschaltung am 3-Phasen-Netz.

Vorteile: Minimale Bauleistung des Transformers, gute Ausnützung der Ventile sowohl spannungs- als auch strommässig. 6pulsige Welligkeit der Gleichspannung.

Nachteile: Doppelter Spannungsabfall über den Ventilen, da immer 2 Ventile in Serie den Strom führen. Zur Zündung der Thyristoren sind beim Anfahren und im Lückbereich Doppelimpulse nötig.

Bemerkung: Diese Schaltung wurde in Kapitel 5 behandelt.

– Doppelstern-Schaltung (DS)

(6-Puls-Mittelpunktschaltung M6)

Anwendung: Seit dem Einsatz von Halbleiterventilen durch die Drehstrom-Brückenschaltung ersetzt.

Vorteile: Alle Ventile können auf einen gemeinsamen Kühlkörper montiert werden.

Nachteile: Schlechte Ausnützung der Ventile in Strom und Spannung, grosse Bauleistung des Transformers.

Bemerkung: Diese Schaltung wurde in Abschnitt 3.2 behandelt.

– *Saugdrossel-Schaltung (DSS)*

Anwendung: Gut geeignete Schaltung für kleine Spannungen, aber grosse Ströme, z.B. Elektrolyse.

Vorteile: Alle Ventile können auf gemeinsamem Kühlkörper montiert werden. 6pulsige Welligkeit der Gleichspannung.

Nachteile: Hohe Sperrspannungsbeanspruchung der Ventile, Saugdrossel zusätzlich nötig, erhöhte Bauleistung des Transformers.

Bemerkung: Diese Schaltung wurde wegen ihrer geringen Anwendung in der Praxis nicht behandelt.

9.2 Dimensionierungsbeispiele

Stromrichter und zugehöriger Transformer bilden eine Einheit, deren strom- und spannungsmässige Auslegung wesentlich von der Art des Verbrauchers und von den Kennwerten der Halbleiterventile abhängt. Im Hinblick auf eine optimale Gesamtlösung soll eine gute Ausnützung der Ventile dadurch erreicht werden, dass einerseits eine in dieser Hinsicht vorteilhafte Schaltung und andererseits die Spannung des Verbrauchers entsprechend gewählt werden. Für die meisten Anwendungen von Stromrichtern am 3-Phasen-Netz kommt die Drehstrom-Brückenschaltung zum Einsatz. Für sehr grosse Leistungen wird ein Transformer benötigt, und dadurch lässt sich auch eine entsprechende Anpassung der Spannung erreichen. Die Dimensionierung von solchen Stromrichtern kann optimal nur von Spezialisten vorgenommen werden, die einerseits über sehr viel Erfahrung, andererseits über entsprechende Computerprogramme verfügen. Beides ist notwendig, um mit einem vernünftigen Zeitaufwand die vielen Einflussfaktoren (Ventile, Lastart, Transformer, Netzverhältnisse, Schutz) entsprechend berücksichtigen zu können. Im Rahmen dieser Einführung in die Stromrichtertechnik wird darauf nicht eingegangen. Es soll vielmehr gezeigt werden, wie man mit Hilfe der vorliegenden Tabellen die für die Auslegung einer Schaltung wichtigsten Kennwerte berechnen kann.

9.2.1 Beispiel 1: Auslegung einer Drehstrom-Brückenschaltung

Für einen Stromrichterantrieb mit $U_{AN} = 440\,V$, $I_{AN} = 120\,A$ ist eine Drehstrombrücke mit direktem Anschluss an das 380-V-, 50-Hz-Versorgungsnetz vorzusehen. Die hiezu nötigen Komponenten (Thyristoren, Vordrosseln) sind zu bestimmen.

Berechnung der Spannungen

– *Berechnung von U_{dio}:*

Da hier Speisespannung und Verbraucherspannung gegeben sind, ist die Berechnung der Ausgangsgleichspannung nur mehr insofern von Interesse, als man dadurch einmal Unterlagen für ihre Messung erhält, anderseits die zur Verfügung stehende Spannungsreserve (für Regelung bzw. Netzspannungsabsenkung) kennt. Man berechnet zuerst U_{dio}.

Der Tabelle 1, Zeile 6, entnimmt man für die Drehstrombrücke:

$$\frac{U_{\text{vo}}}{U_{\text{dio}}} = 0{,}741$$

Aus dem zugehörigen Schaltbild sieht man, dass U_{vo} die verkettete Spannung bedeutet, so dass $U_{\text{vo}} = 380\,\text{V}$ ist.

$$U_{\text{dio}} = \frac{U_{\text{vo}}}{0{,}741} = \frac{380}{0{,}741}\ \text{V} = 513\,\text{V}$$

Die Drehstrom-Brückenschaltung liefert also, ohne jede Berücksichtigung eines Spannungsabfalls, bei der Nennspannung des Netzes eine ideale Gleichspannung $U_{\text{dio}} = 513\,\text{V}$. Man weiss damit, was man zu erwarten hat, wenn man bei der Inbetriebnahme mit einem Universal-Voltmeter (Drehspul-Instrument) die Ausgangsspannung bei Vollaussteuerung $\alpha = 0°$ misst. Der tatsächlich gemessene Wert liegt bei geringer Belastung um ca. 2 ... 3 V tiefer, hauptsächlich wegen der Spannungsabfälle an den Thyristoren. Man benutzt diese Messung in der Praxis oft dazu, den phasenrichtigen Anschluss des Steuersatzes festzustellen. Stimmt das Drehfeld, so stehen bei entsprechender Steuerspannung die Impulse auf $\alpha = 0°$, ist die Richtung des Drehfeldes falsch, so stehen die Impulse in der Wechselrichter-Grenzlage, die Ausgangsspannung ist Null. So lässt sich ohne Zuhilfenahme eines Oszilloskops der phasenrichtige Anschluss eines Sinus-Vertikal-Steuersatzes überprüfen.

Berechnung von U_{do}:

Die im Betrieb mit Nennstrom maximal zur Verfügung stehende Ausgangsspannung U_{do} erhält man aus U_{dio} durch Abzug der induktiven und ohmschen Spannungsabfälle (Bild 9.2-1):

$$U_{\text{do}} = U_{\text{dio}} - \Sigma D$$

ΣD Summe der Gleichspannungsabfälle

Im allgemeinen Fall sind, wie aus Bild 9.2-2 hervorgeht, folgende Spannungsabfälle zu berücksichtigen:

1 – im Versorgungsnetz $D_{\text{XL}}, D_{\text{RL}}$
2 – im Stromrichter-Transformator $D_{\text{Xt}}, D_{\text{Rt}}$
3 – in den wechselstromseitigen Zuleitungen $D_{\text{Xb}}, D_{\text{Rb}}$
4 – im Stromrichter D_{c} (Spannungsabfall über den Ventilen)
5 – in der Glättungsdrossel
6 – in den gleichstromseitigen Leitungen

Sowohl die induktiven als auch die ohmschen Gleichspannungsabfälle sind dem Belastungsstrom proportional.

Die in den Tabellen angegebenen Werte (z.B. d_{xtl}, e_{xtl}) beziehen sich immer auf Nennstrom. Für eine überschlägige Berechnung der Spannung U_{do} genügt es vollkommen, die induktiven und ohmschen Spannungsabfälle, die im Transformator oder an den vorgeschalteten Dros-

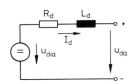

Bild 9.2–1
Ersatzschaltbild eines Stromrichters

R_{d} ohmsche Widerstände
L_{d} induktive Widerstände

seln entstehen, zu berücksichtigen. Der Tabelle 1, Zeile 8, entnimmt man für die Drehstrom-Brückenschaltung:

$$d_{xtl}/e_{xtl} = 0{,}5.$$

Wenn die vorgeschalteten Drosseln bei Nennstrom einen Spannungsabfall von 4%, entsprechend der Kurzschlussspannung eines Transformers von 4%, hervorrufen sollen, ist $e_{xtl} = 0{,}04$. Daraus ergibt sich $d_{xtl} = 0{,}5 \cdot 0{,}04 = 0{,}02$. Der induktive Spannungsabfall beträgt also 2% von U_{dio}. Rechnet man denselben Wert noch für den ohmschen Spannungsabfall dazu, wie es bei kleinen bis mittleren Leistungen zutrifft, so erhält man:

$$\begin{aligned}U_{do} &= U_{dio} - 2 \cdot 0{,}04 \cdot U_{dio} \\ &= U_{dio}(1-0{,}08) = 0{,}92\, U_{dio} \\ &= 513 \cdot 0{,}92\,\text{V} = 472\,\text{V}\end{aligned}$$

Die Spannungsreserve beträgt also bei Nennstrom $(472 - 440)\,\text{V} = 32\,\text{V}$. Sie kann bei dynamischen Vorgängen beansprucht werden.

Berechnung von $\hat{U}_r$

Aus Tabelle 1, Spalte 7, erhält man für die Drehstrombrücke: $\hat{U}_r/U_{dio} = 1{,}05$. Somit liegt an den Thyristoren bei Nennspannung des Netzes eine maximale **Sperrspannung** von

$$\hat{U}_r = U_{dio} \cdot 1{,}05 = 513 \cdot 1{,}05\,\text{V} = 539\,\text{V}$$

Da die Sperrspannung der verketteten Spannung entspricht, lässt sie sich auch so berechnen:

$$\hat{U}_r = \sqrt{2} \cdot \sqrt{3} \cdot U_s = \sqrt{2} \cdot \sqrt{3} \cdot 220\,\text{V} = 539\,\text{V}$$

Bei einem für industrielle Anwendungen üblichen Sicherheitsfaktor $k = 2$ sind also Thyristoren mit einer maximalen Sperrspannung $U_{RRM} = 2 \cdot 539 = 1080\,\text{V}$ zu verwenden.

Im weiteren findet man noch in Tabelle 1: Pulszahl $p = 6$, Welligkeit 4,2% von U_{dio} (bei $\alpha = 0°$). Diese letzte Angabe ist wichtig zur Beurteilung der Notwendigkeit einer Gleichstromdrossel. Bei modernen Gleichstrommotoren wird keine Drossel im Ankerkreis benötigt, wenn die Speisung über eine Drehstrombrücke erfolgt.

Berechnung der Ströme

Der Tabelle 2 lassen sich alle Angaben entnehmen, die zur Berechnung der Ströme nötig sind. Wie aus den Kurvenformen der Ströme in den Zeilen 4, 10 und 12 zu ersehen ist, gelten die angegebenen Werte streng genommen nur bei vollkommen geglättetem Gleichstrom. Die Stromformen unterscheiden sich in Abhängigkeit der Last um so mehr, je kleiner die Pulszahl des Stromrichters ist. Daher sind bei den M2- und B2-Schaltungen Werte in Klammern angegeben, die bei nicht geglättetem Gleichstrom gelten.

– *Arithmetischer Mittelwert des Thyristorstromes*

Nach Zeile 7 gilt: $I_a/I_d = 0{,}333$, somit wird $I_a = 120\,\text{A}/3 = 40\,\text{A}$. Es ist also ein Thyristor zu verwenden, der bei 120° Stromführung einen arithmetischen Mittelwert von wenigstens 40 A bei maximal zulässiger

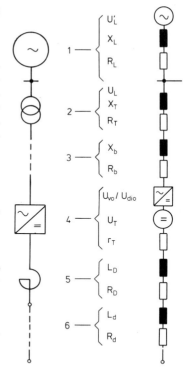

Bild 9.2-2
Prinzipschaltbild a) und Ersatzschaltbild b) des realen Stromrichters

1 Versorgungsnetz
2 Stromrichtertransformator
3 wechselstromseitige Zuleitungen
4 netzgeführter Stromrichter
5 Glättungsdrossel
6 gleichstromseitige Leitungen
U'_L Speisespannung
X_L Reaktanz des Speisenetzes
R_L ohmscher Widerstand des Speisenetzes
U_L Netzspannung
X_T Streureaktanz des Transformers
R_T ohmscher Widerstand des Transformators
X_b Reaktanz der wechselstromseitigen Zuleitungen
R_b ohmscher Widerstand der wechselstromseitigen Zuleitungen
U_{vo} Leerlaufspannung
U_{dio} ideelle Leerlaufgleichspannung
U_T Schleusenspannung
r_T differentieller Widerstand
L_D Induktivität der Glättungsdrossel
R_D ohmscher Widerstand der Glättungsdrossel
L_d Induktivität der gleichstromseitigen Zuleitungen
R_d ohmscher Widerstand der gleichstromseitigen Zuleitungen

Umgebungstemperatur führen kann. Die Angaben in der Tabelle beziehen sich auf Dioden oder Thyristoren für $\alpha = 0°$. Da die Stromform aber unabhängig vom Steuerwinkel α ist, so lange der Strom nicht lückt, sind sie für den gesamten Bereich nichtlückenden Stromes gültig.

– *Effektivwert des Thyristorstromes*

Die in einem Thyristor entstehenden Verluste, die zu seiner Erwärmung führen, können nach I/10.3.1 durch folgende Beziehung berechnet werden:

$$P_T = r_T \cdot I^2_{TRMS} + U_{T(TO)} \cdot I_{TAVM} \qquad (10.1)$$

I_{TRMS} Effektivwert des Thyristorstromes (in der Tabelle 2 mit I_A bezeichnet)

I_{TAVM} arithmetischer Mittelwert des Stromes (in der Tabelle 2 mit I_a bezeichnet)

r_T differentieller Widerstand des Thyristors

$U_{T(TO)}$ Schleusenspannung

Der Zeile 9 in Tabelle 2 entnimmt man:

$$\frac{I_A}{I_d} = \frac{1}{\sqrt{3}},$$

somit wird

$$I_A = \frac{I_d}{\sqrt{3}} = 69,3 \text{ A}.$$

Als Formfaktor der Thyristorstromes ergibt sich daher:

$$k_f = \frac{I_{TRMS}}{I_{TAVM}} = \sqrt{3}$$

Den Zusammenhang zwischen arithmetischem Mittelwert des Stromes, den dadurch entstehenden Verlusten nach Gleichung (10.1) und der daraus sich ergebenden nötigen Kühlung geben die Hersteller der Thyristoren heute meistens in Form von Diagrammen, wie sie Bild 9.2–3 zeigt, im Datenblatt an. Die Handhabung der Diagramme ist aus den in der Bildlegende gegebenen Beispielen leicht zu verstehen, insbesondere wenn man Abschnitt I/10.3 «Die Kühlung der Thyristoren» zu Hilfe nimmt.

Um bei einer Umgebungstemperatur von 45 °C einen Strom, dessen Mittelwert $I_{TAVM} = 40$ A ist, bei Rechteckform und einem Stromflusswinkel $\delta = 120°$ führen zu können, benötigt der Thyristor CS 50 einen Kühlkörper, dessen Wärmewiderstand $R_{thCA} = 0,8$ °C/W ist. Sollen 75 °C Umgebungstemperatur zugelassen werden, so muss $R_{thCA} = 0,235$ °C/W sein. Man muss dann den Kühlkörper K25 verwenden und Fremdbelüftung (F) (Luftgeschwindigkeit 6 m/s) anwenden.

– *Effektivwert des Netzstrangstromes*

Der Zeile 13 in Tabelle 2 entnimmt man: $I_L/I_d = 0,817$. Es fliesst also ein Strangstrom $I_L = 0,817 \cdot 120$ A $= 98$ A. Der Faktor 0,817 gilt auch bei direktem Anschluss an das Netz (Sternschaltung).

Tabellen der Kennwerte und Dimensionierungsbeispiele

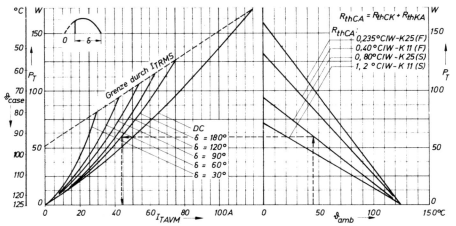

Die Kurven dienen zur Ermittlung des Dauergrenzstromes I_{TAVM}. Sie gelten für:
Stromflusswinkel $\delta = 30°, 60°, 90°, 120°, 180°$ el. und DC = Gleichstrom.
Begrenzung der Dauergrenzströme bei verschiedenen Stromflusswinkeln durch den Effektivwert I_{TRMS}.
Verschiedene Wärmewiderstände Gehäuse-Kühlmittel R_{thCA}
(S) Luftselbstkühlung
(F) Fremdbelüftung

Beispiel
gegeben:
Kühlmitteltemperatur $\vartheta_{amb} = 45\,°C$
Wärmewiderstand $R_{thCA} = 0{,}80\,°C/W$

Stromflusswinkel $\delta = 180°$ el.
ergibt:
Dauergrenzstrom $I_{TAVM} = 43\,A$
Gehäusetemperatur $\vartheta_{case} = 92\,°C$
Durchlassverluste $P_T = 60\,W$

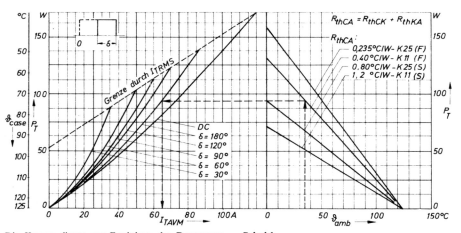

Die Kurven dienen zur Ermittlung des Dauergrenzstromes I_{TAVM}. Sie gelten für:
Stromflusswinkel $\delta = 30°, 60°, 90°, 120°, 180°$ el. und DC = Gleichstrom.
Begrenzung der Dauergrenzströme bei verschiedenen Stromflusswinkeln durch den Effektivwert I_{TRMS}.
Verschiedene Wärmewiderstände Gehäuse-Kühlmittel R_{thCA}
(S) Luftselbstkühlung
(F) Fremdbelüftung

Beispiel
gegeben:
Kühlmitteltemperatur $\vartheta_{amb} = 35\,°C$
Wärmewiderstand $R_{thCA} = 0{,}40\,°C/W$

Stromflusswinkel $\delta = 180°$ el.
ergibt:
Dauergrenzstrom $I_{TAVM} = 65\,A$
Gehäusetemperatur $\vartheta_{case} = 73\,°C$
Durchlassverluste $P_T = 94\,W$

**Bild 9.2-3 Belastbarkeitsdiagramme für Thyristor CS 50
oben bei sinusförmigen Strömen unten bei rechteckförmigen Strömen**

– *Berechnung der Induktivität der Vordrossel*

Im Hinblick auf die Netzrückwirkungen des Stromrichters müssen, wie bereits in den Kapiteln I/8 und II/5 besprochen, Vordrosseln (Längsdrosseln) eingesetzt werden, wenn kein Transformator verwendet wird. Ihre Grösse richtet sich nach dem Verhältnis Stromrichterleistung zu Kurzschlussleistung des Netzes im Anschlusspunkt. Für die meisten Fälle genügt es, wenn die Drossel so bemessen wird, dass bei Netznennstrom ein Spannungsabfall von 4% auftritt, so dass also:

$$I_L \cdot \omega \cdot L_V = 0{,}04 \cdot U_S$$

Damit ergibt sich:

$$L_V = \frac{0{,}04 \cdot U_S}{I_L \cdot \omega} = \frac{0{,}04 \cdot 220}{98 \cdot 6{,}28 \cdot 50} \text{H} = \frac{8{,}8}{30{,}7} \text{mH}$$

$$L_V = 0{,}28 \text{ mH}$$

– *Berechnung des Wirkungsgrades des Stromrichters*

Der Wirkungsgrad eines Stromrichters ist durch folgende Beziehung gegeben:

$$\eta = \frac{P_d}{P_d + P_v}$$

In P_v sind die gesamten Verluste enthalten. Sie setzen sich zusammen aus:

- Durchlassverluste der Thyristoren P_{v1}
- Lüfterantrieb P_{v2}
- Verluste in den Leitungen P_{v3}
- Steuerung (Steuersatz) P_{v4}

Da 6 Thyristoren eingesetzt sind, ergibt sich P_{v1} als $6 \cdot P_T$. Die Durchlassverluste P_T eines Thyristors kann man entweder aus dem Belastbarkeitsdiagramm Bild 9.2–3 unten ablesen oder direkt aus Gleichung (10.1) berechnen. Zur Kontrolle soll hier beides gemacht werden. Aus dem Diagramm entnimmt man (für $I_{TAVM} = 40$ A, $\delta = 120°$, rechteckförmiger Strom) auf der Skala für $P_{T \text{ (links)}}$ $P_T = 55$ W.

Zur Berechnung nach Gleichung (10.1)

$$P_T = r_T \cdot I^2_{TRMS} + U_{T(TO)} \cdot I_{TAVM}$$

benötigt man die Werte r_T und $U_{T(TO)}$. Sie sind im Datenblatt angegeben. Für den hier verwendeten Thyristor CS 50 findet man: $r_T = 3{,}65$ mΩ, $U_{T(TO)} = 1{,}0$ V.

Damit ergibt sich:

$$P_T = 3{,}65 \cdot 10^{-3} \cdot 69^2 + 1{,}0 \cdot 40 \quad \text{W}$$
$$= 3{,}65 \cdot 4{,}8 + 40 \quad \text{W}$$
$$= 17{,}5 + 40 \quad \text{W}$$
$$P_T = 57 \text{ W}$$

Die beiden Werte stimmen also sehr gut überein.

Damit erhält man für die gesamten Durchlassverluste der 6 Thyristoren:

$P_{vl} = 6 \cdot P_T = 342$ W

Die Verlustleistungen P_{v2} und P_{v4} lassen sich leicht messen, P_{v3} abschätzen oder ungefähr berechnen. Hier seien folgende Werte angenommen:

$P_{v2} = 850$ W, $P_{v3} = 700$ W, $P_{v4} = 300$ W

Daraus ergeben sich die Gesamtverluste des Stromrichters zu:

$P_v = 340 + 850 + 700 + 300$ W
$= 2190$ W

Als Wirkungsgrad berechnet sich:

$$\eta = \frac{P_d}{P_d + P_v} = \frac{440 \cdot 120}{440 \cdot 120 + 2200} = \frac{52,8}{52,8 + 2,2}$$
$$= \frac{52,8}{55,0} = 0,96$$

Der Tabelle 3 können alle Werte entnommen werden, die zur Berechnung des Transformers benötigt werden. Darauf wurde bei der Besprechung der einzelnen Schaltungen eingegangen. Aus Zeile 7 lässt sich die Netzleistung, also die Scheinleistung des Stromrichters berechnen.
Es gilt:

$P_{L1}/P_{dio} = 1,05$, somit erhält man für
$P_{L1} = 1,05 \cdot 513 \cdot 120$ kVA
$P_{L1} = 64,6$ kVA

Diese Leistung nimmt der Stromrichter unabhängig von Steuerwinkel α auf, so lange der Nennstrom von 120 A fliesst. Über den Stromrichter kann im gesamten Steuerbereich dieser Strom eingestellt werden, wenn z.B. vom Motor Nennmoment gefordert wird. Die Wirkleistung ist immer gegeben durch das Produkt $U_A \cdot I_A$. Da $U_A = U_{dio} \cos \alpha$ ist, ergibt sich bei gleichbleibender Scheinleistung eine mit dem $\cos \alpha$ ändernde Wirkleistung, da die Grundwelle des Netzstromes mit einer Phasenverschiebung $\varphi = \alpha$ gegenüber der Netzspannung verschoben wird.

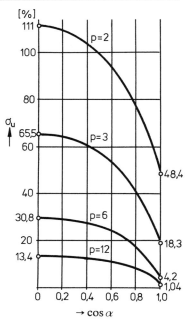

Bild 9.2-4
Oberschwingungsgehalt der Gleichspannung eines Stromrichters in Funktion

von $\dfrac{U_{di\alpha}}{U_{dio}} = \cos \alpha$

für die Pulszahlen $p = 2, 3, 6$ und 12 (Überlappung $U = 0$)

9.2.2 Beispiel 2: Berechnung einer Glättungsdrossel

Die vom Stromrichter abgegebene Spannung ist zerlegbar in eine Gleichspannung (Mittelwert) und in eine überlagerte Wechselspannung, die sich ihrerseits wieder in einzelne (sinusförmige) Oberschwingungen zerlegen lässt. Grösse und Frequenz dieser Oberschwingungen hängen im wesentlichen von der Pulszahl und dem Aussteuerungsgrad ab. Bei induktiver Last ergeben sich die höchsten Werte bei $\alpha = 90°$, die niedrigsten bei $\alpha = 0°$. Von Einfluss ist weiter noch die Überlappung, die bei $\alpha = 0°$ eine erhebliche Vergrösserung, bei Aussteuerung im allgemeinen eine Verkleinerung der Oberschwingungen verursacht.
In der Gleichspannung treten nur Oberschwingungen der Ordnungs-

zahl $n = k \cdot p$ auf, wobei $k = 1,2,3 \ldots, p$ die Pulszahl des Stromrichters bedeutet. Ihre Amplituden sind bei $\alpha = 0°$ umgekehrt proportional dem Quadrat der Ordnungszahl, bei starker Aussteuerung etwa umgekehrt proportional der Ordnungszahl.

Die einzelnen Oberschwingungsspannungen werden nach folgender Gleichung zum Gesamt-Effektivwert der Spannungsoberschwingungen U_{wd} zusammengefasst.

$$U_{wd} = \sqrt{\Sigma U^2_{nd}} \quad n = k \cdot p \quad k = 1,2 \ldots$$

Das Verhältnis $\sigma_u = U_{wd}/U_{dio} \cdot 100 \, [\%]$ nennt man Spannungswelligkeit. Es ist für die verschiedenen Schaltungen in Tabelle 1, Zeile 10, zu finden. Für eine zweipulsige Schaltung erhält man $\sigma_u = 48,2\%$. In Bild 9.2–4 ist der Oberschwingungsgehalt der Gleichspannung eines gesteuerten Gleichrichters in Abhängigkeit von $\cos\alpha$ für die Pulszahlen 2,3,6 und 12 dargestellt. Die Kurven gelten für sehr kleine Ströme, Überlappung $u = 0$. Der Einfluss der Überlappung ist jedoch um eine Grössenordnung kleiner als jener der Aussteuerung und kann daher für Überschlagsrechnungen vernachlässigt werden. Man liest für $p = 2$ ab $\sigma_u = 48,4\%$ für $\alpha = 0°$ (das entspricht dem in Tabelle 1, Zeile 10, angegebenen Wert), $\sigma_u = 111\%$ für $\alpha = 90°$.

In den meisten Anwendungsfällen von Stromrichtern, insbesondere in der Antriebstechnik, spielt die Spannungswelligkeit keine Rolle, wohl aber die durch sie hervorgerufene Welligkeit des Gleichstroms, die zur Erhöhung von Verlusten, Verschlechterung der Kommutierung der Gleichstrommaschine und höherer Beanspruchung der Stromrichterventile führt. Man muss daher, insbesondere bei zweipulsigen Schaltungen, durch eine Drossel im Gleichstromkreis dafür sorgen, dass diese Auswirkungen nicht zu gross werden. Es ist dabei immer ein Kompromiss zwischen Aufwand und Wirkung einzugehen. Oft ist die Drossel so auszulegen, dass im gesamten Drehzahlbereich (z.B. 20% bis 100% der Nenndrehzahl) der Strom nicht lückt, wenn mit Nennstrom gefahren wird. Das heisst also, dass der Scheitelwert des durch die Spannungsoberschwingungen hervorgerufenen Stromes bei $U_d\alpha = 0,2 \cdot U_{dio}$ kleiner als der Nennstrom sein muss (Bild 9.2–5a). Der Stromrichter kann als Serieschaltung der beiden Spannungsquellen $U_d\alpha$ und U_2 betrachtet werden (Bild 9.2–5b), wobei $U_d\alpha$ die Gleichstromkomponente I_d und $U_2 = \sigma_u \cdot U_{dio}$ den sinusförmigen Ober-

Bild 9.2-5
Einfluss der Spannungsoberschwingungen

a) **Verlauf des Gleichstromes und des Oberschwingungsstromes**
b) **Ersatzschaltbild des Stromrichters**

$U_{d\alpha}$ arithmetischer Mittelwert der Ausgangsspannung beim Steuerwinkel α
U_2 Effektivwert der Spannungsoberschwingung zweiter Ordnung
I_{dN} Nennwert des Gleichstromes
$\hat{i}_2$ Scheitelwert des durch U_2 bewirkten Oberschwingungsstroms

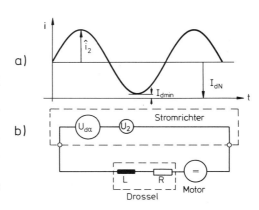

schwingungsstrom der Ordnungszahl 2 (Stromoberschwingung mit zweifacher Netzfrequenz) bestimmt. Es gilt daher in erster Näherung:

$$I_d = \frac{U_{d\alpha} - E}{R}$$

$$I_2 = \frac{U_2}{\omega L} \quad U_2 = \text{Effektivwert der 2. Spannungsoberschwingung}$$

Der Scheitelwert $\hat{\imath}_2 = \dfrac{U_2 \cdot \sqrt{2}}{\omega L}$

Laut obigen Bedingungen soll $\hat{\imath}_2 < I_{dN}$ bei $U_{d\alpha} = 0{,}2 \cdot U_{dio}$ sein. Aus Bild 9.2–4 entnimmt man: $\sigma_u = 110\%$ bei $U_{d\alpha} = 0{,}2\, U_{dio}$.
Damit wird:

$$U_2 = \sigma_u \cdot U_{dio} = 1{,}1 \cdot U_{dio}$$

$$\hat{\imath}_2 = \frac{1{,}1 \cdot \sqrt{2} \cdot U_{dio}}{\omega L} \leqslant I_{dN}$$

somit $L \geqslant \dfrac{1{,}1 \cdot \sqrt{2} \cdot U_{dio}}{I_{dN} \cdot \omega}$

Zahlenspiel: B2-Schaltung, $U_N = 380\,\text{V}$, $50\,\text{Hz}$, $I_{dN} = 20\,\text{A}$

$U_{dio} = 0{,}9 \cdot 380\,\text{V} = 340\,\text{V}$

$$L = \frac{1{,}1 \cdot \sqrt{2} \cdot 340}{20 \cdot 100 \cdot \pi}\,\text{H} = \frac{530}{6{,}28}\,\text{mH} = 84\,\text{mH}$$

Mit den in diesem Abschnitt gezeigten einfachen Rechnungen lassen sich die Kennwerte einer Stromrichterschaltung, die der Anwender insbesondere zur Überprüfung der gemessenen Werte braucht, leicht gewinnen.

10. Zweistromrichter-Schaltungen

(Stromrichter für zwei Stromrichtungen, Umkehrstromrichter)

10.1 Grundsätzliches

Ein Stromrichter ist eine statische Einrichtung zur Umformung elektrischer Energie mittels elektrischer Ventile (Dioden, Thyristoren). Sie können den Strom nur in einer Richtung führen. Alle Stromrichterschaltungen, die bisher besprochen wurden, bestehen aus nur einem Stromrichter und werden daher unter dem Sammelbegriff «1-Stromrichter-Schaltungen» zusammengefasst. Sie können daher den Strom nur in einer Richtung führen. Ein Umpolen der Spannung ist jedoch möglich, wenn zwei Bedingungen erfüllt sind: Der Stromrichter muss als vollgesteuerte Schaltung aufgebaut sein (alle Ventile Thyristoren), und die Last muss aktiv sein, das heisst eine Spannungsquelle enthalten.

Der Arbeitsbereich einer Stromrichterschaltung lässt sich übersichtlich in der Leistungsebene darstellen. Bild 10.1-1 zeigt die 4 Quadranten der Leistungsebene. ($P_d = I_d \cdot U_d$). Halbgesteuerte Stromrichter können nur im Quadranten I oder III (je nach Definition der Stromrichtung) arbeiten, also dann eingesetzt werden, wenn weder die Spannung noch der Strom umgepolt werden müssen. Vollgesteuerte Stromrichter können in den Quadranten I und IV bzw. II und III arbeiten, da man bei geeigneter Last die Spannung umpolen kann.

Insbesondere in der Antriebstechnik werden aber Stromrichterschaltungen verlangt, die es ermöglichen, den Strom in beiden Richtungen zu führen, um z.B. Gleichstromantriebe zu erhalten, die in beiden

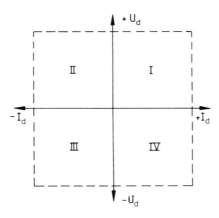

Bild 10.1-1:
Die 4 Quadranten der Leistungsebene. 1 Stromrichter kann nur in den Quadranten I und IV oder II und III arbeiten, nie aber in allen 4 Quadranten.

Zweistromrichter-Schaltungen

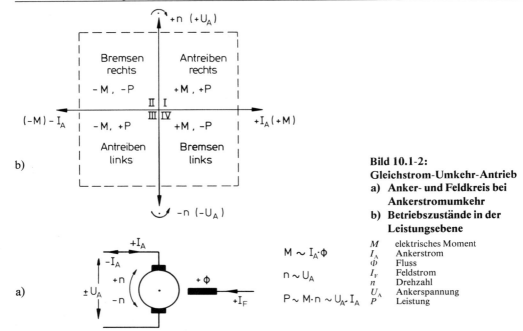

Bild 10.1-2:
Gleichstrom-Umkehr-Antrieb
a) Anker- und Feldkreis bei Ankerstromumkehr
b) Betriebszustände in der Leistungsebene

M elektrisches Moment
I_A Ankerstrom
Φ Fluss
I_F Feldstrom
n Drehzahl
U_A Ankerspannung
P Leistung

Drehrichtungen antreiben und bremsen können, oder um Umrichter zur Speisung von Drehstrommotoren mit variabler Drehzahl aufbauen zu können. Für eine Gleichstrommaschine können die Betriebszustände übersichtlich durch die Zusammenhänge zwischen der Drehzahl n und dem elektrischen Moment M dargestellt werden. Das Produkt $M \cdot n$ ergibt die Leistung. Bild 10.1-2a zeigt das Prinzipschaltbild für eine Anker-(strom-)Umkehr. Um positives und negatives Moment zu erreichen, muss der Ankerstrom in beiden Richtungen fliessen können. Man kann auch, wie aus der Gleichung $M \sim I_A \cdot \Phi$ zu ersehen ist, eine Momentumkehr dadurch erhalten, dass der Fluss Φ umgepolt wird, also der Feldstrom I_F in beiden Richtungen fliessen kann. Man spricht dann von Feldumkehr.

Eine Stromumkehr kann kontaktbehaftet (über Schütze) oder kontaktlos (über eine 2-Stromrichter-Schaltung) erfolgen (Bild 10.1-3). Die Stromumkehr über Schütze, man spricht dann von Anker*kreis*- oder Feld*kreis*-Umschaltung, hat den Vorteil des geringeren Aufwandes, da *ein* Stromrichter zur Speisung des Ankers oder des Feldes genügt. Ihr haftet aber der Nachteil an, dass die Stromumkehr viel Zeit braucht, also eine lange stromlose Pause entsteht, da die Schütze stromlos geschaltet werden müssen, und dass trotz dem stromlosen Schalter eine Abnützung auftritt. Diese Lösung kommt nur dann in Frage, wenn eine Stromumkehr nicht häufig verlangt wird.

Muss aber die Stromumkehr rasch und beliebig oft erfolgen, so kann dies nur durch eine kontaktlose Stromumkehr mittels einer 2-Stromrichter-Schaltung erreicht werden.

Zweistromrichter-Schaltungen

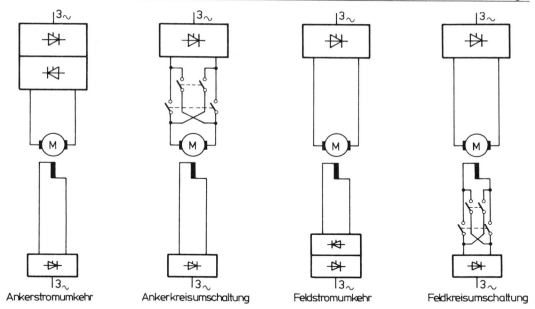

Bild 10.1-3:
Schaltungsvarianten für Momentumkehr einer Gleichstrommaschine durch Umkehr des Ankerstromes oder Feldstromes

10.2 Prinzip einer Zweistromrichter-Schaltung

Bei einer 2-Stromrichter-Schaltung wird für jede Stromrichtung ein eigener Stromrichter verwendet, wie dies Bild 10.2–1 am Beispiel der Ankerstromumkehr zeigt. Dabei werden die zwei Stromrichter (I und II) so mit dem Anker verbunden, dass der Ankerstrom in beiden Richtungen fliessen kann. Da die beiden Stromrichter in Durchlassrichtung in Reihe geschaltet sind, entsteht auch ein Stromkreis, der sich nur über die beiden Stromrichter schliesst. Es kann daher neben dem Laststrom (Ankerstrom) auch ein Strom in diesem Kreis fliessen. Man nennt ihn Kreisstrom (i_K in Bild 10.2–1).

Der Kreisstrom ist ein besonderes Merkmal jeder 2-Stromrichter-Schaltung. Es sei daher zuerst die Entstehung dieses Kreisstroms an einem Ersatzschaltbild einer 2-Stromrichter-Schaltung erklärt.

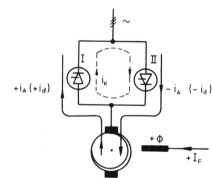

Bild 10.2-1:
Prinzip einer 2-Stromrichter-Schaltung am Beispiel einer Ankerstromumkehr

I   Stromrichter für positive Stromrichtung
II Stromrichter für negative Stromrichtung
i_K Kreisstrom

10.3 Der Kreisstrom

10.3.1 Kreisstrom unter idealen Bedingungen

Ein idealer Stromrichter stellt eine Gleichspannungsquelle dar, die eine variable Gleichspannung ohne Oberschwingungen liefert. Eine in Serie geschaltete Diode lässt den Strom nur in einer Richtung fliessen. Damit ergibt sich das in Bild 10.3.-1 dargestellte Ersatzschaltbild einer 2-Stromrichter-Schaltung. Unter der getroffenen Annahme einer (idealen) Gleichspannung ohne Oberschwingungen, kann in dieser Anordung ein Kreisstrom vermieden werden, wenn $U_{dI} = U_{dII}$ ist. Für «Antreiben rechts» z.B. fliesst dann nur der Ankerstrom $+I_d$ über den Motor. System I arbeitet als Gleichrichter, System II als Wechselrichter, so dass die beiden Spannungen U_{dI} und U_{dII} gleich gross sind und dieselbe Polarität haben.

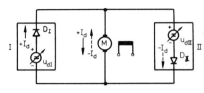

Bild 10.3-1:
Ersatzschaltbild einer 2-Stromrichter-Schaltung

U_{dI}, U_{dII} variable Gleichspannungen
D_I, D_{II} Dioden

Für eine Umkehr des Ankerstromes müssen die Stromrichter so umgesteuert werden, dass System II als Gleichrichter, System I als Wechselrichter arbeitet, wobei sich U_{dI} und U_{dII} wieder das Gleichgewicht halten müssen, damit nur der Ankerstrom $-I_d$ fliesst.

Während also ein Stromrichter immer als Gleichrichter arbeitet, muss der andere Stromrichter, um einen Kreisstrom zu vermeiden, so in den Wechselrichterbetrieb gesteuert werden, dass er eine gleich grosse Gegenspannung liefert.

10.3.2 Kreisstrom unter realen Bedingungen

Bei realen Stromrichtern kann man durch entsprechende symmetrische Aussteuerung $\alpha = \beta$, z.B. $\alpha_I = \beta_{II}$, wobei $\beta_{II} = 180° - \alpha_{II}$ ist, wohl erreichen, dass die Mittelwerte der beiden Spannungen U_{dI} und U_{dII} gleich gross sind. Es bestehen aber auch dann Spannungsunterschiede der Momentanwerte, die durch den unterschiedlichen Verlauf der Gleichspannung im Gleichrichter- und Wechselrichterbetrieb verursacht werden. Die Differenzspannung ist eine Wechselspannung, deren Kurvenform aussteuerungsabhängig ist. Sie treibt einen Kreisstrom zwischen den beiden Systemen. Dies soll im folgenden am Beispiel einer aus zwei M3-Schaltungen bestehenden 2-Stromrichter-Schaltung erklärt werden.

Bei der in Bild 10.3-2a dargestellten Anordnung sind die beiden Stromrichter an eine gemeinsame Sekundärwicklung des Transformers gegenparallel angeschlossen. Man spricht dann von «Gegenparallelschaltung». Dieser Anordnung gleichwertig ist, von der Schaltung her gesehen, der Umkehrstromrichter in «Kreuzschaltung» nach den Bildern 10.3.-2b und c. Aus der Darstellung nach Bild b ist der *Name* Kreuzschaltung, aus der Darstellung nach Bild c ist die *Funktion* leicht zu verstehen. Charakteristisch für eine Kreuzschaltung ist, dass beide Stromrichter aus getrennten Sekundärwicklungen des Transformators gespeist werden. Bei Mittelpunktschaltungen wird die Gegenparallelschaltung wegen des geringeren Transformeraufwandes bevorzugt. Bei Brückenschaltungen kann jedoch die Kreuzschaltung Vorteile haben.

Für symmetrische Aussteuerung $\alpha_{II} = 180° - \alpha_I$ ergeben sich unter der Annahme, dass System I im Gleichrichterbetrieb, System II im Wech-

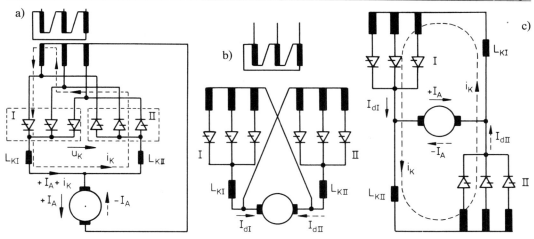

Bild 10.3-2:
Dreipulsiger Umkehrstromrichter.
a) Gegenparallelschaltung
b), c) Kreuzschaltung

L_{KI}, L_{KII} Kreisstromdrosseln
u_K Kreisspannung
i_K Kreisstrom

selrichterbetrieb arbeitet, bei stehendem Motor (induktive Last) die in Bild 10.3.-3a und b dargestellten Momentanwerte der Spannungen u_{GR} (= u_{dI}) und u_{WR} (= u_{dII}) in Funktion des Steuerwinkels α. Die Kreis-spannung u_K erhält man durch Subtraktion der Momentanwerte der invertierten Spannung u_{WR} von den Momentanwerten der Spannung u_{GR} · u_{WR} muss invertiert gezeichnet werden, da die beiden Stromrichter gegenparallel miteinander verbunden sind. Wie man aus Bild 10.3-3c entnimmt, ist u_K eine Wechselspannung. Die entstehende Spannungszeitfläche $A(t) = \int u_K dt$ ist vom Steuerwinkel α abhängig. Da der Gesamtwiderstand des Kreisstromkreises sehr klein ist, müssen Drosseln eingesetzt werden (L_{KI} und L_{KII}), die den entstehenden Kreisstrom begrenzen. Es ergibt sich als Kreisstrom ein periodischer Gleichstrom, der von der positiven Spannungszeitfläche aufgebaut, von der folgenden negativen wieder abgebaut wird. Die Spannungszeitfläche ist positiv, wenn $|u_{GR}| > |u_{WR}|$ ist. Die in Bild 10.3-3 dargestellten Verläufe gelten für stationären Betrieb. Bild 10.3-4 zeigt ein Oszillogramm der Kreisspannung und des Kreisstromes bei $\alpha_I =$ 60°. Dynamisch, das heisst bei Änderungen des Steuerwinkels, können wesentlich grössere Spannungszeitflächen und damit Kreisströme auftreten.

Wie aus Bild 10.3-2 zu ersehen ist, werden zwei Kreisstromdrosseln eingebaut. Dies deshalb, weil eine der beiden immer durch den Laststrom ($+I_A$ oder $-I_A$) gesättigt wird. Die Begrenzung des Kreisstromes übernimmt also die Drossel des Systems, das keinen Laststrom führt. Der Aufwand ist geringer als beim Einsatz einer einzigen Drossel, die so ausgelegt sein müsste, dass ihre Induktivität genügt, um auch bei maximalem Laststrom den Kreisstrom auf dem gewünschten Wert zu halten.

10.3.3 Vor- und Nachteile des Kreisstromes

Auf den ersten Blick scheint es so, als ob ein Kreisstrom nur Nachteile mit sich bringen würde, so dass der gewünschte Wert Null wäre. Als Nachteile sind zu nennen:

Zweistromrichter-Schaltungen

- Mehraufwand durch die beiden Kreisstromdrosseln.
- Vergrösserung des Transformers: wenn α_{WRmax} mit Rücksicht auf das Wechselrichterkippen nicht grösser als 150° eingestellt werden kann und $\alpha_{GR} = 180 - \alpha_{WR}$ sein soll, muss der minimale Zündwinkel im Gleichrichterbetrieb auf $\alpha = 30°$ begrenzt werden.

$\alpha < 180 - \alpha_{WR}$ darf auf keinen Fall vorkommen, da dann die Kreisspannung eine Gleichkomponente enthält, die einen Kreisstrom bewirkt, der nurmehr durch die ohmschen Widerstände des Stromkreises begrenzt wird. Die Spannungen der Sekundärwicklungen müssen daher so gross gewählt werden, dass die maximal notwendige Gleichspannung an der Last (z.B. die Ankerspannung) bei einem Steuerwinkel α_{GRmin} erreicht wird. Da jedoch die induktive Spannungsänderung eines Stromrichters im Gleichrichterbetrieb negativ ist, die vom Gleichrichter abgegebene Spannung mit zunehmendem

Bild 10.3-3:
Momentanwerte eines dreipulsigen Umkehrstromrichters in Funktion des Steuerwinkels α.
a) **Gleichrichterspannung** $u_{GR} = U_{dI}$
b) **Wechselrichterspannung** $u_{WR} = u_{dII}$ (invertiert)
c) **Kreisspannung** $u_{GR} - u_{WR} = u_K$
Spannungszeitfläche $A(t) = \int u_K \, d_t$

Kreisstrom $i_K = \dfrac{u_K}{\omega \cdot L_K}$

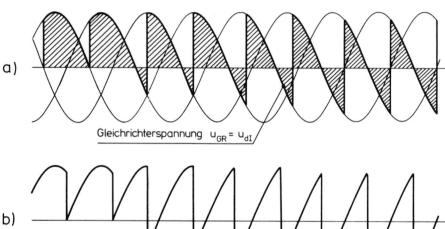

Zweistromrichter-Schaltungen

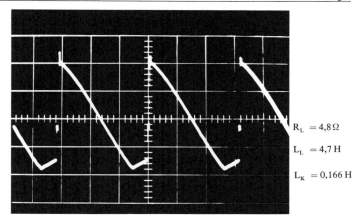

Bild 10.3-4
Oszillogramme der Kreisspannung a) und des Kreisstromes b) in einer Schaltung nach Bild 10.3-2a bei $\alpha_1 = 60°$

a) Kreisspannung bei $\alpha = 60°$
   Massstäbe:
   vertikal $y \triangleq 100$ V/cm
   horizontal $x \triangleq 2$ ms/cm

$R_L = 4,8\,\Omega$
$L_L = 4,7$ H
$L_K = 0,166$ H

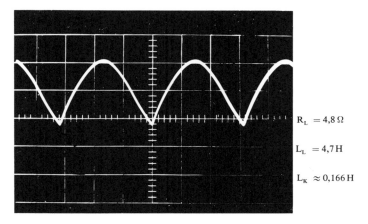

b) Kreisstrom bei $\alpha = 60°$
   Massstäbe:
   Vertikal: $y \triangleq 1,08$ A/cm
   horizontal: $x \triangleq 2$ ms/cm

$R_L = 4,8\,\Omega$
$L_L = 4,7$ H
$L_K \approx 0,166$ H

Strom also kleiner wird, ergeben sich praktisch etwas günstigere Verhältnisse.
– Zusätzliche Belastung des Transformers und der Ventile durch den Kreisstrom.
– Erhöhter Blindleistungsbedarf, da der Kreisstrom ein induktiver Strom ist.

Neben diesen Nachteilen bringt ein Kreisstrom aber auch einen wichtigen Vorteil:
Mit Hilfe des Kreisstromes lässt sich der Gesamtstrom ($I_d = I_A + I_K$) des den Laststrom führenden Systems bei jedem Aussteuerungsgrad nichtlückend halten. Infolgedessen gelten für die Teilstromrichter I und II nicht die im Bild 10.3–5 gestrichelt eingetragenen Kennlinien, die für Lückbetrieb zutreffen, sondern die ausgezogenen, die stetig und mit gleicher Neigung ineinander übergehen. Es lassen sich so gleiche Kennlinien erreichen wie mit einem Leonard-Umformer. Eine solche 2-Stromrichter-Schaltung hat regelungstechnisch das beste Verhalten, da ein stetiger Übergang von einer Stromrichtung auf die andere möglich ist, wobei sich die Kennwerte des Stromrichters nicht ändern, da

er immer nichtlückenden Strom führt. Die im Bild 10.3-5 dargestellten Kennlinien setzen sich in den Quadranten III und IV als parallele Geraden fort, wobei System II als Gleichrichter, System I als Wechselrichter arbeitet.

10.3.4 Führung des Kreisstromes

Der Kreisstrom kann gesteuert oder geregelt werden.

– *Kreisstromsteuerung*

• Symmetrische Steuerung ($\alpha = \beta$)
Will man den oben erwähnten Vorteil des Kreisstromes nützen, so wird man eine symmetrische Steuerung $\alpha_{II} = 180° - \alpha_{I}$ verwenden und die Kreisstromdrosseln so auslegen, dass der Kreisstrom bei den Steuerwinkeln, bei denen er seinen höchsten Wert erreicht, etwa 10 ... 20% des Nennstromes beträgt. Der Hauptnachteil dieser einfachen Steuerung liegt darin, dass über den ganzen Steuerbereich Kreisstrom zugelassen wird, obwohl er ja nur in dem in Bild 10.3-5 mit «Lückbetrieb» bezeichneten Bereich notwendig wäre, um Lückbetrieb und die dadurch bedingten Nachteile zu vermeiden.

• Asymmetrische Steuerung
Bei $\alpha > \beta$ wird $|U_{GR}| < |U_{WR}|$. Wenn auch die Momentanwerte u_{GR} immer kleiner als jene von u_{WR} sind, kann kein Kreisstrom fliessen. Diese Bedingung ist sicher erfüllt, wenn β konstant gleich der maximalen Wechselrichter-Grenzlage ist und $\alpha_{min} > \beta_{max}$ eingestellt wird. Diese Lösung ist regelungstechnisch ungünstig, da eine Stromumkehr mehr Zeit braucht und zudem Lückbetrieb auftritt, in dem sich die Kennlinien des Stromrichters ändern. Sie hat den Vorteil, dass die Kreisstromdrosseln wesentlich kleiner gemacht werden können und die zusätzliche Belastung des Transformers, des Netzes und der Ventile im stationären Betrieb entfällt.
Bei $\alpha < \beta$ wird $|U_{GR}| > |U_{WR}|$. Dadurch entsteht in der Kreisspannung eine Gleichkomponente, die einen Gleichstromanteil im Kreisstrom

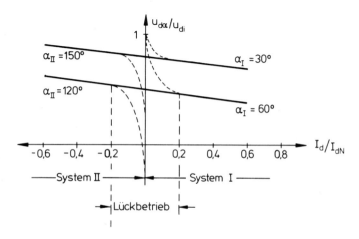

Bild 10.3-5
Linearisierung der Stromrichterkennlinien durch den Kreisstrom. Gestrichelt: Kennlinien der Einzelstromrichter im Lückbetrieb. Ausgezogen: Summenkennlinie der beiden Stromrichter bei nichtlückendem Strom.

Zweistromrichter-Schaltungen

hervorruft. Da der Kreiswiderstand für Gleichstrom nur durch die ohmschen Widerstände bestimmt und daher sehr klein ist, bewirkt auch eine sehr kleine Gleichspannungskomponente einen hohen Kreisstrom. Eine Aussteuerung, bei der $\alpha < \beta$ werden kann, muss daher vermieden werden.

– *Kreisstromregelung*

Bei einer Kreisstromregelung sorgt ein spezieller Regelkreis für einen Kreisstromwert, wie er aus regelungstechnischen Gründen erwünscht ist. Er soll immer nur so gross sein, dass die Summe aus Kreis- und Laststrom nichtlückenden Strom durch den Stromrichter ergibt. Ein Kreisstrom ist nach Bild 10.3–5 aber nur in dem mit «Lückbetrieb» bezeichneten Bereich notwendig. Die Kreisstromregelung muss also gerade so viel Kreisstrom zulassen, als notwendig ist, um unter allen Lastverhältnissen im gesamten Steuerbereich nichtlückenden Strom durch den Stromrichter zu erhalten. Die Kreisstromdrosseln können dann kleiner sein als bei einer symmetrischen Kreisstromsteuerung. Eine Belastung durch den Kreisstrom tritt nur dann auf, wenn der Laststrom klein oder Null ist.

Bild 10.3–6 zeigt das Prinzip einer laststromabhängigen Kreisstromregelung anhand des Blockschaltbildes. Der Sollwert für die Drehzahlregelung (n_{soll}) wird je nach gewünschter Drehrichtung als eine positive oder negative Spannung am Potentiometer P1 vorgegeben. Der Tacho-Dynamo (TD) liefert eine drehzahlproportionale Gleichspannung n_{ist}, deren Polarität ebenfalls von der Drehrichtung abhängt. n_{soll} und n_{ist} müssen, bezogen auf Regelnull, immer entgegengesetzte Polarität haben. Der Drehzahlregler 1 bildet die Differenz $n_{soll} - n_{ist}$ und verstärkt sie. Seine Ausgangsspannung ist der Sollwert für den Laststrom (z.B. Ankerstrom des Motors). Der Istwert des Laststromes wird aus der Differenz der Istwerte der beiden Systemströme $I_{istI} - I_{istII}$ gewonnen (Mischpunkt M2), denn der Laststrom ist ja die Differenz der beiden Systemströme. System I führt z.B. bei «Antreiben rechts» den Laststrom und den Kreisstrom, System II nur den Kreis-

Bild 10.3-6
Blockschaltbild eines Umkehrantriebes mit geregeltem Kreisstrom.

1	Drehzahlregler
2	Stromregler
3, 4, 11	±1-Verstärker
5, 6	Steuersätze
7, 8	Stromrichter
9, 10	Stromwandler

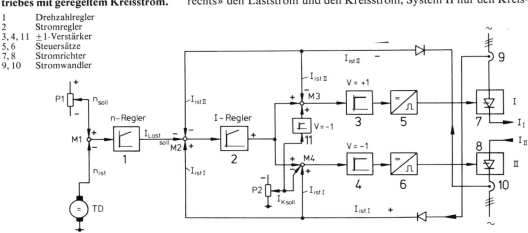

$$I_{Last} = I_I - I_{II}$$

Zweistromrichter-Schaltungen

strom. Die Ausgangsspannung des Stromreglers 2 ist daher proportional der Differenz zwischen Soll- und Istwert des Laststromes. Sieht man vorerst von den Mischpunkten M3 und M4 ab, so wird das Ausgangssignal des Stromreglers über ± 1 Verstärker 3, 4 den Steuersätzen 5, 6 zugeführt, die die Stromrichtersysteme I und II so steuern, dass der vom Stromregler 2 verlangte Laststrom fliesst. Wird z.B. ein positives n_{soll} vorgegeben, so wird System I in den Gleichrichterbetrieb, System II in den Wechselrichterbetrieb gesteuert, und zwar symmetrisch ($\alpha_I = \beta_{II}$).

Am Potentiometer P2 kann nun zusätzlich ein Kreisstrom-Sollwert I_{Ksoll} eingestellt werden, der als negative Spannung für System II an Mischpunkt M4, aber als positive Spannung für System I an Mischpunkt M3 gegeben wird. Dadurch würde sich ein zusätzlicher konstanter Kreisstrom einstellen. Da aber der Kreisstrom mit zunehmendem Laststrom abnehmen und Null werden soll, wenn der Laststrom nicht mehr lückt, sind die Istwerte der Systemströme kreuzweise den Mischpunkten M3 und M4 aufgeschaltet, I_{istII} an M3 (Mischpunkt für System I), I_{istI} an M4 (Mischpunkt für System II).

Bild 10.3-7
Blockschaltbild einer Normausrüstung für Gleichstromumkehrantriebe mit geregeltem Kreisstrom

Bezeichnungen 1...10 wie Bild 10.3-6.
Die im Verstärker 11 (Bild 10.3-6) bewirkte Polaritätsumkehr von I_{Ksoll} wird hier im Verstärker 3 gemacht.

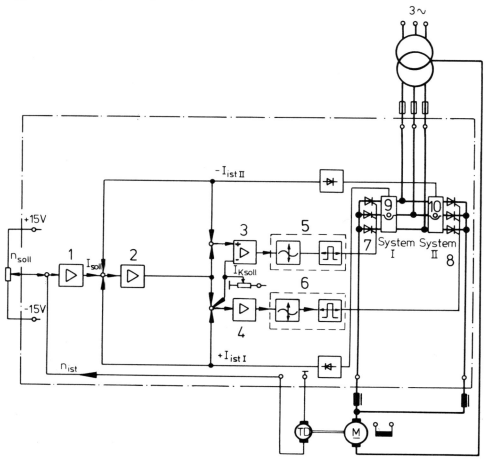

Durch richtige Anpassung der Einflüsse von I_{Ksoll} und I_{istI} bzw. I_{istII} lässt sich erreichen, dass sich diese beiden Einflüsse bei einem bestimmten Laststrom gerade aufheben. Führt also z.B. System I den Laststrom, so wird die durch die negative Spannung I_{Ksoll} bewirkte Verschiebung der Impulse des Systems II und der dadurch hervorgerufene Kreisstrom mit zunehmendem Strom im System I durch die grösser werdende positive Spannung I_{istI} wieder rückgängig gemacht. I_{Ksoll} schiebt die Impulse in Richtung Gleichrichterbetrieb, I_{ist} aber in Richtung Wechselrichterbetrieb. Das gilt für beide Systeme. So ist es also möglich, immer den Kreisstrom so zu führen, dass ein nichtlückender Systemstrom entsteht.

Bild 10.3–7 zeigt die Realisierung dieses Prinzips an einem Norm-Kompaktgerät für Gleichstromumkehrantriebe. Solche Lösungen werden heute bei Umkehrantrieben kleiner bis mittlerer Leistung (bis ca. 50 kW) verwendet, wenn es auf höchste Dynamik ankommt. Haupteinsatzgebiete sind Vorschubantriebe von Werkzeugmaschinen und andere Servoantriebe. Die Verwendung von zwei M3-Schaltungen bringt eine Einsparung an Ventilen gegenüber den für höhere Leistung allgemein verwendeten 2-Stromrichter-Schaltungen mit zwei Drehstrombrücken.

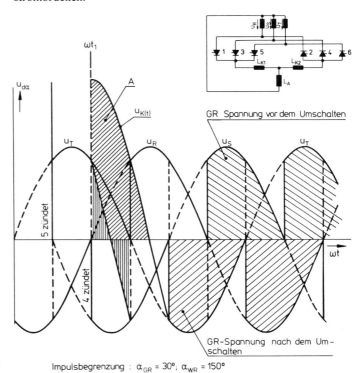

Bild 10.3-8
Vergrösserung der Spannungszeitfläche A bei einem Umsteuervorgang.

Ausgangszustand: $\alpha_I = 30°$, $\alpha_{II} = 150°$
Umsteuerung: $\alpha_I = 30° \rightarrow \alpha_I = 150°$
$\alpha_{II} = 150° \rightarrow \alpha_{II} = 30°$
L_A = Ankerinduktivität (stehender Motor)

10.3.5 Dynamischer Kreisstrom

Wie bereits früher erwähnt, kann beim Verändern der Steuerwinkel vorübergehend eine wesentlich grössere Spannungszeitfläche auftreten als im stationären Betrieb, was zu einem entsprechend erhöhten Kreisstrom führt. Dies liegt daran, dass man über einen trägheitslos arbeitenden Steuersatz wohl die Ausgangsspannung eines Stromrichters im Gleichrichterbetrieb durch Vorschieben der Impulse sehr rasch erhöhen kann, ein Zurückschieben der Impulse aber nur ein langsames Ansteigen der Wechselrichterspannung bewirkt, da das gerade leitende Ventil trotz Impulsverschiebung leitend bleibt, weil es die höchste positive Spannung hat. Der Momentanwert der Ausgangsspannung folgt daher der Phasenspannung.

Bild 10.3-8 zeigt die entstehenden Spannungszeitflächen, wenn bei ωt_1 System I von $\alpha = 30°$ auf $\alpha = 150°$ und System II entsprechend der $\alpha = \beta$-Steuerung von $\alpha = 150°$ auf $\alpha = 30°$ umgesteuert wird. Die auftretende Spannungszeitfläche ist vom Augenblick, in dem die Umsteuerung erfolgt, abhängig. Bei dieser Schaltung ist die maximal auftretende Spannungszeitfläche etwa doppelt so gross wie die grösste statische bei $\alpha = 60°$. Durch Einbau eines unsymmetrischen Filters am Eingang des Steuersatzes kann erreicht werden, dass die Impulsverschiebung vom Gleichrichter- in den Wechselrichterbetrieb nicht schneller erfolgen kann als jene vom Wechselrichter- in den Gleichrichterbetrieb, so dass die bei der Umsteuerung entstehende Spannungszeitfläche nicht grösser wird als im stationären Zustand.

Bild 10.3-9 zeigt ein solches Filter.

Im stationären Betrieb wird die Aussteuerung des Steuersatzes durch das Filter nicht beeinflusst, da stets $U_1 > U_3$ ist und somit die Diode 1 leitet. Dadurch wird R_1 ständig überbrückt. Eine Verzögerung der Impulsverschiebung muss beim Übergang vom Wechselrichterbetrieb in den Gleichrichterbetrieb erfolgen, bei dem hier als Beispiel verwendeten Steuersatz also, wenn U_1 von einem positiven Wert zu einem negativeren Wert, im Maximum von $+15$ V nach -15 V wechselt. Erfolgt eine solche Änderung von U_1 sehr rasch, so folgt U_2 entsprechend der Zeitkonstante $R_1 \cdot C$ des Filters langsamer. Durch Wahl einer geeigneten Zeitkonstante kann somit die Geschwindigkeit der Impulsverschiebung vom Wechselrichterbetrieb in den Gleichrichterbetrieb festgelegt werden. Da $U_2 > U_1$ ist, sperrt die Diode D, bis U_2 den neuen stationären Wert erreicht hat. Eine Verschiebung der Impul-

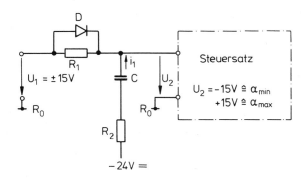

Bild 10.3-9
Filter zur dynamischen Symmetrierung des Steuersatzes.

U_1 Ausgangsspannung des vorgeschalteten Stromreglers (z.B. $U_1 = \pm 15$ V)
U_2 Eingangsspannung des Steuersatzes

se in umgekehrter Richtung erfolgt aber ohne Verzögerung, da dann die Diode D dauernd leitet, weil $U_1 > U_2$ ist. (U_1 positiver als U_2.) Neben dieser hier vorgestellten Schaltung gibt es auch andere zur dynamischen Symmetrierung des Steuersatzes.

10.4 Kreisstrom bei Brückenschaltungen

Nachdem im vorigen Abschnitt das Grundsätzliche zum Thema «Kreisstrom» anhand einer aus zwei M3-Systemen bestehenden Kreuzschaltung besprochen wurde, sollen hier nun die Brückenschaltungen (B6 und B2) auf ihr Verhalten hinsichtlich des Kreisstromes untersucht werden. Im Gegensatz zu den Mittelpunktschaltungen muss bei den Brückenschaltungen bezüglich des Kreisstromes zwischen der Kreuz- und der Gegenparallelschaltung unterschieden werden.

10.4.1 Die Drehstrom-Brückenschaltung (B6)

Bild 10.4–1a zeigt die Gegenparallelschaltung von zwei Drehstrombrücken. Die beiden Drehstrombrücken werden aus einer gemeinsamen Transformerwicklung gespeist. Daher kann hier ein Kreisstrom von Phase zu Phase fliessen, getrieben von der Differenzspannung zwischen den beiden Phasen, z.B. zwischen U und W. (i_{K1} in Bild 10.4–1a.) Unter der Annahme, dass System I den Laststrom führt und dadurch die Kreisstromdrossel L_{K1} gesättigt ist, wird dieser Kreisstrom nur durch die Drossel L_{K2} begrenzt. Sie muss also die Spannungszeitflächen aufnehmen können, die sich aus der Differenz der

Bild 10.4-1
Zweistromrichterschaltungen mit 2 Drehstrombrücken.
a) **Gegenparallelschaltung**

i_{K1}, i_{K2} Kreisströme
$\pm i_A$ Laststrom (Ankerstrom)

b) **Kreuzschaltung**

i_K Kreisstrom
$\pm i_A$ Laststrom (Ankerstrom)

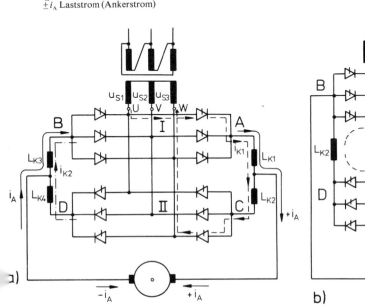
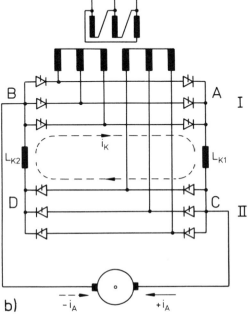

Phasenspannungen ergeben. Genauso kann ein Kreisstrom i_{K2} zwischen den beiden linken M3-Systemen fliessen, der von der Differenz der Phasenspannungen getrieben wird und nur durch L_{K4} begrenzt wird, wenn System I den Laststrom führt. Fliesst aber über System II der Laststrom, so werden diese Kreisströme nur durch die Drosseln L_{K1} und L_{K3} begrenzt. Es sind also 4 Kreisstromdrosseln nötig. Die treibenden Spannungen sind die Spannungsdifferenzen zwischen den Punkten AC bzw. BD. Diese Kreisspannungen haben 3fache Netzfrequenz.

Eine Gegenparallelschaltung von zwei Drehstrombrücken enthält also zwei Kreisstromkreise, für die dieselben Bedingungen zutreffen wie für eine aus zwei M3-Schaltungen bestehende Gegenparallelschaltung. Das Maximum der Spannungszeitfläche tritt bei $\alpha = 60°$ auf.

Die Kreuzschaltung (Bild 10.4–1b) besteht aus zwei vollständigen Stromrichtern (hier Drehstrombrücken), die beide eine eigene Transformerwicklung haben. Dadurch ergibt sich nur *ein* Kreisstromkreis. Es genügen daher zwei Kreisstromdrosseln. Führt System I den Laststrom, so begrenzt L_{K2} den Kreisstrom, führt System II den Laststrom, begrenzt L_{K1} den Kreisstrom. Die treibende Spannung ist die Differenz der beiden Systemspannungen, die 6pulsig sind. Es gilt für die Kreisspannung:

$$U_K = (U_A - U_B) - (U_C - U_D) = 2 \cdot (U_A - U_B).$$

Die maximale Spannungszeitfläche tritt bei $\alpha = 90°$ auf. Damit ergeben sich für die beiden Schaltungen folgende maximale Spannungszeitflächen:

Bild 10.4-2
Zweistromrichterschaltungen mit 2 B2-Schaltungen
a) **Gegenparallelschaltung**
i_{K1}, i_{K2} Kreisströme
$\pm i_A$ Laststrom (Ankerstrom)

b) **Kreuzschaltung**
i_k Kreisstrom
$\pm i_A$ Laststrom

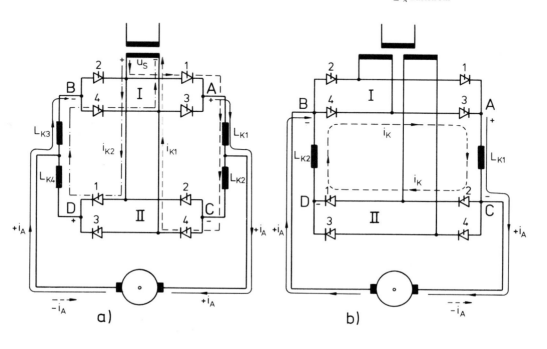

Gegenparallelschaltung (bei $\alpha = 60°$) : $A_1 = \dfrac{0{,}195}{f_N} \cdot U_s$ (in Vs)

Kreuzschaltung (bei $\alpha = 90°$) : $A_2 = \dfrac{0{,}105}{f_N} \cdot U_s$ (in Vs)

f_N = Netzfrequenz; U_s = Effektivwert bei Phasenspannung

$A_1 : A_2$ verhält sich also ungefähr wie 1:2. Da in der Gegenparallelschaltung 4 Drosseln, je für A_1 dimensioniert, in der Kreuzschaltung aber nur 2 Drosseln, je für A_2 dimensioniert, nötig sind, ergibt sich als Verhältnis für den Drosselaufwand ungefähr der Faktor 4. Für den Gesamtaufwand an Transformern und Drosseln ergibt sich aber für beide Schaltungen beinahe derselbe Wert:

$(P_T + P_D)/P_{di} = 1{,}31$ für die Gegenparallel-, 1,34 für die Kreuzschaltung, da die Kreuzschaltung zwei Sekundärwicklungen verlangt. (P_T = Transformer-Typenleistung, P_D = Drossel-Typenleistung, P_{di} = Gleichstrom-Nennleistung).

10.4.2 Die Einphasenbrücke (B2)

Bild 10.4-2a zeigt 2 Zweipulsbrücken in *Gegenparallel*schaltung. Da beide Brücken aus einer gemeinsamen Transformerwicklung gespeist werden, ergeben sich wieder zwei Kreisstromkreise. Unter der Annahme, dass in beiden Brücken die Thyristoren 1 und 4 leitend sind, fliesst ein Kreisstrom i_{K1} über den Thyristor 1 des Systems I und den Thyristor 4 des Systems II, der von der Phasenspannung U_s getrieben wird. Ebenso kann ein Kreisstrom i_{K2} über den Thyristor 1 des Systems II und den Thyristor 4 des Systems I fliessen. Der Transformer wird mit der Summe der Ströme $i_A + i_{K1} + i_{K2}$ belastet. Unter der Annahme, dass System I den Laststrom führt, setzt sich der Strom des Thyristors 1 dieses Systems aus $i_A + i_{K1}$, der Strom des Thyristors 4 aus $i_A + i_{K2}$ zusammen. Die Ventilströme für den Stromrichter II ergeben sich zu i_{K1} bzw. i_{K2}.

In Bild 10.4–2b ist die 2 × B2-*Kreuz*schaltung dargestellt. Hier ist, wie bei der aus 2 Drehstrombrücken bestehenden Kreuzschaltung, nur ein Kreisstrom i_K möglich. Es genügen daher auch 2 Kreisstromdrosseln. Die Frequenz der Kreisspannungen ist jedoch bei der Gegenparallelschaltung und bei der Kreuzschaltung gleich gross: $f_K = 2 \cdot f_N$. Das Maximum der Spannungszeitfläche tritt für beide Schaltungen bei $\alpha = 90°$ auf. Es ergeben sich folgende maximale Spannungszeitflächen:

Gegenparallelschaltung ($\alpha = 90°$) : $A_1 = \dfrac{0{,}225}{f_N} \cdot U_s$ (in Vs)

Kreuzschaltung ($\alpha = 90°$) : $A_2 = \dfrac{0{,}45}{f_N} \cdot U_s$ (in Vs)

Der Drosselaufwand ist also für beide Schaltungen gleich, da bei der Gegenparallelschaltung 4, bei der Kreuzschaltung aber nur 2 Drosseln benötigt werden. Die auf die Gleichstromleistung P_{di} bezogene Transformer- und Kreisstromdrossel-Typenleistung $(P_T + P_D)/P_{Di} = 1{,}9$ für Gegenparallelschaltung und 2,12 für Kreuzschaltung. Die

Zweistromrichter-Schaltungen

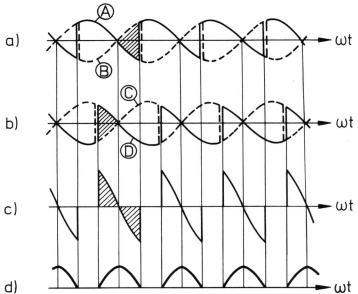

Bild 10.4-3
Entstehung der Spannungen und Kreisströme bei einer Gegenparallelschaltung von zweipulsigen Brücken nach Bild 10.4-2a bei Steuerwinkeln
$\alpha_I = 60°, \alpha_{II} = 120°$.
a) Bildung der Gleichspannung System I
b) Bildung der Gleichspannung System II
c) Entstehung der Kreisspannungen

$u_{K1} = A - C; u_{K2} = D - B$
Kreisströme $i_{K1} = i_{K2}$

Faktoren liegen also wesentlich höher als bei der Drehstrombrücke, sind aber wieder nicht stark verschieden für beide Schaltungen.
In Bild 10.4-3 ist der Verlauf der Spannungen und der Kreisströme in einer Schaltung nach Bild 10.4-2a für symmetrische Steuerung bei $\alpha_I = 60°$ dargestellt.

10.5 Der Kreisstrom in Funktion des Aussteuerungsgrades

Der Mittelwert des Kreisstromes ändert sich in Funktion des Steuerwinkels α ($\alpha = \alpha_I$) bei den verschiedenen 2-Stromrichter-Schaltungen verschieden. In Bild 10.5-1 ist der Verlauf des bezogenen Mittelwertes des Kreisstromes in Funktion von α für 3 verschiedene Schaltungen aufgetragen. Kurve 1 zeigt den Verlauf für eine aus 2 M3-Systemen bestehende Kreuzschaltung nach Bild 10.3-2b, c (dreiphasig, gleiche Schaltungswinkel). Kurve 2 zeigt die Abhängigkeit für einen Umkehrstromrichter in Gegenparallelschaltung nach Bild 10.3-2a (dreipulsig, gleiche Schaltgruppe wie in Bild 10.3-2b, c). In Kurve 3 schliesslich ist der Verlauf des bezogenen Kreisstromes für eine 6pulsige Umkehrschaltung, bestehend aus 2 Drehstrombrücken nach Bild 10.4-1b zu sehen. (Beide Sekundärwicklungen haben gleiche Schaltungswinkel.) Der Vergleich dieser 3 Kurven zeigt, dass der Kreisstrom bei gleicher Grösse der Glättungsdrosseln bei 6pulsigen Umkehrschaltungen wesentlich kleiner wird als bei 3pulsigen. Man bevorzugt daher in der Praxis auch bei Umkehrstromrichtern am 3-Phasen-Netz die Drehstrombrücke. Bei den Stromrichterschaltungen am 1-Phasen-Netz lässt sich durch den Übergang von der M2- zur B2-Schaltung keine Erhöhung der Pulszahl erreichen. Die Pulszahl der Kreisspannung ist daher immer $p = 2$.

Zweistromrichter-Schaltungen

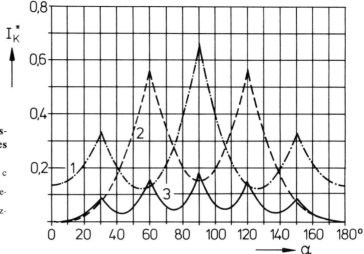

Bild 10.5-1
Bezogene Mittelwerte des Kreisstromes $(I_K{}^*)$ in Funktion des Steuerwinkels α.

Kurve 1: $2 \times M3$ nach Bild 10.3-2b, c (Kreuzschaltung)
Kurve 2: $2 \times M3$ nach Bild 10.3-2a (Gegenparallelschaltung)
Kurve 3: $2 \times B6$ nach Bild 10.4-1b (Kreuzschaltung)

10.6 Einsatz von Zweistromrichter-Schaltungen mit Kreisstrom

Schaltungen der beschriebenen Art, die man auch unter dem Begriff «kreisstrombehaftete 2-Stromrichter-Schaltungen» zusammenfasst, wurden in den vergangenen Jahren, insbesondere in der Gleichstrom-Antriebstechnik, eingesetzt, und zwar dort, wo hohe Forderungen an die Dynamik der Momentumkehr gestellt werden. Heute ist ihr Anwendungsbereich nur noch auf einige wenige Einsatzgebiete der Gleichstrom-Antriebstechnik beschränkt, z.B. auf Servoantriebe wie Vorschubantriebe bei Werkzeugmaschinen, Positioniereinrichtungen, wo es auf höchste Dynamik ankommt. In allen anderen Fällen tritt aber in der Gleichstrom-Antriebstechnik und auch in der Umrichtertechnik für geregelte Drehstromantriebe die «kreisstromfreie 2-Stromrichter-Schaltung», die im folgenden beschrieben wird.

10.7 Kreisstromfreie Zweistromrichter-Schaltungen

Unter Verwendung von Bausteinen der Digitaltechnik, die ein sehr schnelles kontaktloses Schalten ohne jede Abnützung erlauben, lassen sich 2-Stromrichter-Schaltungen aufbauen, die den Kreisstrom vermeiden. Der wichtigste Vorzug einer kreisstromfreien Schaltung ist die Verringerung des Aufwandes durch den Wegfall aller Mittel, die der Kreisstrombegrenzung oder -regelung dienen, sowie die Möglichkeit, die direkte Antiparallelschaltung von Thyristoren (Bild 10.9-1) anzuwenden, die den geringsten Aufwand erfordert. Ihr Nachteil besteht darin, dass bei einer Stromumkehr eine stromlose Pause auftritt, die die Dynamik gegenüber einer kreisstrombehafteten Schaltung verschlechtert.

10.7.1 Prinzip

Bei einer kreisstromfreien Schaltung wird immer nur der Stromrichter freigegeben, der den Laststrom führen muss, während der andere gesperrt bleibt. Die Freigabe bzw. Sperrung erfolgt einfach dadurch, dass die Thyristoren des Systems, das den Strom führen soll, über elektronische Schalter Zündimpulse erhalten, die des anderen Systems aber nicht. Die Wirkung ist genau so, wie wenn Schalter in den Verbindungen zwischen den beiden Systemen liegen würden. Hier werden die Thyristoren als Schalter benützt, die ja beliebig oft ohne Abnützung und sehr schnell über das Gate geschaltet werden können. Diese Lösung erfordert einen Mehraufwand an Elektronik, nämlich eine Kommandoeinheit, die man «Kreisstromlogik» nennt. Ihre Aufgabe ist es, den Ablauf eines Stromüberganges von einem System auf das andere so zu steuern, dass kein Kreisstrom auftritt. Hiezu sind folgende Bedingungen zu erfüllen:

- Es darf jeweils nur eine Stromrichtergruppe Impulse erhalten.
- Die Impulse der stromführenden Gruppe dürfen erst gesperrt werden, wenn der Strom lückt. Andernfalls kann bei Wechselrichterbetrieb (zum Abbau des Stromes) Kippen auftreten.
- Die Impulse der anderen Gruppe dürfen erst nach einer stromlosen Pause freigegeben werden.

Das Arbeiten einer kreisstromfreien Schaltung soll anhand einer einfachen Ausführung eines Gleichstrom-Umkehrantriebes, der eine solche Schaltung zur Speisung des Ankers verwendet (Bild 10.7–1), besprochen werden. Der Regelungsaufbau entspricht der in der Antriebstechnik üblichen Drehzahl-Strom-Kaskade. Er ist ergänzt durch die Kreisstromlogik 8, die abhängig von der verlangten Drehmomentrichtung für einen fehlerfreien Übergang des Ankerstromes von einem System auf das andere zu sorgen hat. Dieser Übergang soll möglichst rasch, aber das unter sicherer Vermeidung eines Kreisstromes vor sich gehen. Als Eingangssignal erhält die Kreisstromlogik einerseits die durch den Verstärker 6 invertierte Ausgangsspannung des Drehzahlreglers, aus deren Polarität sie entnehmen kann, welche Stromrichtung

Bild 10.7–1
Prinzipschema eines Gleichstromumkehrantriebes in kreisstromfreier Schaltung

1 = Sollwertpotentiometer
2 = Tachodynamo
3 = Drehzahlverstärker ⎫ Drehzahl-
4 = Zeitglied für Drehzahlregelung ⎬ regler
5 = Sollwert für Strombegrenzung
6 = Umkehrverstärker
7 = Elektronische Schalter
8 = Kreisstromlogik
9 = Stromverstärker ⎫ Strom-
10 = Zeitglied für Stromregelung ⎬ regler
11 = Gleichrichter und Wandlerbürde
12 = Wechselstromwandler
13 = Steuersatz mit Impulsschalter
14 = Stromrichtersysteme
15 = Motor

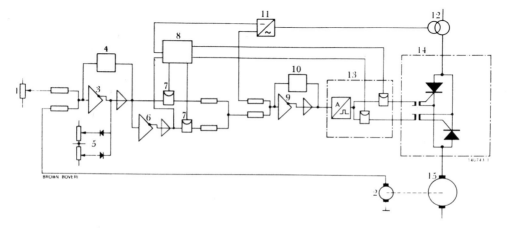

gefordert wird. Anderseits muss sie noch wissen, ob Strom fliesst, denn die Impulse eines Systems darf sie erst sperren, wenn der Strom lückt, wie oben bereits erwähnt. Sie erhält daher als zweites Eingangssignal den Strom-Istwert von der aus 11 und 12 gebildeten Strommesseinrichtung. Die Ausgangssignale der Logik sind Befehle an die elektronischen Schalter 7, die einerseits dafür sorgen, dass der Strom-Sollwert, der durch die Ausgangsspannung des Drehzahlreglers gegeben ist, in der richtigen Polarität an den Eingang des Stromreglers durchgeschaltet wird, anderseits die vom Steuersatz 13 erzeugten Impulse an das für die verlangte Stromrichtung benötigte System geschaltet werden.

Der Ablauf einer Stromumkehr geht folgendermassen vor sich:

- Befehl von der Drehzahlregelung dadurch, dass die Polarität der Ausgangsspannung des Drehzahlreglers wechselt.
- Abbau des fliessenden Stromes, z.B. im System I (über Analogregelung).
- Wenn dieser Strom Null ist, Sperren der Impulse des Systems I.
- Pause, in der beide Systeme gesperrt sind, also keine Impulse erhalten.
- Impulse für System II frei.
- Aufbau des Stromes im System II, der in Gegenrichtung fliesst.

10.7.2 Probleme einer kreisstromfreien Schaltung

Die Dynamik einer kreisstromfreien Schaltung hängt im wesentlichen von der Lösung folgender Probleme ab:

- Sicheres und rasches Erkennen des Zustandes der Thyristoren (leitend oder nichtleitend), im weiteren mit «Strom-Null-Erfassung» bezeichnet. Von der Art der Strom-Null-Erfassung hängt die Pause ab, die eingehalten werden muss zwischen dem Zeitpunkt, in dem die Messeinrichtung «Strom Null» bzw. «Thyristoren sperren» meldet und der Umschaltung der Impulse auf das andere System (Pause T_0).
- Rasches Heranführen der Impulse in die Stellung, die ein Fliessen des Stromes zulässt, nachdem die Impulse freigegeben sind. Ein Bremsstrom kann z.B. bei einem solchen Umkehrantrieb erst dann fliessen, wenn die vom Stromrichter im Wechselrichterbetrieb abgegebene Spannung kleiner als die *EMK* des Gleichstrommotors ist. Diese «Nachführzeit» T_1 kommt also einer Verlängerung der Pause T_0 gleich. Die gesamte stromlose Zeit ergibt sich aus der Summe von $T_0 + T_1$.
- Rascher Stromaufbau wird nur dann möglich sein, wenn der Stromregler sowohl im Bereich des lückenden als auch des nichtlückenden Stromes optimal angepasst ist. Wie bereits früher erwähnt, ändert der Stromrichter abhängig davon, ob der Strom lückt oder nicht, sein regelungstechnisches Verhalten. Gleiche Dynamik des Ankerstromregelkreises bei lückendem und nichtlückendem Strom kann durch einen adaptiven Regler erreicht werden.

Zweistromrichter-Schaltungen

10.8 Ausführungsformen in der Praxis

Die Konzepte der heute verwendeten kreisstromfreien Schaltungen unterscheiden sich durch die verschiedenen Lösungen der 3 erwähnten Problemkreise: Strom-Null-Erfassung, Nachführen der Impulse (Reglerführung), Adaption des Stromreglers.

Mit den heute zur Verfügung stehenden Mitteln der Signalelektronik (Operationsverstärker, FET-Schalter, Optokopler) lassen sich Lösungen finden, die der kreisstromfreien Schaltung gleich gutes dynamisches Verhalten geben, wie es die kreisstrombehaftete Schaltung hat. Im folgenden sollen verschiedene Lösungen der einzelnen Problemkreise, die in die Praxis Eingang gefunden haben, vorgestellt werden. Für ihren Einsatz entscheidend ist, ob sie betriebssicher, leicht in Betrieb zu nehmen und wirtschaftlich sind, das heisst, ob der Aufwand in einem vertretbaren Verhältnis zur erreichten Verbesserung des regelungstechnischen Verhaltens steht.

10.8.1 Einfache Ausführung mit Impulsschaltung

Der Vorteil dieser Schaltung nach Bild 10.7.–1 besteht im geringen Aufwand: Strommessung mit zwei Wechselstromwandlern und zugehörigem Bürdengerät, das eine dem Ankerstrom proportionale Spannung als Istwert für die Regelung und gleichzeitig als Signal «Strom Null» liefert. Dadurch wird bei DB-Schaltung am 50-Hz-Netz $T_0 \leqslant$ 4 ms. Um sicher zu sein, dass nach Freigabe des anderen Systems kein Überstrom fliesst, wird an den Eingang des Stromreglers während

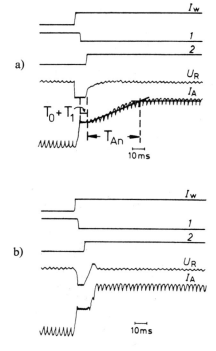

Bild 10.8-1
Führungsverhalten der Ankerstromregelung bei einer sprunghaften Änderung des Strom-Sollwertes von $-I_N$ auf $+I_N$. (I_N = Nennstrom)
a) bei Einfachausführung
b) mit adaptivem Stromregler

I_W Ankerstrom-Sollwert
U_R Ausgangsspannung des Ankerstromreglers
I_A Ankerstrom
1 Freigabesignal für System I
2 Freigabesignal für System II

der Zeit T_0 ein Signal gelegt, das die Impulse in die Wechselrichtergrenzlage schiebt. Dadurch ergibt sich eine um so grössere Nachführzeit T_1, je kleiner die Drehzahl und der anstehende Strom-Sollwert sind, da erstere die notwendige Änderung des Reglersignals, letztere seine Änderungsgeschwindigkeit bestimmt. Nach Einsetzen des Stromes muss zuerst der Lückbereich durchlaufen werden, was mit einem auf den nichtlückenden Betrieb angepassten Stromregler zu einer langen Anregelzeit führt. Dies wirkt sich als Vergrösserung der Ersatzzeitkonstante des geschlossenen Stromregelkreises auf den überlagerten Drehzahlregelkreis dynamikverschlechternd aus und kann sogar zur Instabilität führen. Bild 10.8.-1 zeigt das resultierende Führungsverhalten des Stromregelkreises einer solchen Anordung.

Trotz dieser Nachteile kann diese einfache Ausführung die Forderungen der Praxis in sehr vielen Fällen erfüllen.

10.8.2 Verkürzung der Nachführzeit T_1

Mit relativ geringem Aufwand lässt sich durch eine entsprechende Reglerführung die Nachführzeit T_1 verkürzen, während sowohl eine Verbesserung der Strom-Null-Erfassung als auch ein adaptiver Regler einen wesentlich höheren Aufwand erfordert. Daher sei zuerst auf das Problem der Verkleinerung der Nachführzeit T_1 eingegangen.

– Lösung mit zwei Steuersätzen und zwei Stromreglern

Durch den Einsatz von zwei Steuersätzen und zwei Stromreglern kann der Stromregler des nicht im Eingriff stehenden Systemes die Impulse so nachführen, dass nach Umschaltung auf dieses System sofort der Strom einsetzen kann. Die Schaltung entspricht der bei kreisstromarmem Betrieb verwendeten. Nachteilig ist der grosse Aufwand (zwei Steuersätze, zwei Stromregler). Im Idealfall verbleibt nur noch die Wartezeit T_0, während die Nachführzeit T_1 zu Null wird.

– Lösung mit EMK-Steuerung

Zur Reglernachführung kann die *EMK* des Gleichstrommotors verwendet werden, denn nach der Umschaltung muss ja die vom freigegebenenen System im Wechselrichterbetrieb abgegebene Spannung etwas kleiner als die *EMK* des Motors sein, damit sofort Strom fliessen kann. Eine Lösung besteht darin, diese *EMK*-Steuerung nur während der Wartezeit T_0 wirken zu lassen und so die Impulse nicht, wie in der Einfachlösung, unabhängig von der vorhandenen *EMK* in die Wechselrichtergrenzlage zu stellen, sondern in Abhängigkeit von der vor-

Bild 10.8-2
Verbesserung des Stromaufbaus bei lückendem Strom mit adaptivem Regler.

a) Ohne Regleradaption; Regler angepasst an nichtlückenden Strom
b) mit Regleradaption

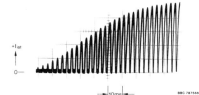
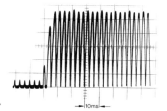

handenen *EMK* zu verschieben. Ein der *EMK* proportionales Signal kann durch Messung der Ankerspannung gewonnen werden; wesentlich einfacher ist es, die Tachospannung, also den Drehzahl-Istwert als Mass für die *EMK* zu benützen, denn er ist bereits vorhanden. Die Tachospannung ist allerdings nur so lange ein Mass für die *EMK*, als der Fluss konstant ist. Trotzdem kann sie auch bei ankerspannungsabhängiger Feldschwächung als Mass für die *EMK* dienen, wenn man sie durch Zenerdioden auf den der Nenn-*EMK* entsprechenden Wert begrenzt. Der Stromregler muss dann unabhängig von der Drehzahl nur den zur Kompensation des Ankerspannungsabfalles nötigen Hub (1 ... 2 V) machen. Da die *EMK*-Steuerung eine Mitkopplung ist, kann bei allzu kritischer Einstellung das System instabil werden.

10.8.3 Verkürzung der Wartezeit T_0

Die Wartezeit wird durch das für die Strom-Null-Erfassung verwendete Messverfahren bestimmt und kann im Minimum fast auf die Freiwerdezeit der Thyristoren verkürzt werden. Für die Strom-Null-Erfassung werden zurzeit folgende Verfahren eingesetzt: Auswertung des Laststromes oder der Thyristorströme, der Spannungen an den Thyristoren, der Thyristorimpendanzen. Den geringsten Aufwand erfordert die Messung des Stromes auf der Wechselstromseite mit zwei Stromwandlern, wie das bei der vollgesteuerten Drehstrombrücke möglich ist. Damit wird die minimale Wartezeit $T_0 = 4$ ms. Diese Zeit ist, verglichen mit der Nachführzeit und der Anregelzeit bei nicht auf Lückbetrieb angepasstem Stromregler, so klein, dass sie nur eine unwesentliche Verschlechterung der Dynamik zur Folge hat.
Bei der Auswertung der Sperrspannungen der Thyristoren kann die hierfür nötige Potentialtrennung heute mit Optokopplern leicht erzielt werden. Man erreicht eine betriebssichere Strom-Null-Erfassung, die bei ganz unkritischer Einstellung der Schwellwerte eine Sicherheitszeit von 0,2 ... 0,5 ms erfordert, so dass $T_0 \leqslant 1{,}0$ ms wird, wenn die Freiwerdezeit eines Thyristors $\leqslant 0{,}5$ ms ist.
Die Messung der Impedanz der Thyristorkreise mit einem hochfrequenten Messignal ist noch etwas schneller, der elektronische Aufwand etwa gleich.

10.8.4 Ausführung der Steuerstufe (Kreisstromlogik)

Von ganz wesentlichem Einfluss auf das betriebssichere Arbeiten einer kreisstromfreien Schaltung ist der Aufbau der Steuerstufe. Ein Hauptmerkmal ist die Rückstellbarkeit der Zeitstufe, die die Wartezeit T_0 bestimmt. In den einfachen Ausführungen ist sie nicht rückstellbar. Nach Ablauf der eingestellten Verzögerungszeit wird das andere System freigegeben, ganz gleich, ob nach der ersten Strom-Null-Meldung noch einmal Strom geflossen ist; dies kann zu Kreisstrom führen. Bei der rückstellbaren Zeitstufe ist es während der Wartezeit T_0 vollkommen offen, auf welches System die Impulse nach Ablauf der eingestellten Zeit umgeschaltet werden. Fliesst z.B. in dem vorher stromführenden System, das gerade gesperrt wurde, aus irgendeinem Grund nochmals Strom, so werden nach Ablauf der Zeit die Impulse

Bild 10.8-3
Stromumkehr bei kreisstromfreier Schaltung mit schneller Strom-Null-Erfassung, adaptivem Stromregler und dynamisch symmetrierten Stromrichtern.

a) Stromsollwert ($f = 40\,\text{Hz}$)
b) Strom · Positiver Strom: System I
    · Negativer Strom : System II
c) Signal Wartezeit T_0 (0,4 ms)
d) Umschaltsignal für adaptiven Stromregler

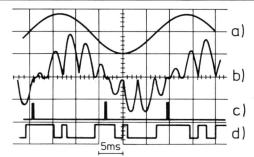

wieder auf dieses System geschaltet und der Strom durch Wechselrichterbetrieb abgebaut. Das Auftreten eines Kreisstromes ist dadurch praktisch ausgeschlossen.

10.8.5 Adaption des Stromreglers

Als Ankerstromregler wird im allgemeinen ein PI-Regler eingesetzt, der an die Kennwerte der Regelstrecke (Stromrichter und Ankerkreis des Gleichstrommotors) bei nichtlückendem Strom angepasst ist. Für nichtlückenden Strom kann der 6pulsige Stromrichter durch ein Totzeitglied mit 1 ms Totzeit angenähert werden, während der Ankerkreis der Gleichstrommaschine ein PT_1-Glied ist, wobei die Streckenverstärkung k_S und die Zeitkonstante T_A konstant sind. Bei Lückbetrieb wird $T_A = 0$, die Streckenverstärkung k_S, insbesondere die Signalverstärkung des Stromrichters, eine nichtlineare Funktion des Steuerwinkels α und des Stromes.

Um die Streckenverstärkung k_S konstant zu halten, werden verschiedene Verfahren benützt:

– Nachbilden der nichtlinearen Kennlinie $k_S(\alpha,i)$ durch eine kubische Kennlinie mittels eines Funktionsbildners.
– Erhöhen der Verstärkung V_p des PI-Reglers auf einen konstanten Wert, der über dem durch die minimale Verstärkung k_S gegebenen Wert liegt.
– Ändern der Streckenverstärkung durch einen P-Verstärker, dessen Eingangswiderstand durch Pulsbreitenmodulation in Abhängigkeit von der Leitdauer der Ventile verändert ist.
– Ändern der Streckenverstärkung in Funktion der Eingangsspannung des Steuersatzes (proportional α).

Das Nullwerden der Zeitkonstante T_A verlangt eine Umschaltung der Stromreglerstruktur von PI- auf I-Verhalten. Diese Umschaltung muss im richtigen Augenblick ohne Verzögerung und ohne Sprung der Ausgangsspannung des Stromreglers erfolgen. Bei auch nur kurzzeitiger Beibehaltung der im Lückbereich erforderlichen Parameter kann die Regelung bei nichtlückendem Strom instabil werden. Die Lückgrenze lässt sich durch einen Komparator erfassen, die Umschaltung durch Feldeffekttransistoren ausführen, eine sprungartige Änderung der Ausgangsspannung des Reglers durch einen Integralverstärker am Ausgang des Stromreglers vermeiden. Der Vergleich der Bilder 10.8–1a und b sowie der Bilder 10.8.–2a und b zeigt die durch einen adaptiven Stromregler erreichbare Verkürzung der Anregelzeit deutlich.

10.8.6 Beispiel einer hochwertigen Ausführungsform

Im folgenden soll ein Konzept für eine kreisstromfreie Schaltung vorgestellt werden, das bei sämtlichen auftretenden Betriebszuständen eine hohe Regelgüte besitzt. Es hat folgende Merkmale:

- Sobald eine Umkehr der Stromrichtung verlangt wird, werden die Impulse des stromführenden Systems durch ein eigenes Signal und nicht erst über den Stromregler in die Wechselrichtergrenzlage gebracht. Dadurch erreicht man schnellsten Abbau des Stromes.
- Wenn die Lückgrenze erreicht ist, wird das Ausgangssignal des Stromreglers gespeichert und seine Struktur von PI- auf I-Verhalten umgeschaltet.
- Während der Wartezeit T_0 wird das Ausgangssignal des Stromreglers invertiert und leicht in Richtung Wechselrichteraussteuerung verschoben. Dadurch stehen die Impulse bei Freigabe (ohne EMK-Steuerung) an der Stelle, die einen sofortigen Stromeinsatz bewirkt.
- Nach Freigabe des anderen Systems springen die Impulse aus der Wechselrichtergrenzlage in die durch das gespeicherte Signal des Stromreglers vorgegebene Stellung. Die Speicherung wird aufgehoben.
- Die Änderung der Streckenverstärkung erfolgt durch Auswertung des Ausgangssignales des Stromreglers und des Strom-Istwertes, aus dem durch ein spezielles Filter unverzögert der Mittelwert des Stromes nachgebildet wird.
- Die Strom-Null-Meldung wird aus der Überwachung der Sperrspannung der Thyristoren abgeleitet. Die Wartezeit T_0 kann dadurch fast auf die Freiwerdezeit der Thyristoren verkürzt werden.
- Durch ein dynamisches Symmetrierglied zwischen Stromregler und Steuersatz erfolgt bei beliebig rascher Änderung der Steuerspannung die Verschiebung der Impulse in Richtung Gleichrichter und Wechselrichterbetrieb gleich schnell. Damit wird ein Überschwingen des Stromes bei einer geforderten Stromerhöhung vermieden.

Die dadurch erreichte Dynamik der Stromregelung beim Einsatz einer kreisstromfreien Zweistromrichterschaltung erreicht diejenige kreisstrombehafteter Schaltungen mit symmetrischer Steuerung oder Kreisstromregelung.
Bild 10.8.–3 zeigt dies an einem Oszillogramm, das das Führungsverhalten einer kreisstromfreien 2-Stromrichter-Schaltung wiedergibt, die nach dem besprochenen hochwertigen Konzept aufgebaut ist.
Der Strom folgt sogar einer sinusförmigen Änderung des Sollwertes mit einer Frequenz von 40 Hz.
Durch Variationen der Frequenz des Strom-Sollwertes lässt sich mit einer solchen 2-Stromrichter-Schaltung ein sinusförmiger Strom variabler Frequenz von 0 Hz bis ca. 40 Hz erzeugen, wie er zur Speisung von Drehfeldmotoren über Direktumrichter benötigt wird.

10.9 Anordnung der Ventile bei Zweistromrichter-Schaltungen

In den Abschnitten 10.3 und 10.4 wurden bereits die beiden Varianten Antiparallel- und Kreuzschaltung vorgestellt und ihr Verhalten bezüglich des Kreisstromes besprochen. Danach ist beim Einsatz von Brücken die Kreuzschaltung vorzuziehen, wenn eine kreisstrombehaftete Schaltung eingesetzt werden soll. Für kreisstromfreie Schaltungen bringt die Gegenparallelschaltung den Vorteil des geringeren Aufwandes.

Eine weitere Verringerung des Aufwandes und damit Einsparung an Raum und Gewicht bringt eine direkte Antiparallelschaltung von je 2 Thyristoren nach Bild 10.9–1. Diese Schaltung ist aber nur bei kreisstromfreiem Betrieb möglich, da ja hier keine Kreisstromdrosseln angeordnet werden können. Die Thyristoren können zu sogenannten Modulen zusammengefasst werden. Diese bestehen z. B. aus zwei isoliert auf einer gemeinsamen Kupferschiene aufgebauten Thyristortabletten (M1 in Bild 10.9–1). Weil durch die Isolation alle 6 Module potentialfrei sind, lassen sie sich auf einem gemeinsamen Kühlkörper anordnen und durch eine einfache Verschienung elektrisch verbinden. Jeweils ein Thyristor eines Moduls gehört zu System I (Thyristoren 1 ... 6), der andere zu System II (Thyristoren 1' ... 6').

Da immer nur einer von beiden Strom führt und Wärme entwickelt, kann der Kühlkörper doppelt genutzt werden. Verglichen mit dem konventionellen Aufbau mit Einzelthyristoren reichen bei dieser Anordnung 60% des sonst nötigen Kühlkörpervolumens. Bild 10.9–2 zeigt diese Bauform.

Eine andere Möglichkeit des Aufbaus ergibt sich, wenn jeweils ein

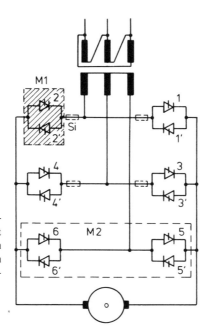

Bild 10.9-1
2-Stromrichter-Schaltung, bestehend aus 2 Drehstrombrücken mit direkter Antiparallelschaltung von Thyristoren. Die Thyristoren 1...6 bilden System I, die Thyristoren 1'...6' bilden System II.

M1 Modul mit 2 antiparallelen Thyristoren
M2 Modul mit 4 Thyristoren
Si Sicherung

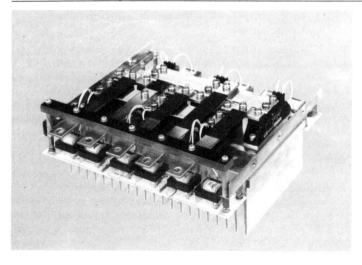

Bild 10.9-2
Leistungsteil nach Bild 10.9-1, bestehend aus 6 Modulen der Form M1.

Kühlkörper einer Phase zugeordnet wird (Modul M2 in Bild 10.9–1) und daher 4 Thyristoren kühlt. Da nur 2 Thyristoren gleichzeitig leiten, ergibt sich auch hier eine Doppelnutzung des Kühlkörpers, darüber hinaus mechanisch sehr einfacher Aufbau, wie ihn Bild 10.9–3 zeigt. Man erreicht so eine Leistungsdichte von 2,5 kW/dm^3 bei Selbstkühlung. Auch die Sicherungen können doppelt ausgenützt werden (Si in Bild 10.9-1), so dass die gleiche Anzahl von Sicherungen, wie sie für eine Drehstrombrücke nötig ist, für zwei Drehstrombrücken genügen. Beim Einsatz der Bauform M2 arbeitet man mit Strangsicherungen.

Neben der Kreuz-, Gegenparallel- und der soeben besprochenen direkten Antiparallelschaltung kommen für sehr grosse Leistungen die in den Bildern 10.9–4 und 10.9–5 dargestellten Anordnungen der Stromrichter zum Einsatz. Es sind bei grossen Leistungen, wo mehre-

Bild 10.9-3
Leistungsteil nach Bild 10.9-1, bestehend aus 3 Modulen der Form M2.

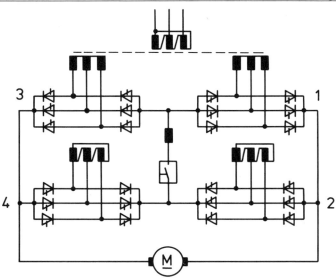

**Bild 10.9-4
Zwölfpulsige H-Schaltung**
System I besteht aus den Drehstrombrücken 1 und 4, System II aus den Drehstrombrücken 2 und 3.

re Thyristoren parallel pro Brückenzweig benötigt werden, um den verlangten Strom zu führen, Gleichstromschalter mit Drosseln nötig, um bei auftretenden Überströmen, z.B. durch Versagen eines Thyristors oder der Kreisstromlogik, den Strom unterbrechen zu können, bevor er einen Wert erreicht, der zur Zerstörung der Sicherungen führt.

Während bei der Gegenparallel- und Kreuzschaltung zur Beherrschung aller Fehlerströme 2 Drosseln und 2 Gleichstromschalter nötig sind, genügt bei der sogenannten H-Schaltung nach Bild 10.9–4 nur 1

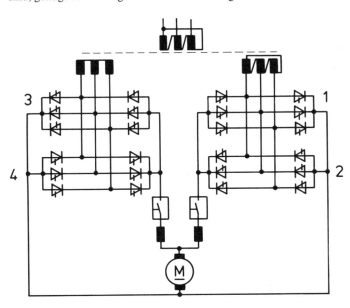

**Bild 10.9-5
Zwölfpulsige Parallelschaltung**
System I besteht aus den Drehstrombrücken 1 und 3, System II aus den Drehstrombrücken 2 und 4.

Drossel und 1 Gleichstromschalter, da die Sternpunkte der Sekundärwicklungen des Transformers über Schalter und Drossel miteinander verbunden sind. Über diese Verbindung muss jeder Last- und Kreisstrom fliessen. Die Drossel wirkt in der H-Schaltung auf zweifache Weise: Als Glättungsdrossel für den Laststrom und als Begrenzung der Anstiegsgeschwindigkeit innerer und äusserer Kurzschlussströme. Dies erreicht man dadurch, dass nicht die Drehstrombrücken 1 und 2 das System I, die Drehstrombrücke 3 und 4 das System II bilden, sondern Drehstrombrücken 1 und 4 zu System I (positive Stromrichtung), Drehstrombrücken 2 und 3 zu System II (negative Stromrichtung) zusammengefasst sind. Durch die Kombination von Stern- und Dreieckschaltung der Sekundärwicklungen, die die in Serie liegenden Drehstrombrücken speisen, erhält man eine 12pulsige Schaltung.

Mit der Entwicklung hochsperrender Thyristoren (3 – 4 kV) wurde die bereits im Zeitalter der Quecksilberdampf-Stromrichter angewandte Parallelschaltung nach Bild 10.9–5 wirtschaftlicher als die H-Schaltung, weil sie bei gleicher Leistung mit der halben Zahl von Thyristoren und Sicherungen auskommt und nur 2 Sekundärwicklungen benötigt. Diese Schaltung bietet darüber hinaus den Vorteil, dass sie bei einem Defekt in einer Drehstrombrücke mit halber Leistung weiter betrieben werden kann. Zur Entkopplung der beiden Systeme werden Luftdrosselspulen eingesetzt. Dabei ist sichergestellt, dass zusammen mit je einem Schnellschalter pro Zweig selektiver Schutz, z.B. bei Wechselrichterkippen, besteht. Auf selektiven Schutz des Kreisstrompfades wird heute weitgehend verzichtet. Die elektronischen Umschalteinrichtungen bieten derart hohe Sicherheit, dass der Einbau von zwei weiteren Schaltern wirtschaftlich nicht mehr zu vertreten ist.

10.10 Zusammenfassung

2-Stromrichter-Schaltungen bieten die Möglichkeit, den Laststrom in beiden Richtungen fliessen zu lassen und damit in allen 4 Quadranten der Leistungsebene zu arbeiten. Sie können kreisstrombehaftet oder kreisstromfrei ausgeführt werden. Bestes dynamisches Verhalten erreicht man mit einer Schaltung, die so viel Kreisstrom zulässt, dass der durch die Stromrichter fliessende Strom nie lückt. Der Aufwand an Transformern und Drosseln ist jedoch gross. Die zur Verfügung stehenden Mittel der Signalelektronik erlauben es heute, bei wesentlich geringerem Aufwand im Leistungsteil, vor allem ohne Drosseln, die für eine kreisstromfreie Schaltung charakteristische stromlose Pause so klein zu halten, wie es die verlangte Dynamik erfordert. Die kreisstromfreie Schaltung ist daher heute in allen Anwendungsgebieten von 2-Stromrichter-Schaltungen dominierend, während Schaltungen mit Kreisstrom nur noch in ganz speziellen Fällen, z.B. bei Servoantrieben, eingesetzt werden.

Sachwortverzeichnis

Adaption des Stromreglers 245
An- und Abschnittsteuerung 205
Ankerkreis-Umschaltung 224, 225
Belastbarkeitsdiagramm für Thyristor 218
Berechnungsbeispiele 209
Bezeichnung von Schaltungen 19
Blindleistung
– Steuer bei halbgesteuerter B 6 146
– Funktion 195, 199, 201
Brückenschaltungen 20
– am 3-Phasen-Netz (B6) 89
– ungesteuerte 91
– vollgesteuerte 103
– halbgesteuerte 129
– am 1-Phasen-Netz (B2) 149
– ungesteuerte 149
– vollgesteuerte 152
– halbgesteuerte 167
 symmetrisch 168
 asymmetrisch 175
– Vergleiche der B2-Schaltungen 181
– Kreisströme bei 238
Dimensionierungsbeispiele 214
Diothyr-Schaltung 197
Doppelimpulse 106
Doppelstern-Schaltung 52
Drehstrombrücke (B6) 89
– ungesteuerte 91
– vollgesteuerte 103
 . Doppelimpulse 106
 . Einfluss der Kommutierung 116
 . Messung des Gleichstromes 120
 . Kennwerte 125
– halbgesteuerte 129
 . Einfluss der Kommutierung 137
 . Welligkeit der Gleichspannung 129
 . Steuerkennlinie 142
 . Oberschwingungen des Netzstromes 143
– Reihenschaltung von zwei 184
– Parallelschaltung von zwei 185
– Auslegung einer 214
– Kreisströme bei 235

Drossel
– Auslegung einer Glättungs- 220
– Kreisstrom- 227
Einwegschaltungen 19
Ersatzschaltbild eines Stromrichters 216
EMK-Steuerung 243
Feldkreis-Umschaltung 224, 225
Folgeschaltungen 196
– Blindleistungsfunktion 199
– Netzstrom-Oberschwingungen 200
Freilauf
– zweig 21, 22, 173, 178
– diode 22, 173, 178, 191
– kreis 22, 173, 178, 191
– M2-Schaltung mit 191
Glättungsdrossel 220
Gleichspannung (Tabelle) 210
Gleichstrom
– Messung des bei B6-Schaltung 120
– Tabelle 211
– Umkehrantrieb 224, 231
Gegenparallel-Schaltung 227, 235, 236
H-Schaltung, 12pulsige 249
Halbgesteuerte Schaltungen 21
– B 2 167
– B 6 129
– Blindleistungsfunktion 195
Hauptzweig einer Schaltung 21
Hilfszweig einer Schaltung 22
Höherpulsige Schaltungen 183
Impulse
– Anpassung der bei B 6 103
– Doppel 106
– Umschaltung 242
Kennbuchstabe einer Schaltung 22
Kennlinien, Strom-Spannungs-
– für M3 46
– für M6 59, 63
– bei Kreisstrom 230
Kennwerte
– für M3 48
– für M6 66

251

– für M2   85
– für B6   125
– Vergleich M3 – B6   101
– für B2   164
– für 12pulsige Schaltungen   188
– Tabellen der   209
Kennzahl einer Schaltung   21, 26
Kennzeichen einer Schaltung   19
Kriterien für die Wahl der Schaltung   13
Kommutierung
– Mehrfach-   61
– bei B6   118, 137
– bei B2   153
Kreisspannung   227
Kreisstrom   226
– Führung des   230
  Steuerung des   230
– Regelung des   231
– bei B6-Schaltung   235
– bei B2-Schaltung   237
– in Funktion der Aussteuerung   238
– Logik   240
Kreuzschaltung   226, 227, 235, 237
Leistung
– Tabelle   212
Leistungsebene   223
Mehrfach-Kommutierung   61
Messung
– des Gleichstromes bei B6-Schaltung   120
Mittelpunktschaltung   19
– M3   27
  . verbotene M3   30
  . Transformerberechnungen   40
  . Kennwerte   48
– M6   52
  . Mehrfach-Kommutierung   61
  . Transformerberechnungen   63
  . Kennwerte   66
– M2   69
  . Kommutierungseinfluss   74
  . Transformerberechnungen   78
  . Kennwerte   85
  . mit Freilaufdiode   191
– Moment-Umkehr   224, 225
Nachführzeit   243
Nennleistung   212
Netzentnahme-Leistung   212
Netzstrom
– bei M2   75
– bei M3   27
– bei B2   160, 179, 180
– bei B6, vollgesteuert   95

  halbgesteuert   143
Netzrückwirkungen
– bei M2   82
– bei M3   34
– bei B2, vollgesteuert   160
  halbgesteuert   173, 179
– bei Folgesteuerungen   199
Oberschwingungen
– der Gleichspannung   210
– des Netzstromes
  . bei M2   82
  . bei M3   51
  . bei B2 vollgesteuert   161
  .   halbgesteuert   180
  . bei B6 vollgesteuert   95
  .   halbgesteuert   144
  . bei Folgesteuerung   200
Phasenversetzung   183
Pulszahl   183
– Erhöhung der   183
– der Schaltungen (Tabelle)   210
Quadranten der Leistungsebene   223
Quasi 4stufige Folgesteuerung   201
Rückwirkung siehe Netz-Rückwirkungen
Saugdrossel-Schaltung   185
Schaltgruppe   26
Schaltung
– Blindleistungssparende   191
– Brücke B2   149
– Brücke B6   89
– H, 12pulsige   249
– Höherpulsige   183
– Kennzeichen für   19
– Kriterien für die Wahl   13
– Mittelpunkt M2   69
– Mittelpunkt M3   27
– Saugdrossel   185
Schaltungswinkel   22
Schwenkzipfel   186
Sektorsteuerung   205
Sparschaltung, 4stufige   202
Steuerkennlinie
– B2, vollgesteuerte   164
–   halbgesteuert   175
– B6, vollgesteuerte   126
–   halbgesteuerte   142
– Diothyrschaltung   197
– Folgeschaltung   196
– M2   86
– M3   48
Steuersatz, dynamische Symmetrierung   234
Ströme (Tabelle)   211

Stromformen (Tabelle)   211
Thyristor
– Belastbarkeitsdiagramm   218
– Verluste   220
Transformer
– Bauleistung   36
– Berechnung für M2   78
–   für M3   40
–   für B6   101
–   für B2   158, 159
– Schaltgruppe   26
– Schaltungen bei M3   28
– Typenleistung   36
– Vormagnetisierung   28
– Zickzackwicklung   30
Umkehr
– des Momentes   224, 225
– des Stromes   224, 225
Umkehrantrieb, Gleichstrom-   224, 225, 231, 240
Umkehrstromrichter   223
Ungesteuerte Schaltung   21
Vergleich
– B2-Schaltungen   181
– B6 voll- und halbgesteuert   148
– M3 – B6   101
vollgesteuerte Schaltung   21
Vordrossel   219
Vormagnetisierung des Transformers   28
Wahl der Schaltung   13
Wartezeit   244
Welligkeit der Gleichspannung (Tabelle)   210
Wirkungsgrad   219
Zeigerbild   34
Zickzackwicklung   30
Zu- und Gegenschaltung   197
Zwangskommutierung   206
Zweige einer Schaltung   21
Zweistromrichter-Schaltungen   25, 223
– kreisstrombehaftete   225
– kreisstromfreie   239
– konstruktiver Aufbau   247
Zweiwegschaltungen   20
Zwölfpulsige Schaltungen   183
– Kennwerte   188